普通高等教育"十三五"规划教材

单片机原理与接口技术

主　编　莫太平　陈真诚

副主编　张　琦　李　志　刘灵敏　胡　婧　江　维

参　编　陈　雷

U0345719

华中科技大学出版社
http://www.hustp.com
中国·武汉

内 容 简 介

本书从单片机相关概念入手,以应用最广泛的 51 系列单片机为主,介绍单片机系统应用开发技术。主要内容包括微型计算机基础、MCS-51 汇编语言与汇编程序、汇编语言程序设计、51 单片机的 C 语言程序设计、MCS-51 单片机内部接口电路、单片机应用最小系统与外部扩展、常用的可编程接口芯片、单片机外围模拟通道接口、单片机应用系统设计等。此外,还有三个附录。本书着力体现实用性、先进性和易学性等特点,着重围绕单片机的工作原理、理论知识,结合应用案例进行深入浅出的讲解。

本书知识内容完整,结构安排合理清晰,每章都有大量案例讲解和每章小结,课后设有习题。

本书可作为电子信息类、计算机类、机电类、仪器类等专业的本科生通用教材,也可以作为研究生的学习用书,还可以作为高职高专相关专业的教材或教学参考书,以及电子类工程技术人员的自学用书或参考用书。

为了方便教学,本书还配有电子课件等教学资源包,任课教师和学生可以登录"我们爱读书"网(www.ibook4us.com)注册并浏览,任课教师还可以发邮件至 hustpeiit@163.com 索取。

图书在版编目(CIP)数据

单片机原理与接口技术/莫太平,陈真诚主编.—武汉:华中科技大学出版社,2019.9
普通高等教育"十三五"规划教材
ISBN 978-7-5680-5659-5

Ⅰ.①单…　Ⅱ.①莫…　②陈…　Ⅲ.①单片微型计算机-基础理论-高等学校-教材 ②单片微型计算机-接口-高等学校-教材　Ⅳ.①TP368.1

中国版本图书馆 CIP 数据核字(2019)第 196970 号

单片机原理与接口技术
Danpianji Yuanli yu Jiekou Jishu

莫太平　陈真诚　主编

策划编辑:康　序
责任编辑:白　慧
封面设计:孢　子
责任监印:朱　玢

出版发行:华中科技大学出版社(中国·武汉)　　电话:(027)81321913
　　　　　武汉市东湖新技术开发区华工科技园　　邮编:430223
录　　排:武汉三月禾文化传播有限公司
印　　刷:武汉华工鑫宏印务有限公司
开　　本:787mm×1092mm　1/16
印　　张:17.5
字　　数:447 千字
版　　次:2019 年 9 月第 1 版第 1 次印刷
定　　价:45.00 元

前言

随着计算机和电子信息技术的高速发展,集成化、自动化及智能化成为电子产品、现代制造、航空国防等领域追逐的目标。而单片机以其自身的特点,已经广泛应用于智能仪器、工业控制、家用电器、自动化设备、机器人、电子玩具等各个产品领域,单片机所涉及的产品或者系统已经渗透到每个单位、每个家庭和每个人的生活中。随着社会的发展和科技的进步,单片机的应用有着广泛和稳定的市场。

一直以来,以 8 位单片机组成的单片机应用系统,以其通用性强、价廉、设计灵活等特点而遍及各个领域。由于 8 位单片机的综合性能不断提升,完全能够满足智能化电子系统及工业控制等很多应用领域不断提出的新要求,所以 8 位单片机的应用依然非常广泛,是当前单片机应用领域中的主流机型。

本书系统、全面地介绍了 80C51 单片机的基本原理、硬件结构、指令系统,并从应用的角度介绍了汇编语言程序设计、C51 程序设计、单片机外部电路的扩展,以及单片机与键盘、LED 显示等多种硬件接口的设计方法,详细介绍了串行、并行接口的 A/D、D/A 转换器功能特点和典型应用,增加了单片机应用系统设计等内容。

作者基于多年教学经验,举教学团队之力量,完成本教材的编写,将单片机有关知识内容进行了合理的归类讲解。本书采用科学合理的课程体系结构,以芯片为基础,以接口设计为主线,以应用系统设计为目的,应用性和实践性都很强,另外,书中的授课实例大多来自科研工作及教学实践。这是一本是不可多得的单片机教材。

"单片机原理与接口技术"是高等学校计算机科学、自动化、物联网、电子信息等电子类学科的一门专业必修课,随着单片机应用及控制领域的不断拓展,机械类、机电类等工科专业也开设了此课程。本书可作为电子信息类、计算机类、机电类、仪器类等专业的本科生通用教材,也可以作为研究生的学习用书,还可以作为高职高专相关专业的教材或教学参考书,以及电子类工程技术人员的自学用书或参考用书。

本书由桂林电子科技大学莫太平、桂林电子科技大学陈真诚担任主编,由桂林电子科技大学张琦、重庆第二师范学院李志、武汉晴川学院刘灵敏、武汉晴川学院胡婧、武汉纺织大学江维担任副主编,桂林电子科技大学陈雷参编。全书由莫太平审核并统稿。

因编者的水平有限,书中难免有不妥之处,恳请专家和读者批评指正!

作者

2019 年 7 月

目录

CONTENTS

第1章 微型计算机基础

主要内容及要点

    (1) 数制及数制转换；

    (2) 微型计算机及单片机的概念；

    (3) MCS-51 单片机的基本结构(重点)。

1.1 数制及数制转换

    二进制数及其编码是计算机运算的基础,计算机唯一能直接识别的数是二进制数,计算机的指令、数据、字符、地址均用二进制数表示,所以掌握二进制数非常重要。为了书写方便、读数直观,引入了十六进制数。又由于人们习惯用十进制数,为了方便十进制和二进制之间的转换,引入了 BCD 码。

    十进制数、二进制数及十六进制数 3 种数制的表达方式对比如表 1.1 所示。

表 1.1 不同数制表达方式的对比

数 制	英文单词	汇编语言中	C 语言中
十进制	decimal	nmD,如 19D,可简写成 19	如 169
二进制	binary	nmB,如 10111001B	没有表示
十六进制	hexadecimal	nmH,如 17H	0x169

    1) 二进制数转换为十六进制数

    将二进制数从右(最低位)向左,每 4 位分为 1 组,若最后一组不足 4 位,则在其左边补 0,以凑成 4 位,每组用 1 位十六进制数表示。如:

    1111111000111B→1 1111 1100 0111B→0001 1111 1100 0111B=1FC7H

    2) 十六进制数转换为二进制数

    只需用 4 位二进制数代替每 1 位十六进制数即可。如:

    3AB9H=0011 1010 1011 1001B

    3) 十六进制数转换为十进制数

    将十六进制数按权展开相加。如:

    $1F3DH=16^3 \times 1 + 16^2 \times 15 + 16^1 \times 3 + 16^0 \times 13 = 4096 \times 1 + 256 \times 15 + 16 \times 3 + 1 \times 13 = 4096 + 3840 + 48 + 13 = 7997$

4）十进制整数转换为十六进制数

可用除 16 取余法，即用 16 不断地去除待转换的十进制数，直至商等于 0。将每次所得的余数依倒序排列，即可得到所转换的十六进制数。如将十进制的 38947 转换为十六进制数，其方法及算式如下：

即 38947＝9823H。

5）十进制整数转换为二进制数

可用除 2 取余法，即用 2 不断地去除待转换的十进制数，直至商等于 0。将每次所得的余数依倒序排列，即可得到所转换的二进制数。如将十进制的 13 转换为二进制数，其方法及算式如下：

```
        余数
2 ⌐ 13   1
2 ⌐ 6    0
2 ⌐ 3    1
2 ⌐ 1    1
    0
```

即 13＝1101B。

1.2 人机关系

计算机能够识别的语言称为机器语言，机器语言只能用二进制代码表示。而人通常使用高级语言编写的程序在计算机上实现自己想要的功能，譬如 C 语言等，因此，人（用户）编写好的程序必须通过编译生成二进制文件，再加载到具体的计算机存储器中。

1）机器数与真值

机器数：数在计算机中的表示形式，它将数的正、负符号和数值部分一起进行二进制编码，其位数通常为 8 的整数倍。

真值：机器数所代表的实际数值，用正负号加绝对值表示数据。

2）数的单位

位（bit）：二进制数据中的一个位，其值不是 1 便 0。

字节（byte）：一个字节包含 8 位的二进制数。

字（word）：字长取决于计算机数据总线的宽度，一般有 8 位、16 位、32 位、64 位。

1.3 数的表示

计算机中的机器数分为有符号数和无符号数。

有符号数:机器数的最高位为符号位,符号位为"0"表示正数,符号位为"1"表示负数。只有 8 位、16 位、32 位或 64 位机器数的最高位才是符号位。有符号数有原码、反码和补码三种表示方法。

无符号数:机器数的全部二进制位均表示数值位。

8 位无符号数的表示范围为 0~255(00000000B~11111111B)。

16 位无符号数的表示范围为 0~65535 (0000000000000000B~1111111111111111B)。

1. 原码

数值部分用其绝对值,正数的符号位用"0"表示,负数的符号位用"1"表示。如:

$X_1 = +5 = +0000101B$;$X_2 = -5 = -0000101B$

则 $[X_1]_原 = 00000101B$;$[X_2]_原 = 10000101B$

8 位原码数的数值范围为 -127~127(FFH~7FH)。原码数 00H 和 80H 的数值部分相同,符号位相反,分别为 +0 和 -0。16 位原码数的数值范围为 -32767~32767(FFFFH ~7FFFH)。原码数 0000H 和 8000H 的数值部分相同、符号位相反,分别为 +0 和 -0。

原码表示法简单易懂,而且方便与真值转换。但若是两个异号数相加,或两个同号数相减,就要做减法。为了把减运算转换为加运算,从而简化计算机的结构,就引进了反码和补码。

2. 反码

正数的反码与原码相同;负数的反码,符号位不变,数值部分按位取反。

例 1-1 设 $X_1 = +4$,$X_2 = -4$,求 8 位反码机器数。

解 $[X_1]_原 = 00000100B = 04H$ $[X_1]_反 = 00000100B = 04H$

$[X_2]_原 = 1\ 0000100B = 84H$ $[X_2]_反 = 1\ 1111011B = FBH$

3. 补码

1) 常规求补码法

正数的补码与原码相同;负数的补码等于其反码加 1。

例 1-2 设 $X_1 = +4$,$X_2 = -4$,求 8 位补码机器数。

解 $[X_1]_原 = [X_1]_反 = [X_1]_补 = 00000100B = 04H$

$[X_2]_原 = 10000100B$ $[X_2]_反 = 11111011B$

$[X_2]_补 = [X_2]_反 + 1 = 11111011B + 1 = 1111100B = FCH$

8 位补码数的数值范围为 -128~127(80H~7FH)。16 位补码数的数值范围为 -32768~32767(8000H~7FFFH)。

字节 80H 和字 8000H 的真值分别是 -128(-80H)和 -32768(-8000H)。补码数 80H 和 8000H 的最高位既代表了符号为负,又代表了数值为 1。

2) 快速求补码法

将负数原码的最前面的 1 和最后一个 1 之间的每一位取反。例如:

$X = -4$,$[X]_原 = 10000100B$

则 $[X]_补 = 11111100B = FCH$

3) 模 - |X| 求补码

两数互补是针对一定的"模"而言,"模"即计数系统的过量程回零值,例如时钟以 12 为模（12点也称0点），则4和8互补。一位十进制数3和7互补（因为$3+7=10$，个位回零，模为$10^1=10$），两位十进制数35和65互补（因为$35+67=100$，十进制数个位和十位回零，模为$10^2=100$），而对于8位二进制数，模为$2^8=100000000B=100H$，同理，16位二进制数，模为$2^{16}=10000H$。

由此得出求补的通用方法：一个数的补数＝模－该数。

这里补数是对任意数而言，包括正、负数，而补码是针对机器数而言。

设有原码机器数X，$X>0$，则$[X]_补=[X]_原$；$X<0$，则$[X]_补=模-|X|$。例如：

对于8位二进制数：

$X_1=+4$，$[X_1]_补=00000100B=04H$；$X_2=-4$：$[X_2]_补=100H-4=FCH$

对于16位二进制数：

$X_2=+4$，$[X_2]_补=0004H$；$X2=-4$，$[X_2]_补=10000H-4=FFFCH$

几点说明如下。

① 根据两数互为补的原理，对补码求补码可得到其原码，将原码符号位变为正、负号，即得到其真值。例如：

求补码FAH的真值，因为FAH为负数，则$[FAH]_补=86H$，所以补码FAH的真值为-6。

求补码78H的真值，因为78H为正数，则$[78H]_补=78H$，所以78H的真值为120。

② 一个用补码表示的机器数，若最高位为0，则其余几位即为此数的绝对值；若最高位为1，则其余几位不是此数的绝对值，必须把该数求补[按位（包括符号位）取反加1]，才得到其绝对值。如：

$X=-15$，$[X]_补=F1H=11110001B$，$|X|=00001110B+1=00001111B=15$

③ 当数采用补码表示时，就可以把减法转换为加法。

例 1-3　　　$64-10=64+(-10)=54$，$[64]_补=40H=01000000B$，$[10]_补=0AH=00001010B$，$[-10]_补=11110110B$。

做减法运算过程：　　　　　　用补码相加过程：

```
        0100 0000                    0100 0000
  -     0000 1010              +      1111 0110
        0011 0110                    0011 0110
```

结果相同，其真值为36H（54）。由于数的八位限制，最高位的进位是自然丢失的（在计算机中，进位被存放在进位标志CY中）。

用补码表示数后，可以用补码相加完成两数相减。因此，在微机中，凡是符号数一律用补码表示。用加法器完成加、减运算，用加法器和移位寄存器完成乘、除运算，简化计算机硬件结构。

1.4　单片机的基本概念

单片机即单片微型计算机，是将计算机的主要部件（CPU、存储器、定时/计数器、中断系统、I/O接口等）集成在一块集成芯片上的微型机，又名微控制器、嵌入式微控制器。

其中运算器、控制器、存储器合称为主机。

1.5 常用的单片机系列

自 20 世纪 80 年代 MCS-51 系列单片机出现以来,单片机得到广泛的发展和应用。单片机可分为通用型单片机和专用型单片机两大类。通用型单片机是把可开发资源全部提供给使用者的微控制器。专用型单片机则是为过程控制、参数检测、信号处理等方面的特殊需要而设计的单片机。我们通常说的单片机指通用型单片机。

51 系列单片机源于 Intel 公司的 MCS-51 系列单片机,在 Intel 公司对 MCS-51 系列单片机实行技术开放政策之后,许多公司,如 Philips、Dallas、Siemens、Atmel、华邦、LG 等都以 MCS-51 中的基础产品 8051 为基核,推出了许多各具特色、性能优异的单片机。所以,以 8051 为基核推出的各种型号的兼容型单片机统称为 51 系列单片机。常用的单片机主要有以下几种。

STC 单片机是宏晶科技生产的单片机,基于 8051 内核,是新一代增强型单片机,指令代码完全兼容传统的 8051。STC 单片机带 ADC、4 路 PWM、双串口,有全球唯一 ID 号,加密性好,抗干扰能力强。

PIC 单片机是 Microchip 公司的产品,其突出特点是体积小,功耗低,精简指令集,抗干扰性好,可靠性高,驱动能力强,代码保密性好,大部分芯片有其兼容的 flash 程序存储器的芯片。

ATMEL 单片机(51 单片机)是 Atmel 公司生产的 8 位单片机,有 AT89、AT90 两个系列。AT89 系列是 8 位 Flash 单片机,与 8051 系列单片机兼容,采用静态时钟模式;AT90 系列单片机采用增强 RISC 结构、全静态工作方式,内载 Flash 程序存储器可在线编程,也叫 AVR 单片机。

51LPC 系列单片机是 Philips 公司出品的,基于 80C51 内核的单片机,嵌入了掉电检测、模拟以及片内 RC 振荡器等功能,51LPC 在高集成度、低成本、低功耗的应用设计中可以满足多方面的性能要求。

德州仪器(TI)提供了 TMS370 和 MSP430 两大系列的通用单片机。TMS370 系列单片机是 8 位 CMOS 单片机,具有多种存储模式与外围接口模式,适用于复杂的实时控制场合;MSP430 系列单片机是一种具有超低功耗,功能集成度较高的 16 位单片机,适用于低功耗要求的场合。

松翰单片机是松翰科技出品的单片机,大多为 8 位机,部分型号与 PIC 8 位单片机兼容,价格便宜,系统时钟分频可选项较多,有 PMW、ADC 内振和内部杂讯滤波。缺点是 RAM 空间过小,抗干扰较差。

目前,Intel 公司推出的 MCS-51 系列单片机约占 8 位单片机市场总量的 38.3%,广泛应用于实时控制、自动化仪表控制等方面,已成为我国 8 位单片机的主流机型。随着其功能的不断完善,该系列单片机在各个领域的科研、技术改造和产品开发中起着越来越重要的作用。因此,在今后很长一段时间内,其主流地位不会动摇。MCS-51/52 系列单片机主要包括 51 和 52 子系列,其区别在于片内 RAM 的容量,其中 51 子系列为 128B 的片内 RAM,而 52 子系列为 256B。

1.6　单片机的基本结构

  MCS-51 系列单片机品种繁多,应用广泛,不论其复杂程度如何,都具有相似的硬件结构,如图 1.1 为 8051 单片机总体结构框图,可以看出,单片机的硬件资源包括单片机的内部结构和外部引脚两部分,因此,通过学习这两部分的内容和特点,可完成单片机与外围电路的正确连接,使单片机实现相应功能。

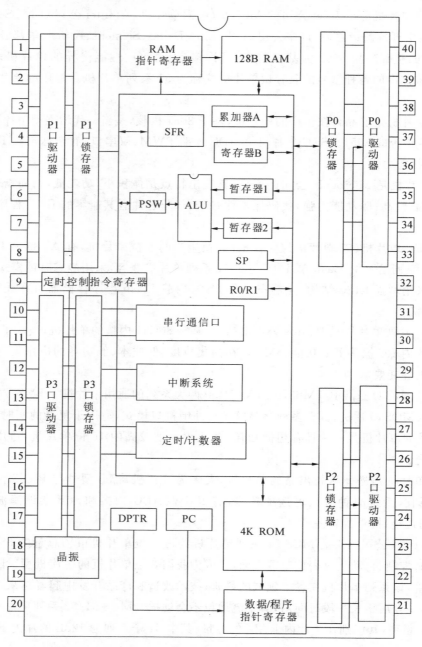

图 1.1　8051 单片机总体结构框图

学习过程中需要注意以下几方面内容：

（1）运算器和控制器的主要作用。

（2）MCS-51 存储器的特点。包括四大物理空间（片内 ROM、片内 RAM、片外 ROM、片外 RAM）、三大逻辑空间（ROM、片外 RAM、片内 RAM）。

（3）片内 ROM 和 RAM 的地址安排、容量大小及用途。低 128B RAM 单元的使用划分及用途。

（4）SFR（21 个）各自的用途。

（5）从运算器、控制器和存储器的作用入手，结合 PC、累加器 A 及有关的 SFR 理解指令执行过程。

1.6.1 单片机基本功能模块配置

常用的 MCS-51 系列单片机主要有 AT89S 系列和 STC89C 系列，其基本功能模块配置如图 1.2 所示。

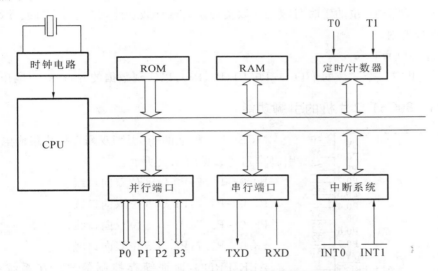

图 1.2 MCS-51 系列单片机基本功能模块配置框图

MCS-51 系列单片机由以下几部分组成。

（1）一个 8 位微处理器 CPU。

（2）数据存储器 RAM 和 26 个特殊功能寄存器 SFR。

（3）内部程序存储器 ROM。

（4）两个 16 位定时/计数器，用以对外部事件进行计数，也可用作定时器。

（5）四个 8 位可编程的 I/O（输入/输出）并行端口，每个端口既可做输入，也可做输出。

（6）一个串行端口，用于数据的串行通信。

（7）中断控制系统（2 个优先级，5 个中断源），AT89S 为 6 个中断源。

（8）内部时钟电路。

（9）片内看门狗定时器，可软件复位。

（10）4KB 的 Flash 程序存储器，擦写次数达 10000 次。

（11）两个数据指针 DPTR0 和 DPTR1 寄存器。

1.6.2 单片机的内部结构

1) 中央处理器(CPU)

中央处理器是单片机的核心,完成运算和控制功能。MCS-51 的 CPU 能处理 8 位二进制数或代码。

2) 内部数据存储器(内部 RAM)

8051 芯片中共有 256 个 RAM 单元,但其中后 128 个单元被专用寄存器占用,能作为寄存器供用户使用的只有前 128 个字节单元,用于存放可读写的数据。因此通常所说的内部数据存储器就是指前 128 个字节单元,简称内部 RAM。

3) 内部程序存储器(内部 ROM)

8051 内部共有 4 KB 掩膜 ROM,用于存放程序、原始数据或表格,故称之为程序存储器,简称内部 ROM。

4) 定时/计数器

8051 共有两个 16 位的定时/计数器,以实现定时或计数功能,并以其定时或计数的结果对计算机进行控制。

5) 并行 I/O 口

MCS-51 共有 4 个 8 位的 I/O 口(P0、P1、P2、P3),以实现数据的并行输入/输出。

1.6.3 80C51 单片机的引脚功能

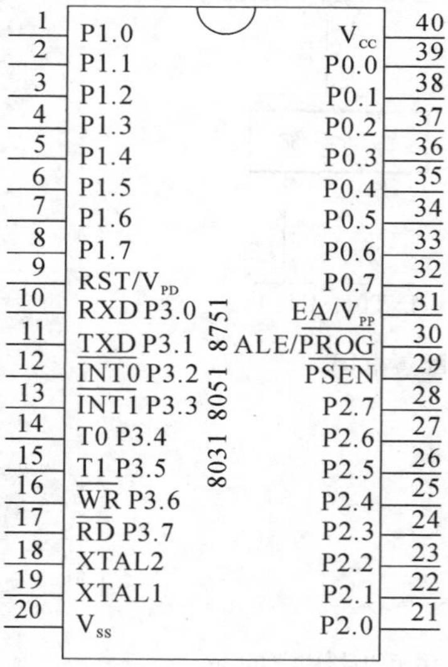

图 1.3 所示为 8031 8051 8751 芯片引脚图:

1	P1.0		V_{CC}	40
2	P1.1		P0.0	39
3	P1.2		P0.1	38
4	P1.3		P0.2	37
5	P1.4		P0.3	36
6	P1.5		P0.4	35
7	P1.6		P0.5	34
8	P1.7		P0.6	33
9	RST/V_{PD}		P0.7	32
10	RXD P3.0		EA/V_{PP}	31
11	TXD P3.1		ALE/$\overline{PROG}$	30
12	INT0 P3.2		$\overline{PSEN}$	29
13	INT1 P3.3		P2.7	28
14	T0 P3.4		P2.6	27
15	T1 P3.5		P2.5	26
16	WR P3.6		P2.4	25
17	RD P3.7		P2.3	24
18	XTAL2		P2.2	23
19	XTAL1		P2.1	22
20	V_{SS}		P2.0	21

图 1.3 MCS-51 系列单片机管脚图

MCS-51 是标准的 40 引脚双列直插式集成电路芯片,引脚排列请参见图 1.3 所示。

P0.0~P0.7:P0 口 8 位双向口线。

P1.0~P1.7:P1 口 8 位双向口线。

P2.0~P2.7:P2 口 8 位双向口线。

P3.0~P3.7:P3 口 8 位双向口线。

ALE/$\overline{PROG}$:地址锁存控制信号。在系统扩展时,ALE 用于把 P0 口输出的低 8 位地址锁存起来,以实现低位地址和数据的隔离。此外,由于 ALE 是以固定频率(晶振频率的 1/6)输出正脉冲,因此,可作为外部时钟或外部定时脉冲使用。

$\overline{PSEN}$:外部程序存储器读选通信号。在从外部 ROM 读取指令时,$\overline{PSEN}$有效(低电平),以实现外部 ROM 单元的读操作。

$\overline{EA}$/V_{PP}:访问程序存储器控制信号。当信号为低电平时,对 ROM 的读操作限定在外部程序存储器;当信号为高电平时,对 ROM 的读操作从内部程序存储器开始,并可延至外部程序存储器。

RST/V_{PD}:复位信号。当输入的复位信号延续两个机器周期以上的高电平时即为有效,复位信号用以完成单片机的复位初始化操作。

XTAL1 和 XTAL2:外接晶振引线端。当使用芯片内部时钟时,用于外接石英晶体和微调电容;当使用外部时钟时,用于接外部时钟脉冲信号。

V_{SS}:地线。

V_{CC}:电源端,接+5 V电源。

以上是对 MCS-51 单片机引脚的简单说明,读者可以对照实训电路找到相应引脚,在电路中查看每个引脚的连接使用方法。

◆ 1.6.4 单片机的存储器结构

MCS-51 单片机有数据存储器和程序存储器两类存储器,即 RAM 和 ROM。

1. MCS-51 的内部程序存储器

MCS-51 的程序存储器用于存放编好的程序和表格常数。8051 片内有 4 KB 的 ROM,8751 片内有 4 KB 的 EPROM,8031 片内无程序存储器。MCS-51 的片外最多可扩展 64 KB 的 ROM。片内外的 ROM 是统一编址的。如端保持高电平,当 8051 的程序计数器 PC 在 0000H～0FFFH 地址范围内(即前 4 KB 地址),执行片内 ROM 中的程序,当 PC 在 1000H～FFFFH 地址范围内,自动执行片外 ROM 中的程序;当端保持低电平时,只能寻址外部程序存储器,片外 ROM 可以从 0000H 开始编址。

MCS-51 的程序存储器中有些单元具有特殊功能,使用时应注意。

其中一组特殊单元是 0000H～0002H。单片机复位后,系统从 0000H 单元开始读取指令,执行程序。如果程序不是从 0000H 单元开始,应在这三个单元中存放一条无条件转移指令,以便直接执行指定的程序。

还有一组特殊单元是 0003H～002AH,共 40 个单元。这 40 个单元被均匀地分为 5 段,作为 5 个中断源的中断地址区。

0003H～000AH:外部中断 0 中断地址区。

000BH～0012H:定时/计数器 0 中断地址区。

0013H～001AH:外部中断 1 中断地址区。

001BH～0022H:定时/计数器 1 中断地址区。

0023H～002AH:串行中断地址区。

中断响应后,按中断的类型,自动转到各中断区的首地址执行程序,因此在中断地址区中理应存放中断服务程序。但 8 个单元难以存放一个完整的中断服务程序,因此,通常在中断地址区首地址存放一条无条件转移指令,以便中断响应后,通过中断地址区,再转到中断服务程序的实际入口地址。

2. MCS-51 的内部数据存储器

8051 的内部 RAM 共有 256 个单元,通常把这 256 个单元按功能划分为两部分:低 128 单元(单元地址 00H～7FH)和高 128 单元(单元地址 80H～FFH)。

1) 内部数据存储器低 128 单元

内部数据存储器低 128 单元分为以下几部分。

(1) 通用寄存器区。

8051 共有 4 组寄存器,每组 8 个寄存单元,以 R0～R7 作为寄存单元编号。寄存器常用于存放操作数中间结果等。由于它们的功能及使用不做预先规定,因此称之为通用寄存器,有时也叫工作寄存器。4 组通用寄存器占据内部 RAM 的 00H～1FH 单元地址。

在任一时刻,CPU 只能使用其中一组寄存器,并且把正在使用的这组寄存器称为当前寄存器组。具体使用哪一组,由程序状态字寄存器 PSW 中 RS1、RS0 位的状态组合来决定。

通用寄存器为 CPU 提供了就近存储数据的便利,有利于提高单片机的运算速度。此外,使用通用寄存器还能提高程序编制的灵活性,因此,在单片机的应用编程中应充分利用这些寄存器,以简化程序设计,提高程序运行速度。

(2) 位寻址区。

内部 RAM 的 20H~2FH 单元,既可作为一般 RAM 单元使用,进行字节操作,也可以对单元中每一位进行位操作,因此把该区称为位寻址区。位寻址区共有 16 个 RAM 单元,128 个位,地址范围是 00H~7FH。MCS-51 具有布尔处理机功能,这个位寻址区可以构成布尔处理机的存储空间,位寻址区地址分配表如表 1.2 所示。这种位寻址能力是 MCS-51 的一个重要特点。

表 1.2 位寻址区地址分配表

字 节 地 址	位 地 址							
20H	07H	06H	05H	04H	03H	02H	01H	00H
21H	0FH	0EH	0DH	0CH	0BH	0AH	09H	08H
22H	17H	16H	15H	14H	13H	12H	11H	10H
23H	1FH	1EH	1DH	1CH	1BH	1AH	19H	18H
24H	27H	26H	25H	24H	23H	22H	21H	20H
25H	2FH	2EH	2DH	2CH	2BH	2AH	29H	28H
26H	37H	36H	35H	34H	33H	32H	31H	30H
27H	3FH	3EH	3DH	3CH	3BH	3AH	39H	38H
28H	47H	46H	45H	44H	43H	42H	41H	40H
29H	4FH	4EH	4DH	4CH	4BH	4AH	49H	48H
2AH	57H	56H	55H	54H	53H	52H	51H	50H
2BH	5FH	5EH	5DH	5CH	5BH	5AH	59H	58H
2CH	67H	66H	65H	64H	63H	62H	61H	60H
2DH	6FH	6EH	6DH	6CH	6BH	6AH	69H	68H
2EH	77H	76H	75H	74H	73H	72H	71H	70H
2FH	7FH	7EH	7DH	7CH	7BH	7AH	79H	78H

(3) 用户 RAM 区。

在内部 RAM 低 128 单元中,通用寄存器占 32 个单元,位寻址区占 16 个单元,剩下的 80 个单元就是供用户使用的一般 RAM 区,其地址范围为 30H~7FH。对用户 RAM 区的使用没有任何规定或限制,但在一般应用中常把堆栈设置在此区中。

2) 内部数据存储器高 128 单元

内部 RAM 的高 128 单元是供专用寄存器使用的,其单元地址为 80H~FFH。因这些寄存器的功能已做专门规定,故称为专用寄存器(special function register),也可称为特殊功能寄存器。

3. MCS-51 的片外存储器

片外 RAM 可以通过总线扩展,最大寻址空间可以到 64KB,通过 MOVX 指令来访问。

片外 ROM 可以通过总线扩展,最大寻址空间可以到 64KB,跟内部 ROM 使用同样指令来访问,主要通过 $\overline{\text{EA}}$ 信号来区分访问的是片内 ROM 还是片外 ROM,当 $\overline{\text{EA}}=0$,访问片外 ROM;当 $\overline{\text{EA}}=1$,访问片内 ROM,如果超出片内 ROM 地址,就自动转入访问片外 ROM。

MCS-51 系列单片机存储器配置结构如图 1.4 所示。

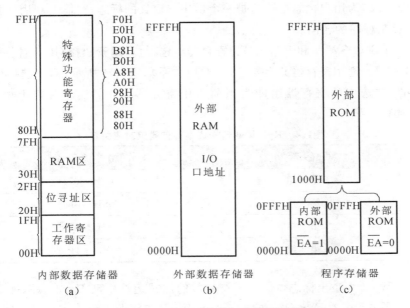

图 1.4　MCS-51 系列单片机存储器配置结构

1.6.5　特殊功能寄存器 SFR

8051 共有 21 个特殊功能(又称专用寄存器)寄存器,简单介绍如下。

(1) 累加器 A(ACC)为 8 位寄存器,是最常用的专用寄存器,功能较多,地位重要,既可用来存放操作数,也可用来存放运算的中间结果。MCS-51 单片机中大部分单操作数指令的操作数就取自累加器,许多双操作数指令中的一个操作数也取自累加器。

(2) 通用寄存器 B 是一个 8 位寄存器,主要用于乘除运算。乘法运算时,B 提供乘数,乘法操作后,乘积的高 8 位存于 B 中;除法运算时,B 提供除数,除法操作后,余数存于 B 中。此外,B 寄存器也可作为一般数据寄存器使用。

(3) 程序状态字 PSW(program status word)是一个 8 位寄存器,用于存放程序运行中的各种状态信息。其中有些位的状态是根据程序执行结果,由硬件自动设置的,而有些位的状态则使用软件方法设定。PSW 的位状态可以用专门指令进行测试,也可以用程序读出。一些条件转移程序将根据 PSW 特定位的状态,进行程序转移。PSW 的各位标志符定义如表 1.3 所示。

表 1.3　PSW 的各位标志符

位　序　号	PSW.7	PSW.6	PSW.5	PSW.4	PSW.3	PSW.2	PSW.1	PSW.0
位　地　址	D7H	D6H	D5H	D4H	D3H	D2H	D1H	D0H
位 标 志 符	CY	AC	F0	RS1	RS0	OV	F1	P

① CY(PSW.7)为进位标志位。CY 是 PSW 中最常用的标志位,其功能有两个:一是存放算术运算的进位标志,在进行加减运算时,如果操作结果的最高位有进位或借位时,CY 由硬件置"1",否则清"0";二是在位操作中,作累加位使用。进位标志位是位传送、位与、位或等位指令操作的固定操作位之一。

② AC(PSW.6)为辅助进位标志位。在加减运算中,当低 4 位向高 4 位进位或借位时,AC 由硬件置"1",否则 AC 位被清"0"。在 BCD 码的加法调整中也要用到 AC 位。

③ F0(PSW.5)为用户标志位。这是一个供用户定义的标志位,需要利用软件方法置位或复位,用以控制程序的转向。

④ RS1 和 RS0(PSW.4 和 PSW.3)为寄存器组选择位,用于选择 CPU 当前使用的通用寄存器组 R0~R7。通用寄存器共有 4 组,其对应关系如表 1.4 所示,两个选择位的状态是由软件设置的,被选中的寄存器组即为当前通用寄存器组。但当单片机上电或复位后,RS1/RS0=00B。

表 1.4　RS1、RS0 选择位跟寄存器组对应关系

RS1	RS0	寄 存 器 组	位于 RAM 中的存储地址范围
0	0	第 0 组	00H~07H
0	1	第 1 组	08H~0FH
1	0	第 2 组	10H~17H
1	1	第 3 组	18H~1FH

⑤ OV(PSW.2)为溢出标志位。在带符号数的加减运算中,OV=1 表示加减运算超出了累加器 A 所能表示的符号数有效范围(−128 ~+127),即产生了溢出,因此运算结果是错误的,OV=0 表示运算正确,即无溢出产生。

⑥ F1(PSW.1)为用户标志位,是一个供用户定义的标志位。

⑦ P(PSW.0)为奇偶标志位,表明累加器 A 中"1"的个数奇偶性。如果 A 中有奇数个"1",则 P 置"1",否则置"0"。凡是改变累加器 A 中内容的指令均会影响 P 标志位,此标志位对串行通信中的数据传输有重要的意义。在串行通信中常采用奇偶校验的办法来校验数据传输的可靠性。

(4) 数据指针 DPTR 为 16 位寄存器。编程时,DPTR 既可以按 16 位寄存器使用,也可以按两个 8 位寄存器分开使用,即 DPH 是 DPTR 的高位字节,DPL 是 DPTR 的低位字节。DPTR 通常在访问外部数据存储器时作地址指针使用,因外部数据存储器的寻址范围为64 KB,故把 DPTR 设计为 16 位。

(5) 堆栈指针 SP(stack pointer)。堆栈是一个特殊的存储区,用来暂存数据和地址,按"先进后出"的原则存取数据。堆栈共有两种操作:进栈和出栈。由于 MCS-51 单片机的堆栈设在内部 RAM 中,因此 SP 是一个 8 位寄存器。系统复位后,SP 的内容为 07H,但堆栈实际上是从 08H 单元开始的。由于 08H~1FH 单元分别属于工作寄存器 1~3 区,如程序要用到这些单元,最好把 SP 值改为 1FH 或更大的值。

对专用寄存器的字节寻址问题做如下几点说明。

(1) 21 个可字节寻址的专用寄存器不连续地分散在内部 RAM 高 128 单元之中,尽管还余有许多空闲地址,但用户并不能使用。

（2）程序计数器 PC 不占据 RAM 单元，它在物理上是独立的，因此是不可寻址的寄存器。

（3）对专用寄存器只能使用直接寻址方式，书写时既可使用寄存器符号，也可使用寄存器单元地址。

1.6.6 输入/输出端口

MCS-51 单片机共有 4 个 8 位并行的输入/输出（I/O）端口，分别记作 P0、P1、P2、P3。每个端口都包含一个锁存器、一个输出驱动器和一个输入缓冲器。实际上，它们已被归入专用寄存器 SFR 内，具有字节寻址和位寻址功能。

在访问片外扩展存储器时，低 8 位地址和数据由 P0 口分时传送，高 8 位地址由 P2 口传送。在无片外扩展存储器的系统中，这 4 个端口均可作为双向的 I/O 端口使用。下面分别讲述这 4 个并行端口的电路结构及工作原理。

1. P0 端口的结构及工作原理

由图 1.5 可见，P0 端口由锁存器、输入缓冲器、切换开关、一个与非门、一个与门及两个场效应管驱动电路构成。图右边标号为 P0.X 引脚的图标，可以是 P0.0 到 P0.7 的任何一位，即在 P0 口由 8 个与该图相同的电路组成。

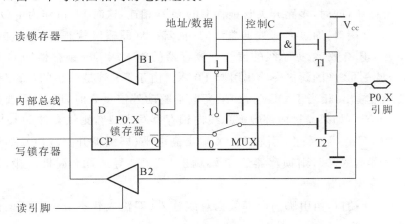

图 1.5 P0 口内部电路结构

先看输入缓冲器：在 P0 口中，有两个三态缓冲器，其输出端可以是高电平、低电平，以及高阻态（或称为禁止状态、非工作状态）。图 1.5 中上面的缓冲器 B1 是读锁存器的缓冲器，如果要读取 D 锁存器输出端 Q 的数据，那就得使缓冲器 B1 的三态控制端（"读锁存器"端）有效。下面是读引脚的缓冲器 B2，要读取 P0.X 引脚上的数据，必须使缓冲器 B2 的控制端（"读引脚"端）有效，引脚上的数据才会传输到单片机的内部数据总线上。

D 锁存器：一个锁存器的构成需要用时序电路实现。时序电路的基本单元是触发器，一个触发器可以保存一位二进制数 0 或 1（即具有保持功能），在 MCS-51 单片机的 32 根 I/O 口线中都是用一个 D 触发器来构成锁存器的。图 1.5 中用的 D 锁存器，D 端是数据输入端，CP 是控制端（即时序控制信号输入端），Q 是输出端，$\overline{Q}$ 是反向输出端。对于 D 触发器来讲，当 D 输入端有一个输入信号，而控制端 CP 没有信号（即没有时序脉冲到来）时，输入端 D 的数据是无法传输到输出端 Q 及反向输出端 $\overline{Q}$ 的。如果时序控制端 CP 有时序脉冲到来，这时 D 端输入的数据就会传输到 Q 及 $\overline{Q}$ 端。数据传送过来后,当 CP 时序控制端的时序信号消失后,输出端 Q 及 $\overline{Q}$ 仍然会保持输入端 D 的数据。只有当下一个时序控制脉冲信号 CP 到来,D 端最新的数据才再次传送到 Q 及 $\overline{Q}$ 端,状态才可能发生改变。

多路开关:在 MCS-51 单片机中,当内部的存储器够用(也就是不需要外扩展存储器)时,P0 口可以作为通用的输入/输出(I/O)端口使用,当单片机内部没有 ROM 或者编写的程序超过单片机内部的存储器容量,需要外扩存储器时,P0 口就作为"地址/数据"总线使用。即该多路选择开关是用于选择是作为普通 I/O 端口使用还是作为"数据/地址"总线使用的选择开关。图 1.5 中多路选择开关与下面的触点接通时,P0 口作为普通的 I/O 端口使用;当多路选择开关与上面的触点接通时,P0 口作为"地址/数据"总线使用。

输出驱动电路:从图 1.5 中看出,P0 口的输出是由两个 MOS 管组成的推拉式结构,即这两个 MOS 管一次只能导通一个,当 T1 导通时,T2 截止,当 T2 导通时,T1 截止。

与门、非门:其逻辑原理在数字电路已经介绍过。

接下来分析 P0 口作为 I/O 端口及地址/数据总线使用的工作原理。

(1) 作为 I/O 端口使用的工作原理。

P0 口作为 I/O 端口使用时,多路开关的控制信号为 0(当 $\overline{EA}=1$ 或"MOV"传送时,C=低电平),多路开关的控制信号同时跟与门的一个输入端是相连的,与门关闭,输出一个"0",即低电平,T1 管截止,同时,多路开关与锁存器的 $\overline{Q}$ 端相连,这时 P0 口作为 I/O 口使用。

P0 口作为 I/O 端口,通过内部数据总线向引脚输出(即输出状态 output)的工作过程:当写锁存器信号 CP 有效,数据总线的信号→锁存器的输入端 D→锁存器的 $\overline{Q}$ 端→多路开关→T2 管的栅极→T2 管的漏极→输出引脚 P0.X。由于 T1 管是截止的,所以作为输出口时,P0 是漏极开路输出,相当于 OC 门,如果高电平驱动外接负载时,P0 口需要外接上拉电阻,以提供驱动电流。如果通过内部数据总线向锁存器写入"1",则锁存器的 $\overline{Q}$ 端输出"0",并加载在 T2 管的栅极,T2 截止,引脚 P0.X 输出高电平(即漏极开路输出);如果通过内部数据总线向锁存器写入"0",则锁存器的 $\overline{Q}$ 端输出"1",T2 导通,T2 漏极跟栅极相连,引脚 P0.X 输出接地,输出"0"。

P0 口作为 I/O 端口,由引脚向内部数据总线输入(即输入状态 input)的工作过程需要分两种情况分析讨论。

① 读引脚:读芯片引脚上的数据。读引脚数据时,读引脚缓冲器打开(即三态缓冲器 B2 的控制端要有效),通过内部数据总线输入。

② 读锁存器:通过打开读锁存器,三态缓冲器 B1 读取锁存器输出端 Q 的状态。

在输入状态下,从锁存器和从引脚读来的信号一般是一致的,但也有例外。例如,当从内部总线输出低电平后,锁存器 Q=0,$\overline{Q}=1$,场效应管 T2 开通,P0.X 引脚线呈低电平状态,此时无论引脚线上外接的信号是低电平还是高电平,都会被 T2 拉低,则从引脚读入单片机的信号都是低电平,因而不能正确地读入端口引脚上的信号。又如,当从内部总线输出高电平后,锁存器 Q=1,$\overline{Q}=0$,T2 管截止。如引脚 P0.X 外接信号为低电平,从引脚上读入的信号就与从锁存器读入的信号不同。为此,8051 单片机在对端口 P0~P3 的输入操作上,有相应约定:凡属于"读—改—写"类指令,从锁存器读入信号,如指令"ANL P0,A""XRL P1""—0F7H";其他指令则从端口引脚线上读入信号,如 MOV A,P0。

"读—改—写"类指令的特点是,从引脚端口输入外接信号,在单片机内加以运算(修改)

后,再输出(写)到该引脚端口上。下面是几条读-改-写指令的例子。

```
ANL P0,-data;P0→P0&&data
ORL P0,A;P0→(A)||P0
INC P1;P1+1→P1
DEC P3;P3-1→P3
CPL P2;P2→P2
```

这样安排的原因在于"读-改-写"指令需要得到引脚端口原输出状态,修改后再输出,读锁存器而不是读引脚,可以避免因外部电路原因而使原端口状态被读错。

(2) 作为地址/数据总线使用的工作原理。

在访问外部存储器时,P0 口作为地址/数据总线使用,此时多路开关控制信号为"1",与门解锁开门,与门输出信号电平由地址/数据总线信号状态决定。多路开关与非门的输出端相连,地址/数据信号经地址/数据线→非门→T2 场效应管栅极→T2 漏极输出。

例如:控制信号为"1",地址信号为"0"时,与门输出低电平,T1 管截止;非门输出高电平,T2 管导通,输出引脚的地址信号也为低电平。反之,控制信号为"1",地址信号为"1",与门输出为高电平,T1 管导通;非门输出低电平,T2 管截止,输出引脚的地址信号为高电平,输入输出状态一致。可见,在输出地址/数据信息时,T1、T2 管是交替导通的,负载能力很强,可以直接与外部存储器相连,无须增加总线驱动器。

P0 口又可作为数据总线使用。在访问外部程序存储器时,P0 口输出低 8 位地址信息并锁存后,将切换为数据总线,以便读指令码(输入)。在取指令期间,控制信号为"0",T1 管截止,多路开关也跟着转向锁存器 $\overline{Q}$ 端,CPU 自动将 0FFH(11111111,即向 D 锁存器写入一个高电平"1")写入 P0 口锁存器,使 T2 管截止,在读引脚信号控制下,通过读引脚三态门电路将指令码读到内部总线。

如果该指令是输出数据,如 MOVX @DPTR,A(将累加器 A 的内容通过 P0 口数据总线传送到外部 RAM 中),则多路开关控制信号为"1",与门解锁,与输出地址信号的工作流程类似,数据由地址/数据总线→非门→T2 场效应管栅极→T2 漏极输出。

如果该指令是输入数据(读外部数据存储器或程序存储器),如 MOVX A,@DPTR(将外部 RAM 某一存储单元内容通过 P0 口数据总线输入到累加器 A 中),则输入的数据仍通过读引脚三态缓冲器到内部总线。

通过以上分析可以看出,当 P0 作为地址/数据总线使用时,在读指令码或输入数据前,CPU 自动向 P0 口锁存器写入 0FFH,破坏了 P0 口原来的状态。因此,不能再作为通用的 I/O 端口。所以在系统设计时务必注意,程序中不能再含有以 P0 口作为操作数(包含源操作数和目的操作数)的指令。

2. P1 端口的结构及工作原理

P1 口的结构最简单,用途也单一,仅作为输入/输出端口使用。输出的信息进行锁存,输入有读引脚和读锁存器之分。P1 端口的一位结构如图 1.6 所示。

由图 1.6 可见,P1 端口与 P0 端口的主要差别在于,P1 端口用内部上拉电阻 R 代替了 P0 端口的场效应管 T1,并且输出的信息仅来自内部总线。由内部总线输出的数据经锁存器反相和场效应管反相后,锁存在端口线上,所以,P1 端口是具有输出锁存的静态口。

要正确地从引脚读入外部信息,必须先使场效应管关断(即截止),以便由外部输入的信

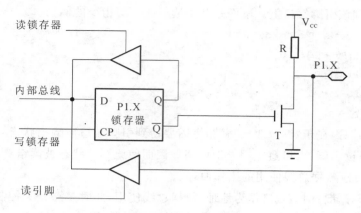

图 1.6　P1 口内部电路结构

息确定引脚的状态。为此,在引脚读入前,必须先对该引脚端口写入"1"。具有这种操作特点的输入/输出端口,称为准双向 I/O 口。8051 单片机的 P1、P2、P3 都是准双向口。P0 端口由于输出有三态功能,输入前,端口线已处于高阻态,无须先写入"1"后再作读操作。P1 口的结构相对简单,其基本工作原理与 P0 口基本类似。

单片机复位后,各个端口已自动地被写入"1",此时,可直接做输入操作。如果在应用端口的过程中,已向 P1~P3 端口线输出过 0,则再次输入时,必须先写 1 后再读引脚,才能得到正确的信息。

3. P2 端口的结构及工作原理

P2 口内部电路结构如图 1.7 所示。

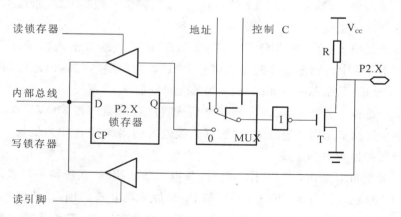

图 1.7　P2 口内部电路结构

由图 1.7 可见,P2 端口在片内既有上拉电阻,又有切换开关 MUX,所以 P2 端口在功能上兼有 P0 端口和 P1 端口的特点。这主要表现在输出功能上,当切换开关向下接通时,从内部总线输出的一位数据经反相器和场效应管反相后,输出在端口引脚线上;当多路开关向上时,输出的一位地址信号也经反相器和场效应管反相后,输出在端口引脚线上。

8031 单片机必须外接程序存储器才能构成应用电路(或者应用电路扩展了外部存储器),而 P2 端口就是用来周期性地输出从外存中取指令的高 8 位地址,其多路开关总是在进行切换,分时地输出从内部总线来的数据和从地址信号线上来的地址。因此,P2 端口是动态的 I/O 端口。输出数据虽被锁存,但不是稳定地出现在端口线上。其实,这里输出的数据往往也是一种地址,只不过是外部 RAM 的高 8 位地址。

在输入功能方面,P2 端口与 P0 和 P1 端口相同,有读引脚和读锁存器之分,并且 P2 端口也是准双向口。

可见,P2 端口的主要特点包括:

① 不能输出静态的数据;

② 自身输出外部程序存储器的高 8 位地址;

③ 执行 MOVX 指令时,输出外部 RAM 的高位地址,故称 P2 端口为动态地址端口。

既然 P2 口可以作为 I/O 端口使用,也可以作为地址总线使用,下面就分析下它的两种工作状态。

(1) 作为 I/O 端口使用的工作过程。

当没有外部程序存储器或虽然有外部数据存储器,但容量不大于 256B,即不需要高 8 位地址时(在这种情况下,不能通过数据地址寄存器 DPTR 读写外部数据存储器),P2 口可作 I/O 端口使用。这时,控制信号为"0",多路开关转向锁存器输出端 Q,输出信号经内部总线→锁存器输出端 Q→反相器→T 管栅极→T 管漏极→引脚 P2.X 输出。

由于 T 管漏极带有上拉电阻,可以提供一定的上拉电流,负载能力约为 8 个 TTL 与非门。作为输出口前,同样需要向锁存器写入"1",使反相器输出低电平,T 管截止,即引脚悬空时为高电平,防止引脚被钳位在低电平。读引脚有效后,输入信息经读引脚三态门电路到内部数据总线。

(2) 作为地址总线使用的工作过程。

P2 口作为地址总线时,控制信号为'1',多路开关转向地址线(即向上接通),地址信息经反相器→T 管栅极→T 管漏极→引脚 P2.X 输出。由于 P2 口输出高 8 位地址,与 P0 口不同,无须分时使用,因此 P2 口上的地址信息(程序存储器上的 A15~A8)通过数据/地址寄存器高 8 位 DPH 保存时间长,无须锁存。

4. P3 端口的结构及工作原理

P3 口是一个多功能口,除了可以作为 I/O 端口外,还具有第二功能,P3 端口的一位结构如图 1.8 所示。

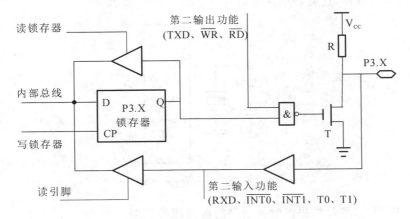

图 1.8 P3 口内部电路结构

由图 1.8 可见,P3 端口和 P1 端口的结构相似,区别仅在于 P3 端口的各端口线有两种功能选择。当处于第一功能时,第二输出功能线为 1,此时,内部总线信号经锁存器和场效应管输入/输出,其作用与 P1 端口作用相同,也是静态准双向 I/O 端口。当处于第二功能时,锁存器输出 1,通过第二输出功能线输出特定的内含信号,在输入方面,既可以通过缓冲器读入引脚信号,还可以通过替代输入功能读入片内的特定第二功能信号。由于输出信号锁存并且有双重功能,故 P3 端口为静态双功能端口。

使 P3 端口各端口线处于第二功能的条件是:

① 串行 I/O 处于运行状态(RXD,TXD);

② 打开了外部中断($\overline{INT0}$,$\overline{INT1}$);

③ 定时器/计数器处于外部计数状态(T0,T1);

④ 执行读写外部 RAM 的指令($\overline{RD}$,$\overline{WR}$)。

在应用中,如不设定 P3 端口各端口线的第二功能($\overline{WR}$,$\overline{RD}$ 信号的产生不用设置),则各端口线自动处于第一功能状态,也就是静态 I/O 端口的工作状态。更多时候是根据应用的需要,把几条端口线设置为第二功能,而另外几条端口线处于第一功能运行状态。在这种情况下,不宜对 P3 端口作字节操作,需采用位操作的形式。

端口的负载能力和输入/输出操作:

P0 端口能驱动 8 个 LSTTL 负载,如需增加负载能力,可在 P0 总线上增加总线驱动器。P1、P2、P3 端口各能驱动 4 个 LSTTL 负载。

前面已经介绍,由于 P0~P3 端口已映射成特殊功能寄存器中的 P0~P3 端口寄存器,所以对这些端口寄存器的读/写就实现了信息从相应端口的输入/输出。例如:

```
MOV A,P1;        把 P1 端口线上的信息输入到 A
MOV P1,A;        把 A 的内容由 P1 端口输出
MOV P3,# 0FFH;   使 P3 端口线各位置 1
```

1.6.7 时钟电路

MCS-51 芯片内部有一个高增益反相放大器,其输入端为引脚 XTAL1,输出端为引脚 XTAL2。而在芯片的外部,XTAL1 和 XTAL2 之间跨接晶体振荡器和微调电容,从而构成一个稳定的自激振荡器,这就是单片机的时钟电路,如图 1.9 所示。

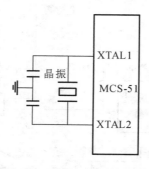

图 1.9 单片机的时钟电路

(1) 振荡周期:为单片机提供时钟信号的振荡源的周期。

(2) 时钟周期:振荡源信号经二分频后形成的时钟脉冲信号。

（3）机器周期：完成一个基本操作所需的时间。

（4）指令周期：CPU 执行一条指令所需要的时间。一个指令周期通常含有 1～4 个机器周期。

各种周期之间的关系如图 1.10 所示。

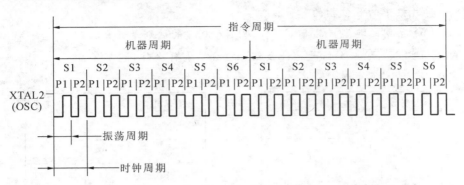

图 1.10　各种周期之间的关系

1.6.8　复位电路

单片机复位是指使 CPU 和系统中的其他功能部件都处于一个确定的初始状态，并从这个状态开始工作，例如复位后 PC＝0000H，使单片机从第一个单元取指令。实训中已经看出，无论是单片机刚开始接上电源时，还是断电后或者发生故障后都要复位，所以必须弄清楚 MCS-51 单片机复位的条件、复位电路和复位后的状态。

单片机的复位电路如图 1.11 所示。

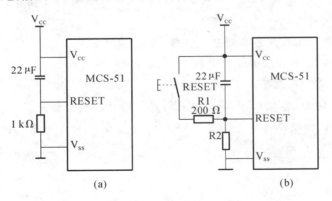

图 1.11　单片机的复位电路

📝 本章小结

本章主要介绍了单片机的基本概念，MCS-51 单片机的基本结构，包括基本功能模块配置、引脚功能、存储器结构、时钟电路及复位电路等。讲解了 MCS-51 单片机并行 I/O 端口的内部结构及工作原理。

习题1

1. 什么是单片机？其主要特点是什么？

2. 8 位单片机中的 8 位指的是什么？

3. MCS-51 系列的典型产品 80C51、8751 和 8031 的区别是什么？

4. ALE、$\overline{\text{PSEN}}$、$\overline{\text{EA}}$ 三个信号是什么信号？分别有什么作用？

5. 完成以下表格的内容。

十进制数	原码	补码
12		
−12		
89		
−89		

十进制数	原码	补码
356		
−356		
8796		
−8796		

6. 用补码完成下列运算，并指出运算结构是否产生溢出。

(1) 33H＋5AH　　(2) −29H−5DH　　(3) 65H−3EH　　(4) 4CH−68H

7. 完成以下补码表示的数的运算，看结果是否发生溢出。

(1) 89H＋97H　　(2) 36H＋47H　　(3) 45H＋A6H　　(4) DEH＋15H

(5) 98H−A1H　　(6) C5H−47H　　(7) 45H−32H　　(8) 65H−B8H

8. PSW 是什么寄存器？包括哪些标志位？各起什么作用？

9. MCS-51 系列单片机的存储器结构有何特点？存储器的空间如何划分？各地址空间的寻址范围是多少？

10. MCS-51 片内 RAM 怎么划分？各起什么作用？

11. 简述 MCS-51 单片机的 4 个并行 I/O 端口的作用及特点。

12. 读引脚和读锁存器有什么不同？

13. MCS-51 单片机复位后，各寄存器及特殊功能寄存器的值是多少？

14. 决定程序执行顺序的寄存器是哪个？它是多少位的寄存器？是不是特殊功能寄存器？

第 **2** 章　MCS-51 汇编语言与汇编程序

主要内容及要点

(1) 寻址方式；

(2) 指令系统；

(3) 汇编程序基本格式。

2.1　指令格式

MCS-51 单片机汇编语言指令格式如下：

　　　　　[标号:]　　　　操作码　　　[操作数或操作数地址]　　　[;注释]

标号是程序员根据编程需要，给指令所在地址设定的符号表示；标号由 1～8 个字符组成，第一个字符必须是英文字母，不能是数字或其他符号；标号不允许与保留字（关键字，如指令中的助记符或伪指令助记符）重名；标号后必须用冒号，标号不能重复使用。

操作码表示指令的操作类型或操作功能，如 MOV 表示数据传送操作，ADD 表示加法操作等。

操作数或操作数地址表示参加运算的数据或数据的有效地址。操作数一般有以下几种形式：没有操作数项，操作数隐含在操作码中，如 RET、NOP 等指令；只有一个操作数，如 CPL A 指令；有两个操作数，如 MOV A,♯00H 指令，操作数之间以逗号相隔；有三个操作数，如 CJNE A,♯00H,NEXT 指令，操作数之间以逗号相隔。如指令"MOV 78H,♯80H"的机器码为 747880H，即第一字节（操作码）：01110100B，第二字节[第一操作数（目的地址）]：01111000B，第三字节[第二操作数（立即数 80H）]：10000000B。

注释是对指令的解释说明，用以提高程序的可读性，注释前必须加分号。

特别要强调的是，汇编指令中涉及的特殊符号都为半角符号，汇编指令中的英文字母不区分大小写，编程时要严格按照指令格式的顺序书写，各部分之间要加上规定的分隔符。标号以冒号结束，操作码与操作数之间用空格分开，操作数与操作数之间用逗号分隔，注释前用分号作引导。

2.2　寻址方式

寻找操作数地址的方式称为寻址方式。

1. 寄存器寻址

寄存器寻址是指将操作数存放于寄存器中,能用于这种方式的寄存器包括工作寄存器 R0～R7、累加器 A、通用寄存器 B、地址寄存器 DPTR 等。

例如,指令 MOV R1,A 执行的操作是把累加器 A 中的数据传送到寄存器 R1 中,其操作数存放在累加器 A 中。如果程序状态寄存器 PSW 的 RS1RS0＝01(选中第二组工作寄存器,对应地址为 08H～0FH),设累加器 A 的内容为 20H,则执行 MOV R1,A 指令后,内部RAM 09H 单元的值就变为 20H。

2. 直接寻址

直接寻址是指把存放操作数的内存单元的地址直接写在指令中。在 MCS-51 单片机中,可以用于直接寻址的存储器主要有内部 RAM 区和特殊功能寄存器 SFR 区。

例如,指令 MOV A,59H 执行的操作是将内部 RAM 中地址为 59H 的单元内容传送到累加器 A 中,操作数 59H 就是存放数据的单元地址。该指令规定了源操作数是直接寻址,其功能是将存放在片内数据存储器 59H 单元中的内容传送到累加器 A 中,指令的机器代码为 E5H、59H,双字节指令。指令的执行过程如图 2.1 所示。

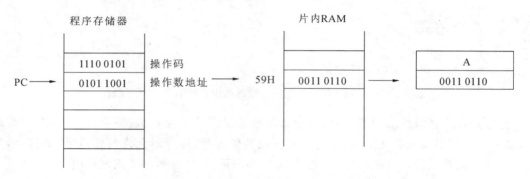

图 2.1 指令 MOV A,59H 执行过程示意图

直接寻址方式可以访问的范围如下:

(1) 片内 RAM 的低 128 个字节单元。对于具有 256 个字节单元的单片机(如 8052、AT89S52 等),其高 128 个字节单元不能用直接寻址方式访问,只能用寄存器间接寻址方式访问。

(2) 特殊功能寄存器(SFR)。这部分存储单元既可以用单元地址给出,也可以用寄存器符号给出。例如:在指令"MOV A,90H"和"MOV A,P1"中,90H 表示某个特殊功能寄存器(SFR)的地址,而 P1 则是某个特殊功能寄存器(SFR)的符号,实际上表示同一个单元。因此,上述两条指令其实是同一条指令的不同写法。

(3) 位地址空间。位地址空间包括片内 RAM 的 20H～2FH,共 128 个位地址,以及特殊功能寄存器(SFR)中的 11 个可进行位寻址的寄存器中的位地址(允许位地址的特殊功能寄存器有 ACC、B、PSW、IP、IE、SCON、P0～P3 等)。

在一些程序控制指令中,可采用直接寻址方式提供程序转移的目的地址。

3. 立即寻址

立即寻址是指将操作数直接写在指令中。立即寻址相当于 C 语言中的赋值操作,即给一个变量赋一个常量。

例如,指令 MOV A,♯3AH 执行的操作是将操作数 3AH 直接送到累加器 A 中。

4. 寄存器间接寻址

寄存器间接寻址是指将存放操作数的内存单元的地址放在寄存器中,指令中只给出该寄存器。执行指令时,首先根据寄存器的内容,找到所需要的操作数地址,再由该地址找到操作数并完成相应操作。

例如,设 R0＝59H,内部 RAM 59H 中的值是 78H,则指令 MOV A,@R0 的执行结果是累加器 A 的值为 78H。指令执行过程示意图如图 2.2 所示。显然,R0 寄存器的内容 59H 是操作数地址,内部 RAM 的 59H 单元的内容 78H 才是操作数,把该操作数传送到累加器 A,结果为(A)＝78H。若执行"MOV A,R0"指令,R0 寄存器的内容 59H 就是操作数,执行结果(A)＝59H。因此,务必把寄存器寻址与寄存器间接寻址两种方式加以正确区分。

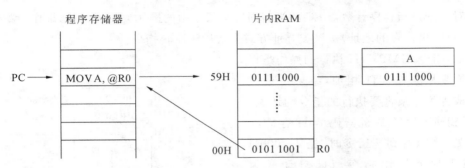

图 2.2　指令 MOV A,@R0 执行过程示意图

所有基于 8051 硬件内核的 51 单片机都只能用寄存器 R0、R1 和 DPTR 作为间接寻址的寄存器。间接寻址方式可以访问的存储空间为片内 RAM 和片外 RAM。在 51 单片机中,其寻址范围如下:

① 内部 256 字节单元(只能使用 R0 和 R1 作间接寄存器);② 外部数据存储器(64KB 空间,使用 DPTR 作间接寄存器),另外,外部数据存储器的低 256 个字节单元也可以用 R0 和 R1 作间址寄存器;③ 在堆栈操作指令(PUSH 和 POP)中,以堆栈指针 SP 作间接寄存器,寻址空间为片内 RAM。

5. 变址寻址

变址寻址是指将基址寄存器与变址寄存器的内容相加,得到 16 位数作为操作数(存放在程序存储器 ROM)的地址,以达到访问数据表格或得到程序转移地址的目的。DPTR 或 PC 是基址寄存器,累加器 A 是变址寄存器。该类寻址方式主要用于查表操作。

这种寻址方式的指令有

```
MOVC  A,@A+DPTR;A←((A)+(DPTR))
MOVC  A,@A+PC;PC←PC+1,A←((A)+(PC))
JMP   @A+DPTR;PC←(A)+(DPTR)
```

例如,指令 MOVC A,@A＋DPTR 执行的操作是将累加器 A 和基址寄存器 DPTR 的内容相加,相加结果作为操作数存放的地址,再将操作数取出来送到累加器 A 中。设累加器 A＝02H,DPTR＝0300H,外部 ROM 中,0302H 单元的内容是 55H,则指令 MOVC A,@A ＋DPTR 的执行结果是累加器 A 的内容为 55H。指令执行过程示意图如图 2.3 所示。

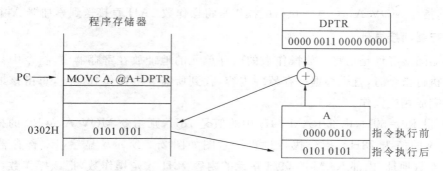

图 2.3 指令 MOVC A，@A+DPTR 执行过程示意图

6. 相对寻址

相对寻址是指程序计数器 PC 的当前内容与指令中的操作数相加，其结果作为跳转指令的转移地址（也称目的地址）。该类寻址方式主要用于跳转指令。

例如，指令 SJMP 54H 执行的操作是将 PC 当前的内容与 54H 相加，结果再送回 PC 中，成为下一条将要执行的指令的地址。设指令 SJMP 54H 的机器码 80H 存放在 2000H 处，当执行到该指令时，先从 2000H 和 2001H 单元取出指令，PC 自动变为 2002H。再把 PC 的内容与操作数 54H 相加，形成目标地址 2056H，再送回 PC，使得程序跳转到 2056H 单元继续执行。指令执行过程示意图如图 2.4 所示。

图 2.4 指令 SJMP 54H 执行过程示意图

7. 位寻址

位寻址是指按位进行的寻址操作。MCS-51 单片机中，操作数不仅可以按字节为单位进行操作，也可以按位进行操作。当我们把某一位作为操作数时，这个操作数的地址称为位地址。

位寻址区包括专门安排在内部 RAM 中的两个区域：一是内部 RAM 的位寻址区，地址范围是 20H～2FH，共 16 个 RAM 单元，位地址为 00H～7FH；二是特殊功能寄存器 SFR 中的 11 个可以位寻址的寄存器，具体参见有关章节中位地址的定义。

可以位寻址的位地址的表示形式如下。

（1）直接使用位地址形式。

例如：MOV 00H,C;(00H)←(CY)，其中 00H 是片内 RAM 中 20H 地址单元的第 0 位。

（2）字节地址加位序号的形式。

例如：MOV 20H.0,C;(20H.0)←(CY)，20H.0 就是片内 RAM 中 20H 地址单元的第 0 位。

（3）位的符号地址（位名称）的形式。

对于部分特殊功能寄存器，相应位均有一个特定符号命名，所以可用位符号名称来访问该位。

例如：ANL C,P;(C)←(C)∧(P)，其中，P 是 PSW 的第 0 位，C 是 PSW 的第 7 位。

（4）字节符号名称加位序号的形式。

对于部分特殊功能寄存器（如 PSW），可用字节名称加位序号形式来访问某一位。例如：

```
CPL  PSW.6 ;(AC)←(/ PSW.6),PSW.6 表示 PSW 的第 6 位
SETB C     ;将专用寄存器 PSW 中的 CY 位置为 1
CLR  P2.1  ;将单片机的 P2.1 清"0"
```

位寻址方式与直接寻址方式的形式和执行过程基本相同，但参与操作的数据是 1 位而不是 1 个字节，使用时需予注意。例如：

```
MOV 20H,C ;将进位 CY 的内容(1位)传送至 20H 位地址所指的位(即内容 RAM 地址为;24H 单
           元的 D0 位)中。
MOV 20H,A ;将累加器 A 中的内容(8位)传送至内部 RAM 的 20H 单元中。
```

显然，指令"MOV 20H，C"中的"20H"是位地址，而指令"MOV 20H，A"中的"20H"是字节地址。

2.3 指令系统类型

MCS-51 单片机指令系统包括 111 条指令，可按照表 2.1 进行分类。

表 2.1　MCS-51 单片机指令系统分类

按功能分类		按字节数分类		按周期数分类	
指令类型	数量	指令类型	数量	指令类型	数量
数据传送指令	29 条	单字节指令	49 条	单周期指令	64 条
算术运算指令	24 条	双字节指令	45 条	双周期指令	45 条
逻辑运算指令	24 条	三字节指令	17 条	三周期指令	2 条
控制转移指令	17 条				
位操作指令	17 条				

MCS-51 单片机指令系统出现的相关符号的含义如表 2.2 所示。

表 2.2　MCS-51 单片机指令系统中相关符号含义

符　号	含义或者取值
A	累加器 ACC（如果指令中写成 ACC 就变成直接寻址）
B	寄存器 B，主要用于乘除指令，也可作为通用寄存器使用
C	进位标志 CY，在位操作中作为位运算的累加器，也称为布尔累加器
#data	8 位立即数（常数）
#data16	16 位立即数（常数）
direct	存储单元直接地址，如 30H
Ri	寄存器间接地址，其中 i 取值 0 或者 1
@	间接寻址方式中，作为间接寻址寄存器的前缀
Rn	工作寄存器，其中 n 取值 0～7

符　　号	含义或者取值
rel	补码形式表示的 8 位相对偏移地址,取值范围为 $-128\sim+127$
addr11	11 位目的地址
addr16	16 位目的地址
$	当前指令地址
bit	片内 RAM 或 SFR 中某一可寻址位的位地址
/	位操作数的取反操作前缀符号
(PC)	16 位二进制数
(DPTR)	16 位二进制数
(X)	X 可以是 A、B、Rn、(Ri)、(direct)、(DPTR)等,(X)表示 8 位二进制数,即为 X 所对应的单元或寄存器中的内容
((X))	表示以 X 单元或寄存器内容为地址的单元中的内容

2.4　数据传送指令

数据传送指令是 MCS-51 单片机汇编语言程序中使用最频繁的指令,包括内部 RAM、专用寄存器、外部 RAM 以及程序存储器之间的数据传送。

数据传送操作是指把数据从源地址传送到目的地址,源地址内容不变。

1. 以 MOV 为操作符的指令

格式:MOV 目的操作数,源操作数

该指令中目的操作数和源操作数的有效组合如表 2.3 所示。

表 2.3　以 MOV 为助记符的传送指令

目的操作数	源操作数					数　量	说　　明
	A	Rn	direct	@Ri	#data		
A	×					4	每一行代表的是以 A、Rn、direct、@Ri、DPTR 为目的操作数的指令,"×"表示该指令不存在。其中 #data16 表示 16 位二进制数
Rn		×		×		3	
direct						5	
@Ri		×		×		3	
DPTR	×	×	×	×	#data16	1	
数量	3	2	4	2	5	16	

举例如下:
```
MOV A,Rn          ;(A)←(Rn)表示将寄存器 Rn 中的内容送给累加器 A 中
MOV A,direct      ;(A)←(direct)
MOV A,@Ri         ;(A)←((Ri))
MOV A,#data       ;(A)← data
MOV Rn,A          ;(Rn)←(A)
```

```
MOV Rn,direct        ;(Rn) ← (direct)
MOV Rn,#data         ;(Rn) ← data
MOV direct,A         ;(direct)← (A)将累加器 A 中的内容送到地址 direct 所指向的 RAM
                       存储单元中
MOV direct,Rn        ;(direct)← (Ri)
MOV direct,direct    ;(direct)← (direct)
MOV direct,@Ri       ;(direct)← ((Ri))
MOV direct,#data     ;(direct)← data
MOV @Ri,A            ;((Ri))← (A)
MOV @Ri,direct       ;((Ri))← (direct)
MOV @Ri,# data       ;((Ri))← data 将立即数送到以 Ri 寄存器的内容作为地址所指向的
                       RAM 存储单元中
```

例 2-1 设(A)＝12H,(R1)＝50H,(45H)＝20H,(50H)＝10H,以下指令执行后各寄存器及相关存储单元内容是多少？

```
MOV  A,#45H      ;立即寻址,将 8 位立即数 45H 送入累加器。 (A)＝45H
MOV  R0,45H      ;直接寻址,将 RAM 中 45H 单元的内容送入寄存器 R0。 (R0)＝20H
MOV  A,R1        ;寄存器寻址,将 R1 的内容送入累加器。 (A)＝50H
MOV  A,@R1       ;寄存器间接寻址,将 R1 指向的内存单元 50H 中的内容送入累加器,
                   (A)＝10H
MOV  20H,A       ;寄存器寻址,将累加器 A 的内容送内部 RAM 20H 单元,(20H)＝10H
MOV  50H,#23H    ;立即寻址,将 8 位立即数 23H 送内部 RAM 50H 单元,(50H)＝23H
MOV  DPTR,#6523H ;立即寻址,将 16 位立即数 6523H 送给 16 位数据 (地址)指针 DPTR
                 ;即 (DPTR)＝6523H
```

2. 交换指令

格式：XCH/XCHD 目的操作数,源操作数

该指令中目的操作数和源操作数的有效组合如表 2.4 所示。

表 2.4 交换指令

操 作 符	目的操作数	源 操 作 数			数 量	说 明
		Rn	direct	@Ri		
XCH	A	√	√	√	3	字节交换指令
XCHD	A	×	×	√	1	半字节交换指令

举例如下：

```
XCH  A,Rn      ;(A) ←→ (Rn)表示 A 的内容和 Rn 的内容互换
XCH  A,direct  ;(A) ←→ (direct)
XCH  A,@Ri     ;(A) ←→ ((Ri))表示 A 的内容和以 Ri 的内容作为地址所指向 RAM 存储单元
                 的内容互换
XCHD A,@Ri     ;(A)_{0-3} ←→ ((Ri))_{0-3}表示只互换低四位二进制数
SWAP A         ;(A)_{7-4} ←→ (A)_{0-3}表示将 A 的操作数的高 4 位跟其低 4 位进行交换
```

例 2-2　分析下面程序的执行结果。

```
MOV    A,#36H      ;(A)=36H
MOV    36H,#25H    ;(36H)=25H
MOV    R0,#4FH     ;(R0)=4FH
XCH    A,R0        ;(A)=4FH,(R0)=36H
XCHD   A,@R0       ;(A)=45H,(36H)=2FH
SWAP   A           ;(A)=54H
```

3. 以 MOVX 为操作符的指令

格式：MOVX 目的操作数,源操作数

该指令完成累加器 A 与外部 RAM 数据之间的传输,指令中目的操作数和源操作数的有效组合如表 2.5 所示。

表 2.5　以 MOVX 为操作符的指令

操 作 符	目的操作数	源 操 作 数			数　量	说　明
		A	@DPTR	@Ri		
MOVX	A	×	√	√	2	把 A 的数据送外部 RAM
	@DPTR	√	×	×	1	把外部 RAM 数据取到 A
	@Ri	√	×	×	1	把外部 RAM 数据取到 A
数量		2	1	1	4	

举例如下：

```
MOVX   A,@DPTR     ;A←((DPTR)) 寻址地址范围 64KB
```
表示将片外 RAM 的 64KB 地址范围的 DPTR 中的 16 位二进制数所指向的存储单元的内容取出来存放在累加器 A 中
```
MOVX   A,@Ri       ;A←((Ri))寻址地址范围 0~255B
MOVX   @DPTR,A     ;((DPTR))←(A)
MOVX   @Ri,A       ;((Ri))←(A)表示将累加器 A 中的内容送到片外 RAM 的 256B 地址范围的
                     Ri 中的 8 位二进制数所指向的存储单元中存储
```

例 2-3　将片外 RAM 的 2000H 单元数据(设为 56H)读出来,并将该数据送到片内 RAM 的 30H 单元存储,将片内 RAM 的 50H 单元数据读出来,送到片外 RAM 的 5000H 单元存放。

```
MOV    DPTR,#2000H   ;(DPTR)=2000H
MOVX   A,@DPTR       ;(A)=((DPTR))=(2000H)=56H
MOV    30H,A         ;(30H)=(A)=56H
MOV    DPTR,#5000H   ;(DPTR)=5000H
MOV    A,50H         ;(A)=(50H)
MOV    @DPTR,A       ;((DPTR))=(5000H)=(A)=(50H)
```

由于片外 RAM 与片外 I/O 接口统一编址,上面的指令无法确认是对片外 RAM 还是片外 I/O 接口的访问,只有根据实际单片机系统的地址分配才能确定。该指令可以完成片外 RAM 和片内 RAM 的数据存取和传输交换,累加器 A 为数据传输的中心。

4. 以 MOVC 为操作符的指令(查表指令)

格式:MOVC 目的操作数,源操作数

该指令实现在 ROM 存储空间中找到某一个数据,取到累加器 A 中。指令中目的操作数和源操作数的有效组合如下所示。

```
MOVC   A,   @A+DPTR;A ← ((A)+(DPTR))
MOVC   A,   @A+PC  ;A ← ((A)+(PC))
```

> **注意:**
>
> 指令中源操作数是存放在 ROM 中的,源操作数寻址范围为 64KB。

例 2-4 用 MOVC A,@ A+DPTR 指令实现 BCD 码到 ASCII 码的转换,譬如要查找"3"的 ASCII 码。

```
...                             ;其他指令
MOV A,#3                        ;(A)= 3
MOV DPTR,#ASCTAB                ;DPTR 指向表格首址(占 3 个字节)
MOV A,@A+DPTR                   ;查表(占 1 个字节)
...                             ;其他指令;
ASCTAB:DB 30H,31H,32H,33H,34H,35H,36H,37H,38H,39H;0~9 的 ASCII 码表
```

5. 堆栈操作指令

```
PUSH direct      ;SP←(SP)+ 1,((SP))←(direct)
POP direct       ;(direct)←((SP)),SP←(SP)- 1
```

进栈指令 PUSH 将 direct 单元的内容送入栈顶单元。执行时首先将 SP 加 1,再进栈保存。进栈指令是一个双操作数指令,源操作数为指令中给出的 direct 单元,目的操作数为 SP 间址的栈顶单元,由于堆栈操作只用 SP 间址,所以目的操作数@SP 隐含,这也是其与 @Ri、@DPTR 间址的区别。

出栈指令 POP 将栈顶单元内容弹出到 direct 单元,执行时先出栈,再将 SP 减 1,操作顺序与进栈相反。出栈指令也是双操作数指令,源操作数为 SP 间址的栈顶单元,目的操作数为指令中给出的 direct,源操作数@SP 隐含。

例 2-5 分析程序执行结果,并说明程序功能。

```
MOV   SP,#60H              ;(SP)= 60H
MOV   A,#0F0H             ;(A)= F0H
MOV   30H,#6BH            ;(30H)= 6BH
PUSH  ACC                ;(SP)= 61H,(61H)= F0H
PUSH  30H                ;(SP)= 62H,(62H)= 6BH
  ......
POP   30H                ;(30H)= F0H,(SP)= 61H
POP   ACC                ;(ACC)= 6BH,(SP)= 60H
```

第一条指令使 SP 指向 60H,表明栈底地址为内部 RAM 的 60H,堆栈可从 61H 开始存放数据。A 和 30H 单元写入数据后,依次将 ACC 和 30H 内容进栈,接下来的出栈与进栈顺序相反,弹出到 30H 和 ACC 中的数据是它们原来的数据。

由此可见,要使堆栈保存的数据恢复到原来的单元,进栈和出栈指令必须成对出现,并遵循"后进先出"的数据存取规则,使出栈与入栈顺序相反。

2.5 算术运算指令

1.加法指令

```
ADD    A,  Rn          ;A←(A)+(Rn)
ADD    A,  @Ri         ;A←(A)+((Ri))
ADD    A,  direct      ;A←(A)+(direct)
ADD    A,  #data       ;A←(A)+#data
```

2.带进位加法指令

```
ADDC   A,  Rn          ;A←(A)+(Rn)+(CY)
ADDC   A,  @Ri         ;A←(A)+((Ri))+(CY)
ADDC   A,direct        ;A←(A)+(direct)+(CY)
ADDC   A,#data         ;A←(A)+#data+(CY)
```

单片机做加法运算时,确定 PSW 中各标志位的规则:相加后位 7 有进位输出时,则 CY 置 1,否则清 0;相加后位 3 有进位输出时,则辅助进位 AC 置 1,否则清 0;相加后,如果位 7 有进位输出而位 6 没有,或者位 6 有进位输出而位 7 没有,则置位溢出标志 OV,否则清 0;A 中结果里有奇数个 1,则奇偶标志 P 置 1,否则清 0。

例 2-6 (A)=79H,(R1)=A2H,(CY)=1,执行 ADDC A,R1 指令后(A)=?(CY)=?(AC)=?(OV)=?(P)=?

解 79H+A2H+1=11CH,(A)=1CH,(CY)=1,(AC)=1,(OV)=0,(P)=1

3.加 1 指令

```
INC    A              ;A←(A)+1
INC    Ri             ;Ri←(A)+1
INC    direct         ;direct←(direct)+1
INC    @Ri            ;(Ri)←((Ri))+1
INC    DPTR           ;DPTR←(DPTR)+1
```

例 2-7 (A)=0FFH,(R7)=10H,(30H)=56H,分析指令执行后累加器、寄存器和 PSW 中标志位状态的变化情况。

```
MOV    A,    #0FFH    ;(A)=FFH,(R7)=10H,(P)=0
MOV    R7,#10H        ;(R7)=10H
MOV    30H,#56H       ;
MOV    R1,#30H        ;(R1)=30H
MOV    DPTR,#8000H    ;(DPTR)=8000H
INC    A              ;(A)=00H
INC    R7             ;(R7)=11H
INC    30H            ;(30H)=57H
INC    @R1            ;((R1))+1=(30H)+1= 57H+1= 58H
INC    DPTR           ;(DPTR)=8001H
```

4. 十进制调整指令

```
DA    A
```

① 若 AC＝1 或 ACC 的低位＞9,则(A)＋06H→(A);② 若 CY＝1 或 ACC 的高位＞9,则(A)＋60H→(A);③若两者都满足,则(A)＋66H→(A)。

这条专用指令常跟在 ADD 或 ADDC 指令后,将相加后存放在累加器 A 中的结果调整为压缩的 BCD 码,以完成十进制加法运算功能。执行该指令仅影响进位 CY。

为了保证 BCD 数相加的结果也是 BCD 数,该指令必须紧跟在加法指令之后。BCD 码为用二进制编码表示的十进制数,十进制数 0～9 表示成二进制数时只需 4 位编码(0000～1001),所以一个字节(8 位)可以存放两个 BCD 码,高、低四位分别存放一个 BCD 码。在一个字节中存放两个 BCD 码称为压缩 BCD 码。

5. 带借位减法指令

```
SUBB    A,    Rn        ;A←(A)-(Rn)-(CY)
SUBB    A,    @Ri       ;A←(A)-((Ri))-(CY)
SUBB    A,    direct    ;A←(A)-(direct)-(CY)
SUBB    A,    #data     ;A←(A)-#data-(CY)
```

单片机做减法操作时,确定 PSW 中各标志位的规则:当位 7 有借位时,CY＝1,否则 CY＝0;当位 3 有借位时,AC＝1,否则 AC＝0;当位 7 有借位而位 6 无借位,或位 7 无借位而位 6 有借位时,OV＝1,否则 OV＝0;如果 A 的结果里有奇数个 1,则 P＝1,否则 P＝0。

为了实现不带 CY 的减法,可以先将 CY 清 0(CLRC),然后执行指令。

6. 减 1 指令

```
DEC  A              ;A←(A)-1
DEC  Ri             ;Ri←(A)-1
DEC  direct         ;direct←(direct)-1
DEC  @Ri            ;(Ri)←((Ri))-1
```

7. 乘法指令

```
MUL    AB        ;(AB)₁₆←(A)₈×(B)₈,(A)₈←(AB)₇₋₀,(B)₈←(AB)₁₅₋₈
```

乘法指令的功能是把累加器 A 和寄存器 B 中两个 8 位无符号数相乘,并把 16 位积的低 8 位字节存于累加器 A,高 8 位字节存于寄存器 B。如果积大于 255(0FFH),则置位溢出标志 OV,进位标志 CY 总是清 0。在需要保留 CY 值的程序中,须先将 CY 值转存,待乘法指令执行完成后,再恢复 CY 值。

8. 除法指令

```
DIV    AB     ;(A)₈÷(B)₈→(A)₈……(B)₈
```

除法指令的功能是把累加器 A 中的 8 位无符号数除以寄存器 B 中的 8 位无符号数,所得商的整数部分保存在累加器 A 中,余数保存在寄存器 B 中。

若寄存器 B 中除数为 0,则 OV＝1,表示除法无意义,否则 OV＝0。进位标志 CY 总是清 0。在需要保留 CY 值的程序中,须先将 CY 值转存,待除法指令执行完成后,再恢复 CY 值。

例 2-8　分析以下指令执行后累加器和寄存器的内容是多少? PSW 的各标志位为多少?

```
MOV  R5,#81H
MOV  A,#91H
```

```
ADD   A,R5
DA    A
```

解

执 行 指 令	结　　果
ADD A,R5	81H+91H=112H,(AC)=0,(Cy)=1,(A)=12H
DA A	112H+60H=72H,(AC)=0,(Cy)=1,(A)=72H

2.6 逻辑运算指令

1. 清零取反指令

```
CLR   A    ;A←0
CPL   A    ;A←A
```

2. 循环移位指令

```
RL    A        ;循环左移1位
RLC   A        ;带进位循环左移1位
RR    A        ;循环右移1位
RRC   A        ;带进位循环右移1位
```

例 2-9 已知16位二进制数低8位存放内部RAM的M1单元,高8位存放M1+1单元,编制程序,将其数据扩大2倍(设扩大后数据小于65536)。

解 可利用移位指令实现。利用RLC指令将低8位数据左移实现乘2功能,最低位需补0,所以必须清除进位标志CY。再进行高8位数据带进位左移实现乘2功能。程序如下:

```
CLR   C              ;清 CY
MOV   R1,#M1          ;操作数低8位地址送R1
MOV   A,@R1           ;操作数低8位数据送累加器A
RLC   A              ;低8位数据左移,最高位存放CY中
MOV   @R1,A           ;送回M1单元
INC   R1             ;R1指向M1+1单元
MOV   A, @R1          ;操作数高8位送A
RLC   A              ;高8位数据左移,M1最高位通过CY移入最低位
MOV   @R1,A           ;送回M1+1单元
```

3. 逻辑与指令

```
ANL   A,Rn         ;(A)∧(Rn)→(A)
ANL   A,direct     ;(A)∧(direct)→(A)
ANL   A,#data      ;(A)∧data→(A)
ANL   A,@Ri        ;(A)∧((Ri))→(A)
ANL   direct,A     ;(direct)∧(A)→(direct)
ANL   direct,#data ;(direct)∧data→(direct)
```

4. 逻辑或指令

ORL	A,Rn	;(A)∨(Rn)→(A)
ORL	A,direct	;(A)∨(direct)→(A)
ORL	A,#data	;(A)∨#data→(A)
ORL	A,@Ri	;(A)∨((Ri))→(A)
ORL	direct,A	;(direct)∨(A)→(direct)
ORL	direct,#data	;(direct)∨data→(direct)

5. 逻辑异或指令

XRL	A,Rn	;(A)⊕(Rn)→(A)
XRL	A,direct	;(A)⊕(direct)→(A)
XRL	A,#data	;(A)⊕#data→(A)
XRL	A,@Ri	;(A)⊕((Ri))→(A)
XRL	direct,A	;(direct)⊕(A)→(direct)
XRL	direct,#data	;(direct)⊕data→(direct)

例 2-10　　编写程序,将 RAM 中 30H 单元的压缩 BCD 码变成非压缩 BCD 码,并存放在 40H 和 41H 中。

MOV	A,30H	;30H 内容送 A
ANL	A,#0F0H	;与 0F0H 相与,取高 4 位
SWAP	A	;A 中内容高低四位交换,变成分离 BCD 码
MOV	40H,A	;分离 BCD 码存入 40H 单元
MOV	A,30H	;30H 送 A
ANL	A,#0FH	;与 0FH 相与,取低 4 位
MOV	41H,A	;分离 BCD 码存入 41H

2.7　位操作指令

1. 数据位传送指令

MOV	C,bit	;bit　可直接寻址位 C←(bit)
MOV	bit,C	;C　　进位位 (bit)← C

2. 位变量修改指令

CLR	C	;将 C=0
CLR	bit	;(bit)←0
CPL	C	;将 C 求反再存入 C
CPL	bit	;将 bit 求反再存入 bit
SETB	C	;将 C=1
SETB	bit	;(bit)←1

3. 位变量逻辑指令

ANL	C, bit	;(C)∧(bit)→(C)
ANL	C, /bit	;(C)∧(/bit)→(C)
ORL	C, bit	;(C)∨(bit)→(C)
ORL	C, /bit	;(C)∨(/bit)→(C)

例 2-11　　编程,将 00H 位中内容和 7FH 位中内容互换。

解　　位 00H 位于内部 RAM 的 20H 单元的 D0 位,7FH 位于内部 RAM 的 2FH 单元的 D7 位。设 01H 位为暂存位,程序如下:

```
MOV  C,    00H        ;00H→CY
MOV  01H,C            ;CY→01H
MOV  C,    7FH        ;7FH→CY
MOV  00H,C            ;7FH→00H
MOV  C,01H            ;01H→CY
MOV  7FH,C            ;00H→7FH
```

2.8　控制转移指令

1. 无条件跳转指令

无条件跳转指令包括短跳指令、长跳指令、间接跳转指令、相对转移指令。

```
AJMP  addr11     ;(PC)+2→(PC),addr11→(PC10～0),跳转范围 2k
LJMP  addr16     ;PC←addr16,跳转范围 64k
JMP   @A+DPTR    ;PC←(A)+(DPTR)
SJMP  rel        ;(PC)+2→(PC),(PC)+rel→(PC)
```

2. 条件转移指令

```
JZ    rel      ;若(A)=0,转移,即(PC)+2+rel→(PC)
               ;若(A)≠0,不转移,即(PC)+2→(PC)
JNZ   rel      ;若(A)≠0,转移,即(PC)+2+rel→(PC)
               ;若(A)=0,不转移,即(PC)+2→(PC)
JC    rel      ;若CY=1,转移,即(PC)+2+rel→(PC)
               ;若CY=0,不转移,即(PC)+2→(PC)
JNC   rel      ;若CY=0,转移,即(PC)+2+rel→(PC)
               ;若CY=1,不转移,即(PC)+2→(PC)
JB    bit,rel  ;若bit=1,转移,即(PC)+3+rel→(PC)
               ;若bit=0,不转移,即(PC)+3→(PC)
JNB   bit,rel  ;若bit=0,转移,即(PC)+3+rel→(PC)
               ;若bit=1,不转移,则(PC)+3→(PC)
JBC   bit,rel  ;若bit=1,转移,即(PC)+3+rel→(PC),且bit=0
               ;若bit=0,则(PC)+3→(PC)
```

例 2-12　　20H 的 D0 位存放测量数据越限标志,编写程序,D0=1,P1.0 输出高电平报警,D0=0,P1.0 输出低电平取消报警。

解

```
ALARM:   JB    00H,ALARM1
         CLR   P1.0        ;P1.0输出低电平
         RET
ALARM1:  SETB P1.0         ;P1.0输出高电平
         RET
```

3. 比较不相等转移指令

CJNE A，#data，rel；(A)=#data，继续 C←0，(A)>#data，转 C←0，(A)<#data，转 C←1。

```
CJNE  A,direct,rel
CJNE  Rn,# data,rel
CJNE  @ Ri,# data,rel
```

4. 减 1 不为 0 转移指令

```
DJNZ  Rn,rel
DJNZ  direct,rel
```

例 2-13 从 P1.7 输出 5 个方波。

解

```
MOV R2,#0AH        ;方波个数初值
CLR P1.7           ;清 P1.7
PULSE:CPL  P1.7    ;P1.7 位状态取反
DJNZ R2,PULSE      ;(R2)-1≠0,继续输出
                   ;(R2)-1=0,退出循环结束输出
……
```

例 2-14 编写一个延时子程序如下，计算其延时时间，设单片机时钟频率为 12 MHz。

```
DELAY:MOV  R7,  #10      ;1T,设为 t1
DELAY0:MOV  R6,  #100    ;1T,设为 t2
DELAY1:DJNZ  R6,  DELAY1 ;2T,设为 t3
DJNZ  R7,  DELAY0        ;2T,设为 t4
RET                      ;2T,设为 t5
```

解 程序运行所需时间为：

$t1+(t2+t3×R6+t4)×R7+t5=T+(T+2T×100+2T)×10+2T=3T+2030T=2033T=2033\mu S$

5. 调用子程序指令

短调用指令：

```
ACALL   addr11;(PC)+2→(PC),(SP)+1→(SP),PC7~0→(SP);
(SP)+1→(SP),PC11~8→(SP);addr11→PC10~0
```

长调用指令：

```
LCALL   addr16;(PC)+3→(PC),(SP)+1→(SP),PC7~0→(SP);
(SP)+1→(SP),PC15~8→(SP);addr16→(PC)
```

子程序返回指令：

```
RET      ;((SP))→PC15~8,弹出 PC 高 8 位,(SP)-1→(SP)
         ;((SP))→PC7~0,弹出 PC 低 8 位,(SP)-1→(SP)
```

中断返回指令：

```
RETI     ;((SP))→PC15~8,弹出 PC 高 8 位,(SP)-1→(SP)
         ;((SP))→PC7~0,弹出 PC 低 8 位,(SP)-1→(SP)
```

6. 空操作指令

NOP

 本章小结

(1) 51 单片机支持 7 种寻址方式,分别是寄存器寻址、直接寻址、立即寻址、寄存器间接寻址、变址寻址、相对寻址、位寻址。这些寻址方式所对应的寄存器或存储空间如表 2.6 所示。

表 2.6　寻址方式所对应的寄存器或存储空间

寻址方式		寄存器或存储空间
基本方式	寄存器寻址	寄存器 R0~R7、A、B、AB、DPTR 和 C(布尔累加器)
	直接寻址	片内 RAM 低 128 字节、SFR
	寄存器间接寻址	片内 RAM(@R0、@R1、SP); 片外 RAM(@R0、@R1、@DPTR)
	立即寻址	ROM(程序存储器)
扩展方式	变址寻址	ROM(@A+DPTR,@A+PC)
	相对寻址	ROM(PC 当前的值-128~+127 字节)
	位寻址	可寻址位(片内 RAM 的 20H~2FH 单元和部分 SFR 的位)

表中的前 4 种寻址方式完成的是操作数的寻址,属于基本寻址方式;变址寻址实际上是间接寻址的推广;位寻址的实质是直接寻址;相对寻址则是指令地址的寻址;变址寻址一般用于查表指令中,用来查找存放在程序存储器中的常数表格。

注意区分不同的寻址方式,特别要注意寄存器寻址和寄存器间接寻址以及直接寻址和立即寻址的区别。

(2) 51 单片机具有功能强大的指令系统,根据不同功能可分为:数据传送指令、算术运算指令、逻辑运算指令、位操作指令和控制转移类指令这 5 大类指令。

数据传送指令是把源地址单元的内容传送到目的地址单元中去,源地址单元内容不变。数据传送指令分为内部数据传送指令、累加器和外部 RAM 传送指令、查表指令、堆栈操作指令等。外部 RAM 传送指令只能通过累加器 A 进行。堆栈操作指令可以将某一直接寻址单元内容入栈,也可以把栈顶单元弹出到某一直接寻址单元,入栈和出栈要遵循"后入先出"的存储原则。

算术运算指令中,加、减、乘、除指令要影响 PSW 中的标志位 CY、AC、OV。乘、除运算只能通过累加器 A 和寄存器 B 进行。如果是进行 BCD 码运算,在加法指令后面还要紧跟一条十进制调整指令"DA　A",它可以根据运算结果自动进行十进制调整,使结果满足 BCD 码运算规则。

逻辑运算指令是将对应的存储单元按位进行逻辑操作,将结果保存在累加器 A 中或者某一个直接寻址存储单元中。

位操作指令又称布尔操作指令,采用的是位寻址方式,位寻址的寻址空间分为两部分:一是内部 RAM 中的位寻址区,即内部 RAM 的 20H~2FH 单元,一共 128 位,位地址是00H~7FH;二是字节地址能被 8 整除的特殊功能寄存器的可寻址位,共 83 位。

控制转移指令的特点是修改 PC 的内容,80C51 单片机也正是通过修改 PC 的内容来控制程序流程的。80C51 的控制转移指令分为无条件转移指令、条件转移指令、调用子程序指令等。在使用转移指令和调用指令时要注意转移范围和调用范围。绝对转移和绝对调用的范围是指令下一个存储单元所在的 2KB 空间。长转移和长调用的范围是 64KB 空间。采用相对寻址的转移指令的转移范围是 256B。

习题2

1. MCS-51 单片机系统有哪几种寻址方式?访问特殊功能寄存器用哪种寻址方式?

2. 访问内部 RAM、外部 RAM 和 ROM 分别有哪几种寻址方式?

3. 指出以下指令源操作数的寻址方式。

(1) MOV A,@R0   (2) MOV A,SBUF

(3) MOVC A@A+DPTR   (4) MOV @R1,#61H

(5) POP ACC   (6) MOV C,21H.0

(7) MOVX A,@DPTR   (8) MOV 35H,R3

4. 判断以下指令书写是否正确?若不正确请说明理由并改正。

(1) MOV R0,R2   (2) MOV 36H,52H

(3) MOV R2,@R0   (4) PUSH R0

(5) MOV A,#258   (6) ADD 61H,A

(7) XRL 68,A   (8) SUBB A,@R2

5. 以下程序存放在程序存储器中,试分析该程序并回答以下问题。

机 器 码	指 令 代 码
74 08	MOV A,#08H
75 F0 76	MOV B,#76H
25 E0	ADD A,ACC
25 F0	ADD A,B
02 20 00	LJMP 2000H

(1) 如该程序段自 000FH 单元开始存放,请在程序段中写明每条指令的地址。

(2) 该程序段共占用多少内存单元?

(3) 在执行指令 ADD A,ACC 时,程序计数器 PC 的内容是什么?

(4) 执行完指令 ADD A,B 时,累加器 A、寄存器 B 及程序计数器 PC 的内容是什么?

(5) 在 CPU 取回指令 LJMP 2000H 并执行该指令时,PC=?该指令执行后 PC=?

6. 要将内部 RAM 0FH 单元的内容传送给寄存器 B,对 0FH 单元的寻址有以下三种方式:Rn 寻址;@Ri 寻址;直接寻址。请分别写出程序。

7.请用直接寻址法、间接寻址法、字节交换法和堆栈传递法 4 种方法编写程序,实现内部 RAM 40H 和 41H 两个单元内容的交换。

8.已知(A)＝7AH,(R0)＝30H,内部 RAM 30H 单元的内容为 A5H,写出下列程序段执行后累加器 A 的内容。

```
ANL A,#17H
ORL 30H,A
XRL A,@R0
CPL A
```

9. 在基址加变址寻址方式中,以＿＿＿＿＿＿作为变址寄存器,以＿＿＿＿＿＿或＿＿＿＿＿＿作为基址寄存器。

10. 试问 51 单片机提供有哪几种寻址方式? 相应的寻址空间在何处? 各有什么特点?

11. 片内 RAM 20H～2FH 中的 128 个位地址与直接地址 00H～7FH 形式完全相同,如何在指令中区分出位寻址操作和直接寻址操作?

12.51 单片机的指令按其功能可分为哪几类?

13.编写程序,实现以下任务要求。

(1) 将片外 RAM 20H 单元的数据取出来,送给片外 RAM 2020H 单元。

(2) 将 ROM 2300H 单元的数据取出来,送给片外 RAM 2300H 单元。

(3) 将片内 RAM 35H 单元的内容取出来,送给片外 RAM 65H 单元。

(4) 将片外 RAM 1065H 送给片内 RAM 65H 单元。

(5) 将内部 RAM 30H 的中间 4 位、31H 的低 2 位、32H 的高 2 位按序拼成一个新字节,并存入 33H 单元。

(6) 将内部 RAM 40H 单元中的无符号数乘以 20,结果放 40H 和 41H 两个单元中。

14.若要完成以下数据传送,应如何用 MCS-51 的指令来实现。

(1) R1 的内容传送到 R0。

(2) 外部 RAM 20H 单元的内容送到 R0。

(3) 外部 RAM 20H 单元的内容送到内部 RAM 20H 单元。

(4) 外部 RAM 1000H 单元的内容送到内部 RAM 20H 单元。

(5) ROM 2000H 单元的内容传送到 R0。

(6) ROM 2000H 单元的内容传送到内部 RAM 20H 单元。

(7) ROM 2000H 单元的内容传送到外部 RAM 20H 单元。

15.写出能使累加器 A 求反的指令。

16.要取出片内 RAM 05H 单元的数据,有哪些寻址方式可以完成?

17.已知:(30H)＝40H,(40H)＝10H,(10H)＝00H,P1＝0CAH,请写出完成以下程序后,各相应存储器的内容。

```
MOVR0,#30H;
MOVA,@R0;
MOVR1,A;
MOVB,@R1;
MOV@R1,P1;
MOVP2,P1;
MOV10H,#20H;
MOV30H,10H;
```

第 **3** 章 汇编语言程序设计

主要内容及要点

　　掌握顺序程序、分支程序、循环程序、查表程序、子程序等类型程序的设计,掌握并精通运算程序,包括定点数加减运算、乘法运算、除法运算等。

3.1 程序设计过程

1. 程序设计步骤

汇编语言程序设计的主要步骤如下:

(1) 拟定设计任务书;

(2) 建立数学模型并确定算法;

(3) 根据程序的总体设计画程序流程图;

(4) 编写源程序;

(5) 源程序的汇编与调试;

(6) 系统软件的整体运行与测试;

(7) 总结归纳,编写程序说明文件。

例 3-1　　有一个 16 位二进制数的原码存放在片内 RAM 60H、61H 单元内,请编程求其补码,并将它存放到片内 RAM 70H、71H 单元。

解　　若二进制数为正数,则补码为其本身,无须进行改变,若为负数,则应该将其低 15 位取反加 1,在加 1 的过程中应该要考虑低 8 位的进位,所以此程序需要使用 ADDC 指令,流程图如图 3.1 所示。

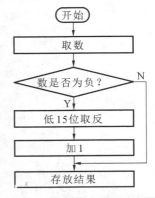

图 3.1　双字节求补码流程图

```
            ORG 0000H

            LJMP MAIN

            ORG 0100H

    MAIN:  MOV A,# 80H
```

```
        ANL A,60H           ;用相与得到第 1 位的值
        CJNE A,#0,EXIT      ;判断,若和 0 相等则为正数,
                            ;此时可跳转
        XRL 60H,#7FH        ;将除第 1 位外的 7 位通过异或取反
        XRL 61H,#0FFH       ;将低 8 位取反
        INC 61H             ;加 1
        MOV 71H,61H
        MOV A,#0
        ADDC A,60H          ;用带进位位的 ADDC
        MOV 70H,A           ;将结果送回 70H
EXIT:END
```

2. 源程序的基本格式

```
ORG 0000H
LJMP MAIN;转向主程序
ORG 0003H
LJMP INT0;转向外部中断 0 服务程序
ORG 000BH
LJMP TIMER0;转向定时器 0 中断服务程序
    ⋮
ORG 002BH
LJMP TIMER2;转向定时器 2 中断服务程序
ORG 0040H---- 主程序
MAIN:SETB IT0;主程序从 0040H 开始
SETB EX0;主程序初始化
SETBEA
    ⋮
LCALL DISP;调用显示子程序
LCALL DISPOSE;调用数据处理子程序
    ⋮
ORG 3000H
DISP:……;显示子程序
    ⋮
DISPOSE:……;数据处理子程序
    ⋮
ORG 4000H
INT0:……;外部中断 0 中断服务程序
    ⋮
ORG4500H
TIMER0:……;定时器 0 中断服务程序
    ⋮
ORG 5000H
```

```
        TIMER2:……;定时器 2 中断服务程序
        ⋮
        ⋮;其他中断服务程序
        ORG 5500H
        TABDB:DB 12H,56H,3FH;固定表格区段
        ⋮
        END;程序结束
```

3. 2　汇编语言程序的基本结构及设计

　　单片机应用系统软件一般由汇编语言或其他高级语言写成,一个单片机程序由主程序、若干个子程序、中断程序组成。从程序结构上分,其基本结构形式有顺序程序、分支程序、循环程序等。

3.2.1　顺序程序及设计

　　顺序程序(也称为直线程序)是一种最简单、最基本的程序形式,是所有复杂程序的基础或组成部分。其特点是按照程序编写的先后顺序逐条执行,程序流向不变。

例 3-2　　编制双字节加法程序。设被加数的高字节放在 30H 中,低字节放在 31H 中,加数的高字节放在 32H 中,低字节放在 33H 中。加法结果的高字节放在 34H 中,低字节放在 35H 中。

　　编程思路:由于 51 单片机的加法指令只能处理 8 位二进制数,所以双字节加法程序的算法为首先从低字节开始相加,然后依次将低字节和来自低字节相加的进位进行加法运算。程序流程图如图 3.2 所示。

　　参考程序:

```
        ORG     0000H
START:CLR     C      ;CY复位
        MOV    A,31H   ;取被加数的低字节
        ADD    A,33H   ;低字节加
        MOV    35H,A   ;保存和数低字节于 35H 单元
        MOV    A,30H   ;取被加数的高字节
        ADDC   A,32H   ;高字节加
        MOV    34H,A   ;保存和数高字节于 34H 单元
        END
```

例 3-3　　将两个半字节数合并成一个字节数。设:内部 RAM 40H、41H 单元中分别存放着 8 位二进制数,要求取出两个单元中的低半字节,合并成一个字节后,存 42H 单元。

　　编程思路:要从一个 8 位的字节中取出其低 4 位,可以采用逻辑与指令,把该字节和 0FH 取“与”运算获得。当要合并两个低半字节时,可以把要放于高 4 位的低半字节通过 SWAP 指令对其所在字节的高 4 位和低 4 位进行交换处理。程序流程图如图 3.3 所示。

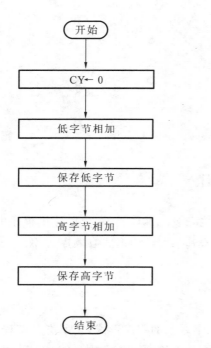

图 3.2　双字节加法程序流程图

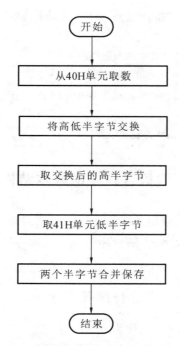

图 3.3　字节合并程序流程图

参考程序：

```
        ORG  0000H
START:MOV R1,#40H
      MOV A,@R1
      SWAP A
ANLA,#0F0H      ;取第一个半字节
     INC R1
     XCH A,@R1    ;取第二字节
     ANL A,#0FH   ;取第二个半字节
     ORL A,@R1    ;拼字
     INC R1
     MOV @R1,A    ;存放结果
     END
```

◆ 3.2.2　分支程序及设计

分支程序根据一定的条件判断结果,决定程序的流向,其特点是程序执行流程中包含条件判断,针对符合条件要求和不符合条件要求,有不同的处理路径。

分支程序是通过执行条件转移指令或散转(多分支)指令来实现的。51 单片机指令系统中,除条件转移指令、比较转移指令外,还有位操作转移指令,将这些指令结合使用可以完成多种条件判断,如正负判断、溢出判断、大小判断等。

分支程序一般分为简单分支程序和散转程序两类。

1. 简单分支程序

简单分支程序有 3 种形式,如图 3.4 所示。

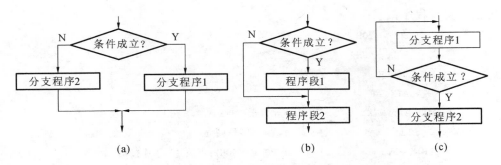

图 3.4 简单分支程序的 3 种形式示意图

例 3-4 内部 RAM 的 30H 单元和 40H 单元各存放了一个 8 位无符号数,请比较这两个数的大小,比较结果用发光二极管显示(LED 为共阴极):若(30H)≥(40H),则 P1.0 管脚连接的 LED1 发光;若(30H)<(40H),则 P1.1 管脚连接的 LED2 发光。

编程思路:比较两个无符号数常用的方法为将两个数相减,然后判断有否借位 CY。若 CY=0,无借位,则 X≥Y;若 CY=1,有借位,则 X<Y。程序流程图如图 3.5 所示。

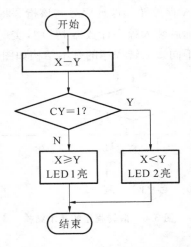

图 3.5 例 3-4 程序流程图

方法 1 参考程序:

```
        X   DATA  30H        ;数据地址赋值伪指令 DATA
        Y   DATA  40H
        ORG  0000H
        MOV  A,X             ;(X)→A
        CLR  C               ;CY= 0
        SUBB  A,Y            ;带借位减法,A-(Y)-CY→A
        JC  L1               ;CY=1,转移到 L1
        CLR  P1.0            ;CY=0,(30H)≥(40H),点亮 P1.0 连接的 LED1
        SJMP FIN             ;直接跳转到结束等待
    L1:CLR  P1.1             ;(30H)<(40H),点亮 P1.1 接的 LED2
   FIN:SJMP $
     END
```

方法 2 参考程序：

```
        X    EQU    30H
        Y    EQU    40H
        ORG  0000H
        MOV  A,X
        CJNE A,Y,NEXT              ;等价于 CJNE A,Y,$ +3
    NEXT:JC   L1                    ;CY=1,转移到 L1
        CLR  P1.0                  ;(30H)≥(40H),点亮 P1.0 连接的 LED1
        SJMP FIN
    L1:CLR  P1.1                    ;(30H)<(40H),点亮 P1.1 接的 LED2
    FIN:SJMP $
        END
```

2. 散转程序

散转程序是一种并行多分支程序，它根据某种输入或运算结果，分别转向各个处理程序。散转程序常使用散转指令 JMP @A＋DPTR 实现程序的跳转操作，其中，DPTR 常存放散转地址表的首地址，累加器 A 存放转移地址序号。该指令将累加器 A 中的 8 位无符号内容与 16 位数据指针的内容相加后装入程序计数器 PC 中，实现程序的转移。累加器 A 中的内容不同，散转的入口地址也不同。散转程序的基本结构如图 3.6 所示。

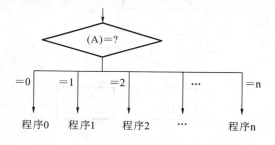

图 3.6　散转程序的基本结构

例 3-5　　在某单片机系统中，有一个 4×4 键盘，键盘扫描后将键值存放在 R0 中，键值与处理子程序入口地址的标号对应关系为：

键值：　　0　　　1　　　2　　　3　　　4　　……　　F
地址：　SUB0　SUB1　SUB2　SUB3　SUB4　……　SUB15

设计实现该功能的主控程序段。

编程思路：该处理程序属于多分支程序（16 个分支），可采用如下方法。

方法 1：转移地址表，即 JMP @A＋DPTR。

如果散转范围在 2KB 以内，转移表中使用 AJMP，则目的地址＝(A)×2＋表首地址。

如果散转范围大于 2KB，转移表中使用 LJMP，则目的地址＝(A)×3＋表首地址。

参考程序：

```
        MOV  DPTR,#ADDTAB    ;转移地址表首地址送数据指针
        MOV  A,R0            ;取键值
        RL   A               ;修正变址值
        JMP  @A+DPTR         ;转向形成的散转地址入口
```

```
                          ……
    SUB0:                           ;按键 0 对应的处理程序段
                          ……
    SUB2:                           ;按键 2 对应的处理程序段
                          ……
                          ……
    SUB15:                          ;按键 F 对应的处理程序段
                          ……
                ;转移地址表
ADDTAB:AJMP  SUB0
       AJMP  SUB1
       AJMP  SUB2
       AJMP  SUB3
       ……
       AJMP  SUB15
```

方法 2:用查表方法实现。

参考程序:

```
        START:MOV   DPTR,#ADDTAB
              MOV   A,R0                    ;取键值
              RL    A                       ;修正变址值
              MOV   R2,A
              MOVC  A,@A+DPTR               ;取入口地址高 8 位
              PUSH  A
              MOV   A,R2
              INC   A
              MOVC  A,@A+DPTR               ;取入口地址低 8 位
              MOV   DPL,A
              POP   DPH
              CLR   A
              JMP   @A+DPTR                 ;转向形成的散转地址入口
              ……
        SUB0: ……                          ;按键 0 对应的处理程序段
        SUB2: ……                          ;按键 2 对应的处理程序段
              ……
        SUB15:……                          ;按键 F 对应的处理程序段
        ADDTAB: DW  SUB1,SUB2,SUB3         ;转移地址表
              DW  SUB4,SUB5,SUB6
              ……
              DW  SUB14,SUB15
```

3.2.3 循环程序设计

在汇编程序设计中,对于含有可重复执行的程序段(循环体),大多采用循环结构程序。

循环程序的特点是程序中含有可以重复执行的程序段,该程序段称为循环体,当满足某种条件时,能重复执行某一段程序。采用循环程序时,可以减少指令和节省存储单元,使程序结构紧凑,增强可读性。

循环程序的结构如图 3.7 所示,图 3.7(a)是一种先判断后执行的结构,称为当型循环;图 3.7(b)是一种先执行后判断的结构,称为直到型循环。在循环程序的设计中,由于受80C51 寄存器容量(0~255)的限制,因此,当循环次数大于 255 时,就必须用多重循环——循环嵌套结构,方可满足循环控制要求。在多重循环结构中,只允许外重循环嵌套内重循环程序,而不允许循环体互相交叉,另外,也不允许从循环程序的外部跳入循环程序的内部。

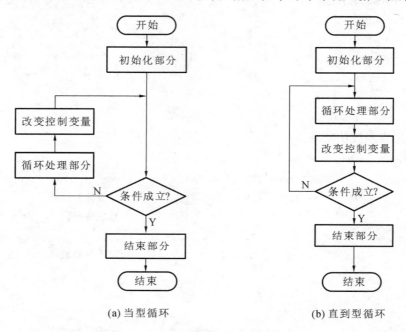

(a) 当型循环　　　　　　　　　　　　(b) 直到型循环

图 3.7　循环程序的结构图

循环程序大致包括以下内容。

循环初始化:位于循环程序开头,设置各工作单元的初始值,设定循环次数等。

循环体:循环体也称为循环处理部分,是循环程序的核心,用于完成实际操作处理,是重复的执行部分。

循环控制:位于循环体内,一般由循环次数修改、指针修改和条件控制等组成,用于控制循环次数及修改每次循环时的参数。

循环结束:用于存放循环程序运行后的结果,以及恢复各工作单元的初值。

下面通过一些实例,说明如何编制循环程序。

1. 单重循环

例 3-6　已知内部 RAM 的 BLOCK 单元开始有一无符号数据块,块长在 LEN 单元,试编写出求数据块中各数据累加和并存入 SUM 单元的程序。

编程思路:计算几个数据的和,计算公式为

$$y = \sum_{i=1}^{n} x_i$$

如果直接按这个公式编写程序,当 $n=11$ 时,需要连续编写 10 次加法。这样会造成程序太长,并且当 n 可变时,将无法编制出顺序程序。因而上面的公式要改成易于在单片机中实现的形式,即

$$\begin{cases} y_i = 0, i = 1 \\ y_{i+1} = y_i + x_i, i \leqslant n \end{cases}$$

当 $i=n$ 时,y_{n+1} 即为所求 n 个数据之和,这种形式的公式叫递推公式。在用单片机的汇编程序实现时,y_i 是一个变量,即

$$\begin{cases} 0 \to y, 1 \to i \\ y + x_i \to y_i, i + 1 \to i, i \leqslant n \end{cases}$$

这里块长 n 放于 LEN 单元中,根据这个公式,可以画出程序流程图。

循环结束的控制一般采用计数方法,即用一个寄存器作为循环计数器,每循环一次后加 1 或减 1,达到终止数值后停止。对于 51 单片机来说,可使用减 1 不为 0 转移指令(DJNZ 指令)。

为了对当型和直到型两种循环结构有比较全面的了解,给出两种程序设计方案供大家对比分析。

(1) 当型循环结构(先判断后处理),如图 3.8(a)所示。

参考程序:

```
        ORG    0200H
LEN     DATA   20H      ;伪定义
SUM     DATA   21H      ;伪定义
BLOCK   DATA   22H      ;伪定义
        CLR    A        ;累加器A清零
        MOV    R2,LEN   ;块长送入R2
        MOV    R1,#BLOCK ;数据块初始地址送入R1
        INC    R2       ;R2←块长+1
        SJMP CHECK
LOOP:ADD    A,@R1       ;A←A+(R1)
        INC    R1       ;修改数据块指针R1
CHECK:DJNZ R2,LOOP      ;若未完,则转向LOOP
        MOV    SUM,A    ;将累加和存入SUM单元
        SJMP   $
        END
```

(2) 直到型循环结构(先处理后判断),如图 3.8(b)所示。

参考程序:

```
        ORG    0200H
LEN     DATA   20H
SUM     DATA   21H
BLOCK   DATA   22H
        CLR    A        ;累加器A清零
        MOV    R2,LEN   ;块长送入R2
        MOV    R1,#BLOCK ;数据块初始地址送入R1
```

```
NEXT:ADD    A,@R1              ;A←A+(R1)
     INC    R1                 ;修改数据块指针 R1
     DJNZ R2,NEXT              ;若未完,则转向 NEXT
     MOV    SUM,A              ;将累加和存入 SUM 单元
     SJMP   $
     END
```

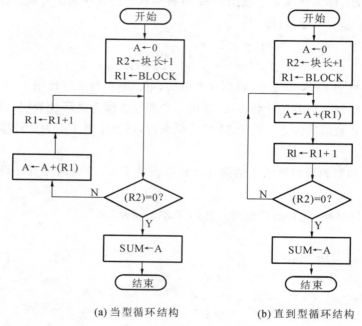

(a) 当型循环结构　　　　　(b) 直到型循环结构

图 3.8　例 3-6 的程序流程图

上面两种程序设计是有区别的,若数据块长不等于 0,那么其执行结果是一样的;如果数据块长等于 0,则直到型循环程序的执行是有错误的,即直到型循环程序至少有一次执行循环体内的程序。

2. 多重循环

如果一个循环程序中包含了其他循环程序,那么该循环程序为多重循环。在单片机系统中常用到多重循环程序。

最简单的多重循环程序是由 DJNZ 指令构成的软件定时程序,它是较常见的程序之一。

例 3-7　编写 10 s 延时程序。

编程思路:软件延时程序与 51 单片机的指令构成有很大关系。计算出执行一条指令以至一个循环所需的机器周期时间,给出相应的循环次数,就能得出延时时间。

延时时间＝该程序指令的总机器周期数×机器周期(T)。在时钟为 6 MHz 时,一个机器周期为 $2\mu s$,DJNZ 指令执行时间为 $4\mu s$。可用多重循环完成如下的软件延时 10s 的程序。

参考程序:

```
     ORG    0100H
DEL0:MOV R5,#100    ;1 个机器周期(T)
DEL1:MOV R6,#200    ;1 个机器周期(T)
DEL2:MOV R7,#248    ;1 个机器周期(T)
```

```
        DJNZ R7,$           ;2 个机器周期(T),实现 1 s 的延时循环
        DJNZ R6,DEL1        ;2 个机器周期(T),实现 5 s 的延时循环
        DJNZ R5,DEL0        ;2 个机器周期(T),实现 10 s 的延时循环
        RET                 ;2 个机器周期(T)
```

延时时间的计算：

$$\{1+[1+(1+2\times248+2)\times200+2]\times100+2\}\times机器周期(T)$$

上面程序的实际延时时间为 10.0004063 s,但要注意,在执行软件延时程序时不能有中断,否则将严重影响定时的准确性。对于更长时间的延时,可采用更多重的循环来实现。

3.2.4 查表程序设计

查表法是一种常用的非数值运算方法,查表就是根据存放在 ROM 中数据表格的项数来查找和它对应的表中值,即根据变量 x,在表格中寻找 y,使 $y=f(x)$。在单片机应用系统中,查表程序是一种常用的程序,广泛使用于 LED 显示控制、打印机打印控制以及数据补偿、数值计算、转换等各种功能程序中。此类程序具有简单、执行速度快等优点。

一般常用的表为线性表,这种表内的 n 个数据元素 $a_1,a_2,\cdots,a_n$ 具有线性(一维)的位置关系,即在表中 a_1 是第一个数据,a_2 是第二个数据……a_n 是最后一个数据。

51 单片机中,数据表格一般存放在程序存储器内,用一组连续的存储单元依次存储线性表的各个元素,这种方法称为线性表的顺序分配。若每个元素占 L 个存储单元,则第 i 个元素的存储地址为

$$(a_i)=(a_1)+(i-1)\times L$$

式中 a_i 称为表首地址。

51 单片机在执行查表指令时,发出读程序存储器选通脉冲$\overline{PSEN}$。51 单片机提供两条查表指令:

```
        MOVC  A,@A+DPTR
        MOVC  A,@A+PC
```

指令"MOVC A,@A+DPTR"是指把 A 中的内容作为一个无符号数与 DPTR 中的内容相加,所得结果为某一程序存储单元的地址,然后把该地址单元中的内容送到累加器 A 中。执行完这条指令后,DPTR 作为基址寄存器,其数据内容不发生改变,仍然保持执行加法操作以前的数据内容。

指令"MOVC A,@A+PC"以 PC 作为基址寄存器,PC 的内容和 A 的内容作为无符号数,相加后所得的数作为某一程序存储器单元的地址,根据地址取出程序存储器相应单元中的内容送到累加器 A 中。指令执行完,PC 的内容不发生变化,仍指向查表指令的下一条指令。注意:该指令所操作的表格只能存放在该指令所在地址以下的 00H~FFH 之中,即其操作表格所在的程序空间受到了限制。

采用 MOVC A,@A+PC 指令查表,可以分为如下 3 个步骤。

(1) 使用传送指令把所查数据表格的项数送入累加器 A 中。

(2) 使用 ADD A,#data 指令对累加器 A 进行修正,data 值由下式确定:

$$PC+data=数据表初始地址 DTAB$$

其中,PC 是查表指令 MOVC A,@A+PC 的下一条指令的初始地址。因此,data 值实际上等于查表指令和数据表格之间的字节数。

（3）采用查表指令 MOVC　A,@A＋PC 完成查表。

■ 例 3-8　　利用查表程序实现 y＝x²（x＝0～9）。

编程思路：设变量 x 的值存放在内存 40H 单元中，变量 y 的值存放在内存 41H 单元中。采用查表法，将 0～9（x）的平方值预先放于程序存储器的一个常数（y）表中，当需要 0～9（x）中任何一个数的平方值（y）时，通过查表就可以很快得到，这比通过平方运算获得 y 值简单、快速。

参考程序 1（用查表指令 MOVC　A,@A＋DPTR 编写程序）：

```
       ORG     1000H
START:MOV A,40H                ;从 40H 中取出 x 并将其传送到 A
      MOV DPTR,#TAB            ;提取常数表起始地址
      MOVC   A,@A+DPTR         ;在数据表中查取与 x 对应的 y 值
      MOV    41H,A             ;y 存放在 41H 中
  TAB:DB 0,1,4,8,16,25,36,49,64,81   ;y 的数据表
      END
```

参考程序 2（用查表指令 MOVC A,@A＋PC 编写程序）：

```
       ORG     1000H
START:MOV    A,40H             ;从 40H 中取出 x 并将其传送到 A
      ADD    A,#02H            ;正确定位常数表的地址
      MOVC   A,@A+PC           ;在数据表中查取与 x 对应的 y 值
      MOV    41H,A             ;y 存放在 41H 中
      DB 0,1,4,8,16,25,36,49,64,81 ;y 的数据表
      END
```

■ 例 3-9　　用查表法编写彩灯控制程序，使彩灯先顺序点亮，再逆序点亮，然后连闪三下，反复循环。

编程思路：采用查表法，将彩灯控制数据放在一个数据表中，然后，根据控制需要从数据表中查取相应数据传送到彩灯的控制端口 P1 口，以控制彩灯的亮灭。

参考程序 1（用查表指令 MOVC A,@A＋PC 编写程序）：

```
       ORG     1000H
START:MOV R0,#00H
 LOOP:CLR    A
      MOV A,R0            ;R0 表示彩灯控制数据表的地址指针
      ADD    A,#0CH       ;确定常数表地址
      MOVC A,@A+ PC       ;查取控制数据
      CJNE A,#03H,LOOP1   ;控制数据等于表结束符 03H? 如不等,则转向 LOOP1
      JMP    START        ;如相等,则转向 START,重新开始控制彩灯
LOOP1:MOV P1,A            ;将彩灯控制数据传送到 P1 口,以控制彩灯的亮和灭
      ACALL    DELAY      ;调用延时子程序
      INC    R0           ;彩灯控制数据表的地址指针指向下一个控制数据地址
      JMP    LOOP         ;转向 LOOP,以完成下一个控制数据的查取及传送
  TAB:DB    01H,02H,04H,08H,10H,20H,40H,80H   ;彩灯顺序点亮数据表
      DB    80H,40H,20H,10H,08H,04H,02H,01H   ;彩灯逆序点亮数据表
```

```
        DB    00H,0FFH,00H,0FFH,00H,0FFH,03H      ;彩灯连闪三下数据表及表结束符
DELAY:MOV  R7,#0FFH                              ;延时子程序的外循环
DELAY1:MOV R6,#0FFH                              ;延时子程序的内循环
DELAY2:DJNZ R6,DEL2
        DJNZ R7,DEL1
        RET
        END
```

参考程序 2（用查表指令 MOVC A,@A+DPTR 编写程序）：

```
        ORG    1000H
START:MOV DPTR,#TAB      ;取数据表基址给 DPTR
LOOP:CLR    A
        MOVC A,@A+PC       ;查取控制数据
        CJNE A,#03H,LOOP1  ;控制数据等于表结束符 03H? 如不等,则转向 LOOP1
        JMP START          ;如相等,则转向 START,重新开始控制彩灯
LOOP1:MOV P1,A             ;将彩灯控制数据传送到 P1 口,以控制彩灯的亮和灭
        ACALL    DELAY     ;调用延时子程序
        INC    R0          ;彩灯控制数据表的地址指针指向下一个控制数据地址
        JMP    LOOP        ;转向 LOOP,以完成下一个控制数据的查取及传送
    TAB:DB   01H,02H,04H,08H,10H,20H,40H,80H ;彩灯顺次点亮数据表
        DB   80H,40H,20H,10H,08H,04H,02H,01H ;彩灯逆次点亮数据表
        DB   00H,0FFH,00H,0FFH,00H,0FFH,03H ;彩灯连闪三下数据表及表结束符
DELAY:MOV    R7,#0FFH                        ;延时子程序的外循环
DELAY1:MOV   R6,#0FFH                        ;延时子程序的内循环
DELAY2:DJNZ R6,DEL2
        DJNZ R7,DEL1
        RET
        END
```

例 3-10　利用查表法将内部 RAM 中 30H 单元的压缩 BCD 码拆开,并转换为相应的 ASCII 码,低位和高位分别存入 31H、32H 中。

编程思路:一个字节由二位 BCD 码组成,称为压缩 BCD 码。0~9 对应的 ASCII 码为 30H~39H,将 30H~39H 按大小顺序排列放入表中,先将 BCD 码拆分,将拆分后的 BCD 码送入 A,表首址送入 DPTR,然后用查表指令 MOVC A,@A+DPTR,即得结果,然后存入 31H、32H 中。程序流程图如图 3.9 所示。

参考程序:

```
        ORG   0100H
START:MOV  DPTR,#ASCII_TAB;ASCII 码表首地址送 DPTR
        MOV  A,30H               ;取数
        ANL  A,#0FH              ;屏蔽高 4 位,取低位 BCD 码
        MOVC A,@A+DPTR           ;查表
        MOV  31H,A               ;保存 ASCII 值
        MOV  A,30H               ;取数
        ANL  A,#0F0H             ;屏蔽低 4 位,取高位 BCD 码
```

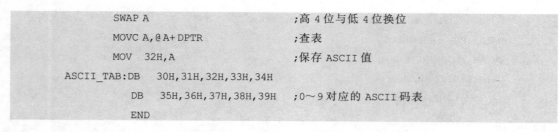

```
            SWAP  A                        ;高4位与低4位换位
            MOVC  A,@A+DPTR                ;查表
            MOV   32H,A                    ;保存 ASCII 值
ASCII_TAB:DB  30H,31H,32H,33H,34H
        DB    35H,36H,37H,38H,39H          ;0~9 对应的 ASCII 码表
            END
```

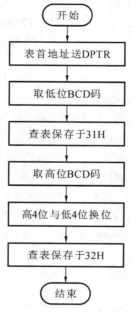

图 3.9 例 3-10 的程序流程图

例 3-11　　设有一个巡回检测报警装置,需对 16 路(x)输入进行测量控制,每路有一个最大允许值(y),为双字节数。控制时根据测量的路数(x),找出对应该路的最大允许值(y),判断输入值是否大于最大允许值,如大于则报警。

编程思路:查表时,根据元素的序号,取出对应的数据元素。先根据表首地址和 i 值计算出 a_i 的存储地址,然后按地址取出 a_i 即可。在此取路数为 x(0≤x≤15),y 为最大允许值,存放在程序存储器的常数表中。查表之前路数 x 存放于 R2 中,查表的结果 y 存放于 R3、R4 中。

参考程序:

```
        ORG 1000H
LTB1:MOV  A,R2                 ;路数 x 通过 R2 传送到 A 中
    ADD  A,R2                  ;R2*2→A
    MOV  R3,A                  ;保存指针
    ADD  A, # 6                ;加地址偏移量,正确定位常数表的地址
    MOVC A, @ A+ PC            ;查取第一个字节。单字节指令
    XCH  A, R3                 ;单字节指令
    ADD  A, # 3                ;双字节指令
    MOVC A,@ A+ PC            ;查取第二个字节。单字节指令
    MOV  R4,A                  ;单字节指令
```

```
        RET                            ;单字节指令
 TAB1:DW   1520,3721,42645,7850    ;最大值常数表
      DW   3482,32657,883,9943
      DW   10000,40511,6758,8931
      DW   4468,5871,13284,27808
```

3.2.5 子程序设计

子程序是指完成特定任务并能被其他程序反复调用的程序段,调用子程序的程序叫作主程序或调用程序。

例如,在实际程序中,常常会多次进行相同的计算和操作,如数制转换、函数式计算等,如果每次都从头开始编制一段程序,不仅麻烦,而且浪费存储空间。因此,把一些常用的程序段,以子程序的形式,事先存放在存储器的某一区域内,在执行主程序的过程中,需要用到子程序时,只要执行调用子程序的指令,就可使程序转至子程序。子程序处理完毕,返回主程序,继续进行后面的操作。

子程序可以多次重复使用,避免重复性工作,缩短整个程序,节省程序存储空间,有效地简化程序的逻辑结构,便于程序调试。

> **注意:**
> 主程序和子程序是相对的,没有主程序就不会有子程序,同一程序即可以作为另一程序的子程序,也可以有独立的子程序,也就是说,子程序允许嵌套。

1. 子程序的调用及返回

主程序调用子程序的过程:通过在主程序中设置一条调用指令(LCALL 或 ACALL),转到子程序,当完成规定的操作后,再应用 RET 返回指令返回到主程序断点处,继续执行未处理完的主程序,如图 3.10 所示。

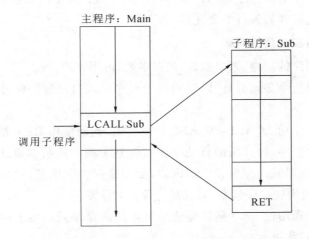

图 3.10 子程序的调用及返回示意图

子程序入口地址:子程序的第一条指令地址称为子程序的入口地址,常用标号表示。

在程序的调用过程中,当 51 单片机的 CPU 收到 ACALL 或 LCALL 指令后,首先,将当

前的 PC 值(调用指令的下一条指令的首地址)压入堆栈保存(低 8 位先进栈,高 8 位后进栈);然后,将子程序入口地址送入 PC,转去执行子程序;当子程序执行到 RET 指令后,将压入堆栈的断点地址弹回给 PC(先弹回 PC 的高 8 位,后弹回 PC 的低 8 位),使程序回到原先被中断的主程序地址(断点地址)去继续执行。

中断服务程序是一种特殊的子程序,它是在计算机响应中断时,由硬件完成调用而进入相应的中断服务程序。RETI 指令与 RET 指令相似,区别在于 RET 是从子程序返回,RETI 是从中断服务程序返回。

在子程序中若再调用子程序,称为子程序的嵌套,如图 3.11 所示。

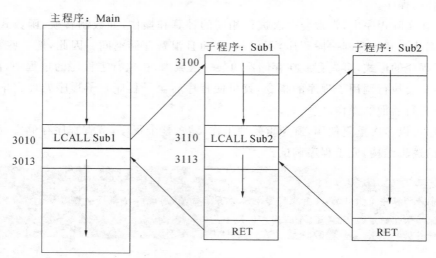

图 3.11 子程序嵌套示意图

主程序转入子程序后,保护主程序的信息,使其在不运行子程序时丢失的过程称为保护现场。保护现场通常在进入子程序时,由堆栈完成,如 PUSH PSW。从子程序返回时,将保存在堆栈中的主程序的信息还原的过程称为恢复现场。恢复现场通常在从子程序返回之前将堆栈中保存的内容弹回各自的寄存器,如 POP PSW。

2. 编写子程序时应注意的问题

应简要说明子程序的功能、入口参数、出口参数、占用资源。

子程序的第一条指令必须有标号,以明确子程序的入口地址。标号应以子程序任务命名,便于阅读。

主程序调用子程序用 LCALL、ACALL 指令实现,返回使用 RET 指令。主程序调用子程序及子程序返回主程序,计算机能自动保护和恢复主程序的断点地址。但对于各个工作寄存器、特殊功能寄存器及内存单元中的内容,如需要保护和恢复,就要在子程序开头及末尾(RET 指令前)使用堆栈操作指令,对其进行保护和恢复。

为增强子程序的通用性,应尽量避免使用具体的内存单元。当子程序的内部有转移指令时,最好使用相对转移指令。

3.51 单片机子程序参数的传递

1) 工作寄存器或累加器传递参数

把入口参数或出口参数放工作寄存器 R0~R7 或累加器中进行参数传递。这种方法的优点是程序最简单,运算速度也最快。缺点是工作寄存器数量有限,不能传递太多的数据,主程序必须先把数据送到工作寄存器;参数个数固定,不能由主程序任意改动。

2)指针寄存器传递参数

由于数据一般存放在存储器中,而不是工作寄存器中,故可用指针来指示数据的位置,这样可以大大节省传递数据的工作量,并可实现可变长度运算。如参数在内部 RAM 中,可用 R0 或 R1 作指针。进行可变长度运算时,可用一个寄存器指出数据长度,也可在数据中指出其长度(如使用结束标记符)。

3)堆栈传递参数

堆栈可以用于传递参数。调用时,主程序可用 PUSH 指令把参数压入堆栈中,之后子程序可按栈指针访问堆栈中的参数,同时可把结果参数送回堆栈中。返回主程序后,可用 POP 指令得到这些结果参数。这种方法的优点是简单,能传递大量参数,不必为特定的参数分配存储单元。使用这种方法时,由于参数在堆栈中,故大大简化了中断响应时的现场保护。

例 3-12　查找内部 RAM 中无符号数据块中的最大值。

子程序功能:查找内部 RAM 中无符号数据块中的最大值;

入口参数:R1 指向数据块的首地址,数据块长度存放在工作寄存器 R2 中;

出口参数:最大值存放在累加器 A 中;

占用资源:R1,R2,A,PSW。

参考程序:

```
    MAX:PUSH   PSW
        CLR    A       ;清 A 作为初始最大值
     LP:CLR    C       ;清进位位
        SUBB   A,@R1   ;最大值减去数据块中的数
        JNC    NEXT    ;小于最大值,继续
        MOV    A,@ R1  ;大于最大值,则用此值作为最大值
        SJMP   NEXT1
   NEXT:ADD    A,@R1   ;恢复原最大值
  NEXT1:INC    R1      ;修改地址指针
        DJNZ   R2,LP   ;R2-1≠0,则转向 LP,继续查找最大数值
        POP    PSW
        RET
```

例 3-13　用程序实现 $c = a^2 + b^2$,设 a 和 b 的取值范围是[0,9],a、b、c 分别存于内部 RAM 的 DA、DB、BC 3 个单元。

编程思路:由于要求 a 的平方和 b 的平方,故可采用求平方的通用子程序来简化程序。主程序通过累加器 A 传递入口参数 a 或 b 给子程序,子程序通过累加器 A 传递出口参数 a^2 或 b^2 给主程序。流程图如图 3.12 所示。

子程序功能:求自然数的平方。

入口参数:(A)=待查表的数。

出口参数:(A)=平方值。

占用资源:A。

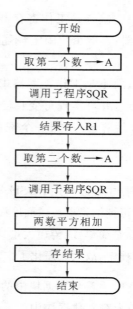

图 3.12 例 3-13 的程序流程图

主程序：

```
        ORG   0200H
        DA  EQU  50H
        DB  EQU  51H
        DB  EQU  52H
START:MOV A,DAH        ;取第一个操作数
        LCALL SQR        ;第一次调用子程序 SQR
        MOV R1,A         ;a2暂存在 R1 中
        MOV A,DBH        ;取第二个操作数
        LCALL SQR        ;第二次调用子程序 SQR
        ADD A,R1         ;求得 a2+b2
        MOV DC,A         ;a2+b2→c
        SJMP $           ;等待
```

子程序 SQR：

```
SQR:INC A                ;调整查表位置
    MOVC A,@A+PC         ;查平方值
    RET
TAB:DB 0,1,4,9,16,25,36,49,64,81;平方值表
    END
```

◆ 3.2.6 代码转换程序设计

在日常生活中，人们习惯使用十进制数，而计算机能识别和处理的是二进制数，计算机的输入/输出数据常采用 BCD 码（二进制编码的十进制数）、ASCII 码和其他代码表示。例如，打印机要打印某字符，就需要将二进制码转换为 ASCII 码。在计算机内部进行数据计算和存储时采用二进制码，其具有运算方便、存储量小的特点。

在单片机应用程序的设计中,经常涉及各种码制的转换问题。因此,有必要在这里介绍在设计应用程序时经常用到的一些码制转换子程序。

1. 二进制码与 ASCII 码的转换

ASCII 是"美国信息交换标准代码(American Standard Code for Information Interchange)"的简称,是一种比较完整的字符编码,被广泛应用于微型计算机中,成为国际通用的字符标准编码。

ASCII 码通常由 7 位二进制码组成,共有 128 个字符编码。这些编码可以分为两类:一类是图形字符,另一类是控制字符。

在微型计算机中,信息通常按字节存储和传送。一个字节 8 位中的低 7 位为 ASCII 码,最高位用作奇偶校验,称为奇偶校验位。奇偶校验分为奇校验和偶校验两种。

例 3-14 4 位二进制码转换为 ASCII 码。

编程思路:由 ASCII 码表可知,对于小于 10 的 4 位二进制数,加 30H 得到相应的 ASCII 码;对于大于 9 的 4 位二进制数,加 37H 得到相应的 ASCII 码。流程图如图 3.13 所示。

程序功能:4 位二进制数转换为 ASCII 码。

入口参数:(R2)= 4 位二进制数。

出口参数:(R2)= ASCII 码。

占用资源:A,PSW,R2。

参考程序:

```
    SECASC:PUSH   PSW       ;堆栈保护 PSW
           PUSH   A         ;堆栈保护 A
           MOV    A,R2      ;取二进制数
           ANL    A,#0FH    ;取低 4 位二进制数
           SUBB   A,#0AH    ;比较二进制数与 10 的大小
           JC     LOOP      ;若小于 10,则跳转至 LOOP
           ADD    A,#07H    ;二进制数加 7
    LOOP:ADD      A,#30H    ;二进制数加 30H
           MOV    R2,A      ;转换后的 ASCII 码→(R2)
    SB10:POP      A         ;堆栈恢复 A
           POP    PSW       ;堆栈恢复 PSW
           RET
```

例 3-15 十六进制数的 ASCII 码转化成 4 位二进制数。

编程思路:对于小于、等于 9 的十六进制数的 ASCII 码,减去 30H 得相应的 4 位二进制数;对于大于 9 的十六进制数的 ACSII 码,减去 37H 得相应的二进制数。流程图如图 3.14 所示。

程序功能:完成 ASCII 码转换成二进制数。

入口参数:(R2)= ASCII 码。

出口参数:(R2)= 4 位二进制数。

占用资源:A,PSW,R2。

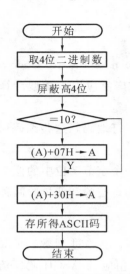

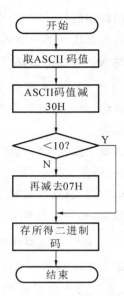

图 3.13　例 3-14 的程序流程图　　图 3.14　例 3-15 的程序流程图

参考程序：

```
ASCBIN:PUSH  PSW          ;堆栈保护 PSW
       PUSH  A            ;栈保护 A
       CLR   C            ;C 位清 0
       MOV   A,R2         ;取 ASCII 码值
       SUBB  A,#30H       ;ASCII 码值减去 30H
       MOV   R2,A
       SUBB  A,#0AH       ;差值减去 0AH
       JC    SB10         ;判断差值是否小于 10
       XCH   A,R2
       SUBB  A,#07H       ;如差值大于 9,则再减去 07H
       MOV   R2,A         ;所得二进制数存入 R2
  SB10:POP   A            ;堆栈恢复 A
       POP   PSW          ;堆栈恢复 PSW
       RET
```

例 3-16　1 位十六进制数转换为 ASCII 码。

编程思路：1 位十六进制数包含有限的 16 个数 0～F,因此可以考虑用查表法来实现转换,这种方法比通过计算实现要简单、直观。

程序功能：1 位十六进制数转换为 ASCII 码。

入口参数：(R0)=十六进制存放地址。

出口参数：(R0)=下一个十六进制数存放地址,(R0-1)=ASCII 码存放地址。

占用资源：A,R0。

参考程序：

```
HEXASC:MOV  A,@R0      ;采用寄存器间接寻址提取一位十六进制数
       ANL  A,#0FH     ;屏蔽高 4 位
       ADD  A,#03H     ;加地址偏移量,正确定位 ASCII 码表的地址
```

```
        MOVC   A,@A+PC    ;提取十六进制数对应的 ASCII 码值
        XCH    A,R0       ;ASCII 码值存入 R0 指定的地址
        INC    R0         ;十六进制数地址加 1
ASCTAB:DB  30H,31H,32H,33H,34H,35H,36H,37H,38H,39H
        DB  41H,42H,43H,44H,45H,46H   ;0~F的 ASCII 码表
```

例 3-17 一个字节的 2 位十六进制数转换为 ASCII 码。

编程思路:子程序采用堆栈传递参数,但传到子程序的参数为一个字节,传回到主程序的参数为两个字节,这样堆栈的大小在调用前后是不一样的。在子程序中,必须对堆栈内的返回地址和栈指针进行修改。

程序功能:一个字节的 2 位十六进制数转换为 ASCII 码。

入口参数:(R0)=十六进制数地址指针。

出口参数:(R0)=指向的地址。

占用资源:A,R0,SP。

参考程序:

```
HEAC:MOV  R0,SP      ;堆栈指针指向地址传送给 R0
     DEC  R0         ;调整十六进制数所在的地址指针
     DEC  R0
     PUSH A          ;堆栈保护 A
     MOV  A,@R0      ;提取 R0 指向的十六进制数
     ANL  A,#0FH     ;屏蔽高 4 位
     ADD  A,#14      ;加 PC 地址偏移量,正确定位 ASCII 码表的地址
     MOVC A,@A+PC    ;提取 HEX 数低位对应的 ASCII 码值
     XCH  A,@R0      ;低位 HEX 数的 ASCII 码存入堆栈
     SWAP A          ;HEX 数的高位与低位交换
     ANL  A,0FH      ;屏蔽高 4 位
     ADD  A,#7       ;加 PC 地址偏移量,正确定位 ASCII 码表的地址
     MOVC A,@A+PC    ;提取 HEX 数高位对应的 ASCII 码值
     INC  R0         ;堆栈指针偏移一个字节位置
     XCH  A,@R0      ;高位 HEX 数的 ASCII 码存入堆栈
     INC  R0
     XCH  A,@R0      ;低位返回地址放入堆栈,并恢复 A
     RET
ASCTAB:DB  30H,31H,32H,33H,34H,35H,36H,37H,38H,39H
     DB  41H,42H,43H,44H,45H,46H  ;0~F的 ASCII 码表
```

2. 二进制码与 BCD 码(十进制数的二进制编码)的转换

在微型计算机中,十进制数常采用 BCD 码表示,而 BCD 码在微型计算机中又有两种形式:一种是一个字节放一位 BCD 码,它适用于显示或输出,另一种是运算及存储器中常用的压缩 BCD 码,即一个字节存放两位 BCD 码。

BCD 码(Binary-Coded Decimal)是一种具有十进制位权的二进制编码,即用二进制编码表示的十进制数。一位十进制数需要用 4 位二进制编码表示,而 4 位二进制编码有 16 种组合,从中选出 10 种表示十进制数的 10 个数码,可得到多种编码形式。因此,BCD 码的种类

较多,常用的有 8421 码、2421 码、余 3 码和格雷码等,其中以 8421 码最为常见。

4 位二进制数共有 16 种组合,其中 0000B~1001B 为 8421 码的基本代码,1010B~1111B 未被使用,称为非碰码或冗余码。所谓 8421 码是指组成它的 4 位二进制数的位权分别为 8、4、2、1。二进制形式的 BCD 码是逢十进位的十进制数。

例 3-18 8 位二进制数转换成 BCD 码。

编程思路:二进制数转换为 BCD 码的一般方法是把二进制数除以 1000、100、10 等的各次幂,所得的商即为千、百、十位数,余数为个位数。这种方法在被转换数较大时,需进行多字节除法运算,运算速度较慢,程序的通用性欠佳。本程序的算法如图 3.15 所示。

程序功能:0~FFH 范围内的二进制数转换为 BCD 码(0~255)。

入口参数:(A)为二进制数。

出口参数:(R0)为十位数和个位数地址指针(压缩的 BCD 码)。

占用资源:A,B,R0。

参考程序:

```
BINBCD:MOV   B,#100        ;(A)= 百位数
       DIV   AB            ;存入 RAM
       MOV   @R0,A
       INC   R0
       MOV   A,#10
       XCH   A,B
       DIV   AB            ;(A)= 十位数,(B)= 个位数
       SWAPA
       ADD   A,B           ;合成到 (A)
       MOV   @R0,A         ;存入 RAM
       RET
```

现说明几点:

(1) 当采用一个单元存放两个 BCD 码时,转换后的 BCD 码可能比二进制数单元多一个单元;

(2) BCD 数剩 2 没有用 RLC 指令,而是用 ADDC 指令对 BCD 数自身相加一次,这是因为 RLC 指令将破坏进位标记,而且不能产生 DA A 指令所需的辅助进位和进位标记。

通过两次 DIV 指令分离出百位数和十位数,避免了使用循环程序,程序十分简单。

例 3-19 双字节二进制数转换为 BCD 码。

编程思路:由于$(a_{15}a_{14}\cdots a_1a_0)_2=[\cdots(0\times2+a_{15})\times2+a_{14}\cdots]\times2+a_0$,因此,将二进制数从最高位逐次左移,移入 BCD 码寄存器的最低位,并且每次都实现 $(\cdots)\times2+a_i$ 的运算。共 16 次循环,用 R7 控制。本程序的算法如图 3.16 所示。

程序功能:双字节二进制数转换为 BCD 码。

入口参数:(R2R3)为双字节 16 位无符号二进制整数。

出口参数:R6(万位)、R5(千位、百位)、R4(十位、个位)为转换完所得 5 位压缩的 BCD 码

占用资源:A、R2、R3、R4、R5 和 R6。

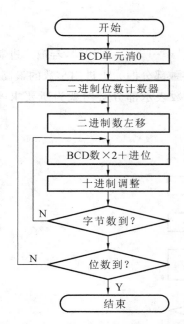

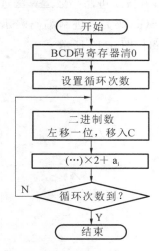

图 3.15　例 3-18 的 BIN 转 BCD 算法流程图　　　图 3.16　例 3-19 的 BIN 转 BCD 算法流程图

参考程序：

```
BCBCD:CLR   A            ;BCD 码寄存器清 0
      MOV   R4,A
      MOV   R5,A
      MOV   R6,A
      MOV   R7,#16       ;设置循环次数
LOOP:CLR    C            ;左移一位,移入 C
      MOV   A,R2
      RLC   A
      MOV   R2,A
      MOV   A,R3
      RLC   A
      MOV   R3,A
      MOV   A,R4         ;实现(…)×2+ aᵢ 运算
      ADDC  A,R4
      DA    A
      MOV   R4,A
      MOV   A,R5
      ADDC  A,R5
      DA    A
      MOV   R5,A
      MOV   A,R6
      ADDC  A,R6
      DA    A
      MOV   R6,A
      DJNZ  R7,LOOP
      RET
```

例 3-20 双字节二进制小数转化为 BCD 码。

编程思路:一个小数的十进制表示为 $A = a_{-1} \times 10^{-1} + \cdots + a_{-n} \times 10^{-n}$,若把二进制小数 A 乘以 10(按二进制小数运算法进行),则得到的数的整数部分即为十进制小数的最高位,并且由于 BCD 码为二进制编码表示的十进制数,故该整数表示部分必然就为所求的 a_{-i}。程序框图如图 3.17 所示。

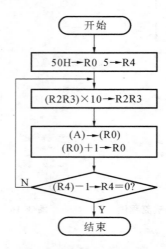

图 3.17 双字节二进制小数转换为 BCD 码流程图

程序功能:双字节二进制小数转化为 BCD 码。

入口参数:(R2R3) 为 16 位二进制小数。

出口参数:50H~54H 为 5 位的 BCD 码。

占用资源:A、B、R0、R2、R3、R4。

参考程序:

```
FBTD:MOV  R0,#50H
     MOV  R4,#4
LOOP:MOV  A,R3
     MOV  B,#10
     MUL  AB
     MOV  R3,A
     MOV  A,#10
     XCH  A,B
     XCH  A,R2;(R2)存(R3)×10的高位
     MUL  AB
     ADD  A,R2
     MOV  R2,A
     CLR  A
     ADDC A,B;(A)为整数部分
     MOV  @R0,A
     INC  R0
     DJNZ R4,LOOP
     RET
```

例 3-21　十进制数(多位压缩 BCD 码)转换成二进制数。

编程思路：两个字节(4 位)的压缩 BCD 码,要转换为二进制数,可以考虑 $(a_3 a_2 a_1 a_0)_{BCD}$ $=(a_3 \times 10 + a_2) \times 100 + (a_1 \times 10 + a_0)$,同样,对于多位压缩 BCD 码有 $\{[(a_n \times 10 + a_{n-1}) \times 10 + a_{n-2}] \times 10 \cdots\} \times 10 + a_0$,而 $a_{i+1} \times 10 + a_i$ 的运算可作为子程序来处理。程序流程图如图 3.18 和图 3.19 所示。

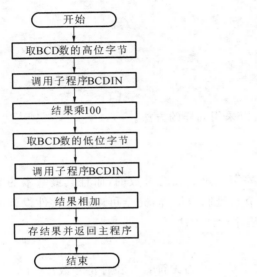

图 3.18　多位 BCD 码转换为二进制数主程序流程图　　图 3.19　多位 BCD 码转换为二进制数子程序流程图

程序功能：两个字节的压缩 BCD 码转换为二进制数。

入口参数：(R5) ＝(千位、百位)BCD,(R4) ＝(十位、个位)BCD。

出口参数：16 位无符号二进制整数结果放在 R5R4 中。

占用资源：A、B、R2、R3、R4、R5。

参考程序：

```
        BCD_DW:MOV A,R5        ;取 BCD 数的高位字节
               MOV R2,A        ;暂存在 R2
               LCALL  BCDIN    ;调用子程序 BCDIN 计算 a₃×10＋a₂
               MOV B,#100      ;100→B
               MUL  AB         ;计算(a₃×10＋a₂)×100
               MOV R6,A        ;存乘积低位字节
               XCH A,B         ;将乘积高位字节交换到 A
               MOV R5,A        ;存乘积高位字节
               MOV A,R4        ;取 BCD 数的低位字节
               MOV R2,A
        LCALL BCDIN            ;调用子程序 BCDIN 计算 a1×10＋a0
               ADD A,R6        ;加(a₃×10＋a₂)×100 的低位字节
               MOV R4,A        ;将结果的低位字节存入 R4
               MOV A,R5
               ADDC A,#00H     ;加进位
               MOV R5,A        ;将结果的高位字节存入 R5
```

```
                                  ;计算 a_{i+1}×10＋a_1 的子程序
          BCD_IN:MOV A,R2         ;取 BCD 码
                 ANL A,#0F0H      ;屏蔽低 4 位
          SWAP A                  ;A 的高低半字节交换
                 MOV B,#10
                 MUL AB           ;计算 a_{i+1}×10
                 MOV R3,A         ;结果的低位字节送 R3
                 MOV A,R2         ;取 BCD 码
                 ANL A,#0FH       ;屏蔽高 4 位
                 ADD A,R3         ;加低位 BCD 码
                 RET
```

多位压缩 BCD 码转换成二进制数可以采用同样的方法。

◆ 3.2.7 运算程序设计

51 单片机的运算指令是针对 8 位单字节二进制无符号数的,而且其最基本的数值计算是四则运算。如果要进行带符号或多字节二进制数运算,完全可以通过软件设计实现。下面介绍定点数的一些运算规则和相应的程序设计方法。

1. 定点数的表示方法

定点数就是小数点固定的数,按数的正负可分为无符号数和有符号数。

1) 有符号数的表示

在计算机中,常在数的表示式中附加一位二进制数来指示这个数是整数还是负数。常用的有符号数有原码和补码两种表示法。

(1) 原码表示法。如果在一个无符号数前面增加一个符号位,符号位为 0 表示该数是正数,符号位是 1 表示该数是负数。例如:8 位二进制数 00110100,表示十进制数＋52,而 10110100 表示−52。

原码表示法的优点是简单、直观,执行乘除运算及输出、输入都比较方便,缺点是加减运算复杂。

一般来说,对原码表示的有符号数执行加减运算时,必须按符号位的不同执行不同的运算,符号位一般不直接参加运算。

原码表示法有两个 0:正 0(00000000)$_2$ 和负 0(10000000)$_2$。

(2) 补码表示法。对于二进制数,不管是整数还是小数,把数值位的每位取反后再加 1 可得一个数的补码。

补码可表示带符号的数。这时,一般在数的前面加一位符号位,该位为 0 表示正数,为 1 表示负数。对于正数,数值表示法不变;对于负数,采用该数的补码来表示。

在补码表示法中,只有一个 0(正 0),而数值位等于 0 的负数为最小负数。例如 8 位二进制数中,10000000 表示(−128)$_{10}$。这样,用两个字节(16 位)可表示的最大数为＋32 767,最小数为−32 767。

补码表示法的优点是加减运算方便,可直接带符号位进行运算,缺点是乘除运算复杂。

执行补码加减运算时,有时会发生溢出,故需对运算结果进行判断。例如对(＋123)$_{10}$＋(81)$_{10}$＝(＋204)$_{10}$ 的运算,如采用 8 位二进制补码进行计算,则运算结果为(＋204)$_{10}$,无法

采用 8 位二进制补码(最大值为+127)表示。

在带符号位的补码加减运算中,如果符号位和数值最高位都有进位或都无进位,则运算结果没有溢出,反之有溢出。

为了方便补码运算的溢出判断,MCS-51 单片机中有一个 OV 位,专门用来表示补码加减运算中的溢出情况。OV=1 时有溢出,OV=0 时无溢出。

补码表示的数在执行乘除运算时,首先,把它们转换成原码;然后,执行原码的乘除运算;最后,把积转换成补码。

例 3-22 双字节数取补子程序。

编程思路:因为是双字节数求补,故可先对低字节采用取反加 1 的方法求补,对于高字节,除了采用取反的方法外,还要考虑低字节运算中加 1 可能产生的进位。

程序功能:(R4R5) 取补→(R4R5)。

入口参数:R4R5 中存放被取补数。

出口参数:取补后数仍存放在 R4R5 中。

占用资源:A、R4、R5。

参考程序:

```
CMPT:MOV A,R5        ;取低字节
     CPL A           ;低字节求反
     ADD A,#1        ;低字节的反码加1,得到补码
     MOV R5,A        ;低字节补码存入R5
     MOV A, R4       ;取高字节
     CPL  A          ;高字节求反
     ADDC A,#0       ;加低字节的进位
     MOV R4,A        ;高字节补码存入R4
     RET
```

2)有符号数的移位

在采用位置表示法的数制中,数的左移和右移操作分别等价于乘以或除以基数的操作。二进制数左移一位相当于乘以 2,右移一位相当于除以 2。

由于一般带符号数的最高位为符号位,故在执行算术移位操作时,必须保持最高位不变,并且为了符合乘以基数或除以基数的要求,在向左或向右移时,需选择适当的数字移入空位置。下面以带符号的二进制数为例,说明算术移位的规则。

正数:由于正数的符号位为 0,故左移或右移都移入 0。

原码表示的负数:由于负数的符号位为 1,故移位时符号位不应参加移位,并保证左移和右移时都移入 0。

例 3-23 双字节原码左移一位子程序。

编程思路:因为 51 单片机没有双字节操作指令,这里采用将低 8 位字节带进位循环左移一位,这时低字节的最高位移入进位 C 中,将高字节带进位循环左移一位,这时低字节移位时的进位存入高字节的最低位,同时高字节的符号位移入进位 C,为了保持符号不变,最后将符号从进位移入高字节最高位。

程序功能:(R2R3) 左移一位→(R2R3),不改变符号位,不考虑溢出。

入口参数:原码双字节存放在 R2R3 中。

出口参数:左移后仍存放在 R2R3 中。

占用资源:A、PSW、R2、R3。

参考程序:

```
DRL1:MOV A,R3    ;取双字节的低字节到 A
     CLR C       ;进位清 0
     RLC A       ;A 带进位循环左移一位,A.7→C
     MOV R3,A    ;移位结果存入 R3
     MOV C,A.7   ;低字节最高位移入 C
     MOV A,R2    ;取双字节的高字节到 A
     RLC A       ;高字节循环左移一位,低字节的最高位通过 C 移入高字节最低位
     MOV A.7,C   ;恢复符号位
     MOV R2,A    ;高字节移位结果存入 R2
     RET
```

■ 例 3-24   双字节原码右移一位子程序。

编程思路:双字节原码右移一位,关键在于如何保持其符号位不变。先对高字节进行带进位循环右移操作,在操作之前,先保存其最高位(符号位)到 C,并将其最高位清 0,这样就保持了符号位在移位前后的一致性。同时,高字节的最低位移入 C。在进行低字节的带进位右移操作时,正好通过 C 将高字节的最低位移入低字节的最高位。

程序功能:(R2R3) 右移一位→(R2R3),不改变符号位。

入口参数:原码双字节存放在 R2R3 中。

出口参数:右移一位后原码存放在 R2R3 中。

占用资源:PSW、A、R2、R3。

参考程序:

```
DRR1:MOV A,R2    ;取高位字节到 A
     MOV C,A.7   ;保护符号位
     CLR A.7     ;移入 0
     RRC A       ;带进位循环右移一位
     MOV R2,A    ;将高字节移位结果存入 R2
     MOV A,R3    ;取低位字节到 A
     RRC A       ;带进位循环右移一位
     MOV R3,A    ;将高字节移位结果存入 R3
     RET
```

3) 补码表示的负数

左移操作与原码相同,移入 0;右移时,最高位应移入 1。由于负数的符号位为 1,正数的符号位为 0,故补码表示的数执行右移时,最高位可移入符号位。

■ 例 3-25   双字节补码右移一位子程序。

编程思路:补码表示的数执行右移时,为了不改变符号位,可在执行向右移位操作前,将符号位存入进位 C 中。执行带进位右移一位操作时,正好最高位可移入符号位。

程序功能:(R2R3) 右移一位→(R2R3),不改变符号位。

入口参数：双字节补码存放在 R2R3 中。

出口参数：右移后双字节补码仍存放在 R2R3 中。

占用资源：PSW、A、R2、R3。

参考程序：

```
CRR1:MOV A,R2        ;取高字节到 A
     MOV C,A.7       ;保护符号位
     RRC A           ;移入符号位
     MOV R2,A        ;高字节移位结果存入 R2
     MOV A,R3        ;取低字节到 A
     RRC A           ;带进位循环右移一位
     MOV R3,A        ;低字节移位结果存入 R3
     RET
```

2. 定点数加减运算

1）补码加减运算

对补码表示的数执行加减运算非常方便，编程时，只需按所采用的计算机指令直接编出相应的加法和减法程序即可。下面举例说明具体编程方法。

例 3-26 双字节补码加法子程序。

编程思路：由于对补码的加法运算是按所采用的计算机指令直接编出相应的加法，不用做特殊处理，所以这里就直接对其低位和高位分别进行加法运算，只是高位相加时要考虑低位相加产生的进位。

程序功能：(R2R3) ＋ (R6R7) → (R4R5)。

入口参数：R2R3 存放被加数，R6R7 存放加数。

出口参数：结果存放在 R4R5 中。

占用资源：PSW、A、R2、R3、R4、R5、R6、R7。

出口时 OV＝1 表示溢出。

参考程序：

```
NADD:MOV A,R3        ;被加数低位传送 A
     CLR C           ;进位位清 0
     ADD A,R7        ;和加数低位相加
     MOV R5,A        ;和存入 R5
     MOV A,R2        ;被加数高位传送 A
     ADDC A,R6       ;和加数高位带进位相加
     MOV R4,A        ;和存入 R4
     RET
```

例 3-27 双字节补码减法子程序。

编程思路：由于对补码的减法运算是按所采用的计算机指令直接编出相应的减法，不用做特殊处理，所以这里就直接对其低位和高位分别进行减法运算，只是高位相减时要考虑低位相减产生的借位。

程序功能：(R2R3) － (R6R7) → (R4R5)。

入口参数：R2R3 存放被减数，R6R7 存放减数。

出口参数：结果存放在 R4R5 中。

占用资源：PSW、A、R2、R3、R4、R5、R6、R7。

出口时 OV＝1 表示溢出。

参考程序：

```
NSUB1:MOV A,R3        ;被减数低位传送 A
      CLR C           ;进位位清 0
      SUBB A,R7        ;带进位减减数低位
      MOV R5,A         ;相减结果存入 R5
      MOV A,R2         ;被减数高位传送 A
      SUBB A,R6        ;带进位减减数高位
      MOV R4,A         ;差存入 R4
      RET
```

2）原码加减运算

对于原码表示的数，不能直接执行加减运算，必须先按操作数的符号决定运算类型，然后再对数值部分执行操作。

加法运算时，首先应判断两个数的符号位是否相同，若相同，则执行加法（注意这时运算只对数值部分进行，不包括符号位），加法结果有溢出时，最终结果溢出，无溢出时，结果的符号位与被加数相同。

如两个数的符号位不相同，则执行减法，如果够减，则结果的符号位等于被加数的符号位；如果不够减，则应对差取补，此时结果的符号位等于加法的符号位。对于减法运算，只需先把减数的符号位取反，然后执行加法运算，设被加数（或被减数）为 A，它的符号位为 A0，数值为 A*，加数（或减数）为 B，它的符号位为 B0，数值为 B*。A、B 均为原码表示的数，则按上述算法可得出如图 3.20 所示的原码加减运算程序框图。

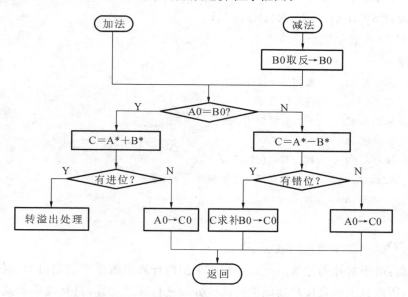

图 3.20　原码加减运算程序框图

例 3-28 双字节原码加减法子程序。

编程思路:基本思路如图 3.20 所示。注意这里的数据均为原码表示的数,最高位为符号位。DADD 为原码加法子程序入口,DSUB 为原码减法子程序入口。出口时,CY＝1 表示溢出,CY＝0 表示正常。

程序功能:(R2R3)±(R6R7)→(R4R5)。

入口参数:R2R3 中存放被减数(或加数),R6R7 中存放减数(或加数)。

出口参数:和(或差)存放在 R4R5 中。

占用资源:PSW、A、R2、R3、R4、R5、R6、R7。

参考程序:

```
DSUB:MOV    A,R6
     CPL    A.7;            取反符号位
     MOV    R6,A
DADD:MOV    A,R2
     MOV    C,A.7          ;保存被加数符号位
     MOV    F0,C
     XRL    A,R6
     MOV    C,A.7          ;C=1,两数异号
     MOV    A,R2          ;C=0,两数同号
     CLR    A,7           ;清 0 被加数符号
     MOV    R2,A
     MOV    A,R6
     CLR    A,7           ;清 0 加数符号
     MOV    R6,A
     JC     DAB2
     ACALL  NADD          ;同号,执行加法
     MOV    A,R4
     JB     A.7,DABE
DAB1:MOV    C,F0          ;恢复结果的符号
     MOV    A.7,C
     MOV    R4,A
     RET
DABE:SETB   C             ;溢出
     RET
DAB2:ACALL  NSUB1         ;异号,执行减法
     MOV    A,R4
     JNB    A.7,DAB1
     ACALL  CMPT          ;不够减,取补
     CPL    F0            ;符号位取反
     SJMP   DAB1
     RET
```

3. 定点数乘法运算

1) 无符号二进制数乘法

下面用算式说明两个二进制数 A＝1011 和 B＝1001 手算乘法的步骤：

1011		被乘数
× 1001		乘数
1011		第1次部分积
0000		第2次部分积
0000		第3次部分积
1011		第4次部分积
110011		乘积

在手算乘法中，先形成所有部分积，然后在适当位置上累加这些部分积。由于一次只能完成两个数的相加，故必须用重复加法来实现乘法，算法过程如下：

1011		被乘数
× 1001		乘数
0000 0000		开始启动时清0结果
+ 1011		第1次部分积
0000 1011		加第1次部分积后的结果
+ 0 000		第2次部分积
0000 1011		加第2次部分积后的结果
+ 00 00		第3次部分积
0000 1011		加第3次部分积后的结果
+ 101 1		第4次部分积
0110 0011		加第4次部分积后的结果等于乘积

当被乘数和乘数的字长相同时，它们的积为双字长。重复加法的乘法算法可叙述如下。

(1) 累计积清 0。

(2) 从最低位开始检查各乘数位。

(3) 如乘数位为 1，加被乘数至累计积，否则不加。

(4) 被乘数左移一位。

(5) 重复步骤(1)至(4)n 次(n 为字长)。

实际用程序实现这一算法时，把乘数与结果组成一个双倍位字，将左移被乘数改为右移结果与乘数，这样，一方面可简化加法(只需单字长运算)，另一方面可用右移来完成乘数最低位的检查，得到的乘积为双倍位字。修改后的程序框图如图 3.21 所示。

■ **例 3-29** 采用重复加法的无符号双字节乘法。

编程思路：基本思路如上面所述重复加法的乘法算法。注意在这个程序中，有两段程序都是执行(R4R5R6R7) 右移一位的操作，采用增加一次循环次数，并交换 DJNZ R0，NMLP 指令与被乘数指令的位置，可简化该程序。

程序功能：(R2R3)×(R6R7) → (R4R5R6R7)。

入口参数：R2R3 中存放被乘数，R6R7 中存放乘数。

出口参数：结果存放在 R4R5R6R7 中，程序框图如图 3.22 所示。

占用资源：PSW、A、R0、R2、R3、R4、R5、R6、R7。

参考程序:

```
NMUL:MOV R4,#0           ;乘积单元清 0
     MOV R5,#0
     MOV R0,#16          ;移位计数值→R0
     CLR C               ;进位清 0
NMLP:MOV A,R4            ;R4 部分积右移一位
     RRC A
     MOV R4,A
     MOV A,R5            ;R5 部分积右移一位
     RRC A
     MOV R5,A
     MOV A,R6            ;R6 乘数右移一位
     RRC A
     MOV R6,A
     MOV A,R7            ;R6 乘数右移一位
     RRC A
     MOV R7,A
     JNC NMLN            ;C 为移出的乘数最低位
     MOV A,R5            ;执行加法
     ADD A,R3
     MOV R5,A            ;加被乘数 R3 到部分积 R5
     MOV A,R4
     ADDC A,R2
     MOV R4,A            ;加被乘数 R2 到部分积 R4
NMLN:DJNZ R0,NMLP        ;计数器 R0 减 1 不等于 0 时,继续重复加法
     MOV A,R4            ;最后乘积 R4 右移一位
     RRC A
     MOV R4,A
     MOV A,R5            ;最后乘积 R5 右移一位
     RRC A
     MOV R5,A
     MOV A,R6            ;最后乘积 R6 右移一位
     RRC A
     MOV R6,A
     MOV A,R7            ;最后乘积 R7 右移一位
     RRC A
     MOV R7,A
     RET
```

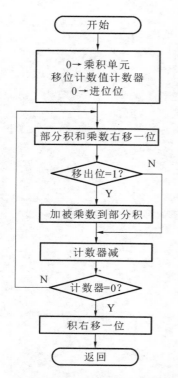

图 3.21　无符号二进制数乘法程序框图　　图 3.22　无符号双字节乘法程序框图

2）采用 51 单片机乘法指令的快速乘法

使用重复加法的乘法算法速度比较慢，在实时控制应用场合中很难满足要求，因此需要设计一种快速乘法。

51 单片机指令系统中有一条乘法指令：MUI　AB。它执行（A）×（B）→BA 操作，即单字节乘以单字节，积为双字节的运算。

由于单字节运算不能满足实际需要，故必须把它扩展为双字节的乘法，扩展时可按照以字节为单位的竖式乘法来编写程序。这里以无符号双字节乘法为例，说明这条乘法指令的扩展使用方法。乘法指令的扩展计算原理如下式：

$$
\begin{array}{rrrr}
 & & (R2) & (R3) \\
\times & & (R6) & (R7) \\
\hline
 & & (R3R7)_H & (R3R7)_L \\
 & (R2R7)_H & (R2R7)_L & \\
 & (R3R6)_H & (R3R6)_L & \\
+ & (R2R6)_H & (R2R6)_L & \\
\hline
(R4) & (R5) & (R6) & (R7)
\end{array}
$$

该竖式中$(R3R7)_L$表示$(R3)×(R7)$的低位字节，$(R3R7)_H$表示$(R3)×(R7)$的高位字节，只要按这个竖式，利用 MCS-51 的乘法和加法指令，就能完成双字节乘法。以上程序完成的是双字节乘以双字节，称为四字节的乘法。对于其他各种字节的乘法，也可用竖式来分析，例如双字节乘以三字节或单字节乘以四字节等，用此法可编写出相应的程序。

■ 例 3-30　　无符号双字节快速乘法。

编程思路：基本思路如上面所述的乘法指令的扩展计算原理。

程序功能：$(R2R3)×(R6R7)→(R4R5R6R7)$。

入口参数：R2R3 中存放被乘数，R6R7 中存放乘数。

出口参数：积存放在 R4R5R6R7 中。

占用资源：A、B、PSW、R2、R3、R4、R5、R6、R7。

参考程序：

```
KMUL:MOV A,R3
     MOV B,R7
     MUL AB              ; (R3)×(R7)
     XCH A,R7            ; (R3)×(R7) 低位字节→R7
     MOV R5,B            ; (R3)×(R7) 高位字节→R5
     MOV B,R2
     MUL AB              ; (R2)×(R7)
     ADD A,R5
     MOV R4,A
     CLR A
     ADDC A,B
     MOV R5,A            ; (R5)=(R2)×(R7)
     MOV A,R6
     MOV B,R3
     MUL AB              ; (R3)×(R6)
     ADD A,R4
     XCH A,R6
     XCH A,B
     ADDC A,R5
     MOV R5,A
     MOV F0,C           ;暂存 CY→F0
     MOV A,R2
     MUL AB             ; (R2)×(R6)
     ADD A,R5
     MOV R5,A
     CLR A
     MOV A.0,C
     MOV C,F0           ;F0→C恢复前面加法的进位
     ADDC A,B
     MOV R4,A
     RET
```

3) 带符号二进制数乘法

原码乘法：对原码表示的带符号二进制数，只需在进行乘法前，先按正数与正数相乘为正，正数与负数相乘为负，负数与负数相乘为正的原则，得出积的符号（计算机中可用异或操作得出积符），然后符号位清 0，执行不带符号位的乘法，最后加上积的符号。设被乘数 A 的符号位为 A0，数值为 A^*，乘数 B 的符号位为 B0，数值为 B^*，积 C 的符号为 C0，数值为 C^*，算法过程如图 3.23 所示（图中 F0 为符号暂存位）。

补码乘法:对补码表示的带符号二进制数,除了需像原码乘法一样对符号进行处理外,在被乘数、乘数或积为负数时,还需对负数取补(变成原码)。

补码乘法的程序框图如图 3.24 所示。这里取补操作对符号位和数值一起进行,如果被乘数为负数,则取补后,最高位(符号位)必然为 0,符合无符号二进制数运算的要求。调用无符号数乘法子程序后,乘积的最高位总是 0。如乘积为负数(符号标志等于 1),则取补后,最高位必然为 1,即为积的符号位(负数)。这种补码乘法,采取先变成原码,再执行乘法的方法。

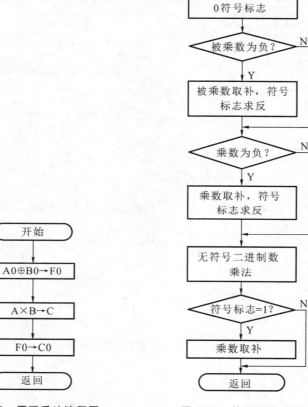

图 3.23 原码乘法流程图　　图 3.24 补码乘法流程图

4.定点数除法运算

1)无符号二进制数除法

为了设计出除法的算法,先分析二进制数的手算除法。下面用算式说明两个二进制数 A=11 100 和 B=101 的手算除法步骤:

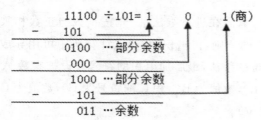

可以看出,和乘法一样,除法可由一系列减法和移位操作实现。其中商位是以串行方式获得的,逐次得一位。

首先,把被除数的高位与除数相比较,如被除数高位大于除数,则商位为 1,并从被除数中减去除数,形成一个部分余数;否则商位为 0,不执行减法。然后,把新的部分余数左移一位,并与除数再次进行比较。循环此步骤,直到被除数的所有位都处理完为止。

一般商的字长为 n,则需循环 n 次。这种除法在上商前,先比较被除数与除数,根据比较结果,决定商为 1 还是 0,只有在商为 1 时,才执行减法,因此称为比较法。根据这个算法,可画出适合计算机编程的流程图,如图 3.25 所示。

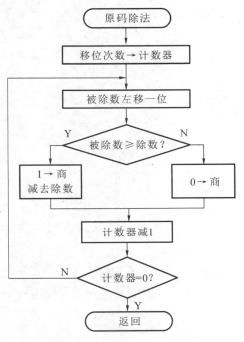

从前面所示的手算除法中,可以看出被除数的字长比除数和商的字长要长,一般在计算机中,除数均为双倍字长,即如果除数和商为双字节,则被除数为四字节。由于商为单字长,故将在除法中发生的商大于单字长的情况称为溢出。

在进行除法前,应该检查是否会发生溢出。一般可先将被除数的高位与除数进行比较,如被除数高位大于等于除数,则溢出,应该置溢出标志,不执行除法。

另外,从手算除法中还可看出,如果除法和商为 3 位,被除数为 6 位,则执行比较或减法操作时,部分余数必须取 4 位,除数为 3 位,否则有可能产生错误。例如,在第 3 步做比较和减法运算时,部分余数为 1000,如果只取 3 则为 000,所以在实际编程时,必须注意到这一点。

图 3.25　比较除法程序流程图

2）带符号二进制数除法

原码除法:原码除法和原码乘法一样,只要在进行除法运算前,先求出商的符号,然后符号位清 0,执行不带符号的除法,最后送商的符号。

补码除法:对用补码表示的带符号二进制数的除法,可像补码乘法一样,先对负数取补,然后再执行除法。

 本章小结

汇编语言程序具有顺序结构、循环结构、分支结构和子程序结构四种结构形式。实际的应用程序一般都由一个主程序和多个子程序构成,即采用模块化的程序设计方法。程序的设计原则是尽可能使程序简短,缩短运行时间,设计的关键是首先根据实际问题和所选用的单片机的特点来合理确定解决问题的算法,然后将工作任务细分成易于理解和实现的小模块。

 习题3

1. 已知程序执行前有 A＝02H,SP＝42H,(41H)＝FFH,(42H)＝FFH。下述程序执行后, A＝＿＿＿＿; SP＝＿＿＿＿; (41H)＝＿＿＿＿; (42H)＝＿＿＿＿; PC ＝＿＿＿＿。

```
POP     DPH
POP     DPL
MOV     DPTR,#3000H
RL      A
MOV     B,A
MOVC    A,@A+DPTR
PUSH    ACC
MOV     A,B
INC     A
MOVC    A,@A+DPTR
PUSH    ACC
RET
ORG     3000H
DB      10H,80H,30H,80H,50H,80H
```

2. 下列程序段经汇编后,从 2000H 开始的各有关存储单元的内容是什么?

```
ORG     2000H
TAB1    EQU   1234H
TAB2    EQU   3000H
DB      "MAIN"
DW      TAB1,TAB2,70H
```

3. 指出下列指令中标下划线操作数的寻址方式和指令的操作功能。

(1) MOV A,#78H　　　　(2) MOV A,78H

(3) MOV A,R3　　　　　(4) DEC @R0

(5) PUSH ACC　　　　　(6) RR A

(7) CPL P1.2　　　　　(8) SETB 24H

(9) MOV A,@A+PC

4. 指出下列 3 组指令的本质区别。

(1) MOV A,20H
    MOV A,#20H
(2) MOV 74H,78H
    MOV 74H,#78H
(3) MOVC A,@A+DPTR
    MOVX A,@DPTR

5. 设 R0 的内容为 32H,累加器 A 的内容为 48H,内部 RAM 的 32H 单元的内容为 80H,40H 单元的内容为 08H。请指出执行下列程序段后,上述各单元内容的变化。

```
        MOV    A,@R0
        MOV    @R0,40H
        MOV    40H,A
        MOV    R0,#35H
```

6.已知(A)=7AH,(R0)=30H,(30H)=A5H,(PSW)=80H,写出下列各条指令执行后 A 和 PSW 的内容。

(1) XCH A,R0   (2) XCH A,30H

(3) XCH A,@R0   (4) XCHD A,@R0

(5) SWAP A   (6) ADD A,R0

(7) ADD A,30H   (8) ADD A,#30H

(9) ADDC A,30H   (10) SUBB A,#30H

7.分析下列程序中各条指令的执行结果。

(1) MOV A,#0F3H

(2) MOV 50H,#34H

(3) ANL A,50H

(4) ANL A,#0FH

(5) ORL A,#07H

(6) XRL A,50H

8.指出实现下列要求所需的指令或程序段。

(1) 将 R0 的内容传送到 R2。

(2) 将内部 RAM 的 98H 单元的内容传送到 R3。

(3) 将外部 RAM 的 8000H 单元的内容传送到内部 RAM 的 60H 单元。

(4) 将程序存储器 4000H 单元的内容传送到内部 RAM 的 60H 单元。

(5) 累加器高 4 位清 0,低 4 位不变。

(6) 将内部 RAM 的 20H 单元的 D6 和 D2 取反,其余位不变。

9.试编写程序,将内部 RAM 的 90H 为首地址的 20 个数据传送到外部 RAM 的 9000H 为首地址的区域。

10.试编写一段程序,进行 6E83H~56E8H 两个 16 位数的减法运算。将计算结果高 8 位存入内部 RAM 的 40H,结果低 8 位存入内部 RAM 的 41H。

11.试编写一段程序,将 R2 中的各位倒序排列后送到 R1 中。

12.假定有两个 4B 的二进制数 2F5BA7C3H 和 14DF35D8H,分别存放在以 40H 和 50H 为起址的单元中(先存低位)。求这两个数的和,并将和存放在以 40H 为起址的单元中。

13.设在 20H 和 21H 单元中各有一个 8 位数据:(20H)=x7x6x5X4X3x2xlx0;(21H)=y7y6y5y4y3y2y1y0。

现在要从 20H 单元中取出低 5 位,并从 21H 单元中取出低 3 位完成拼装,拼装结果送 30H 单元保存,并且规定(30H)=y2yly0x4x3x2x1x0,请编写程序。

14.已知 40H(VAR)单元内有一自变量 X,按如下条件编写程序求 Y(FUN)的值,并存入 41H 单元。当 X>0 时,Y=1;X=0 时,Y=0,X<0 时,Y=-1。

第 **4** 章 51单片机的C语言程序设计

主要内容及要点

　　本章以 51 单片机为背景,结合标准 C 语言的相关知识,介绍了 C51 语言的特点、C51 程序结构特点、C51 的标识符和关键字、数据类型、数据的存储类型和存储模式、指针与函数的定义与使用,并简单介绍了 C 语言与汇编语言的混合编程。要求重点掌握 C51 数据的存储类型和存储模式,C51 对 SFR、可寻址位、存储器和 I/O 口的定义和访问。学习完本章之后,读者将对程序设计以及 C 语言有一个初步的完整印象。

4.1　C51 概述

◆ 4.1.1　单片机支持的高级语言

　　单片机应用系统是由硬件和软件组成的。前面我们讲到的汇编语言是唯一一种能够利用单片机所有特性直接控制硬件的语言,在一些需要直接控制硬件的场合,汇编语言是必不可少的。但汇编语言不是结构化程序设计语言,对于较复杂的单片机应用系统,其编写效率很低。

　　为了提高软件的开发效率,许多软件公司致力于单片机高级语言的开发研究,许多型号的单片机,其内部 ROM 已经达到 64KB 甚至更大,且具备在系统编程(ISP, In System Programming)功能,进一步推动了高级语言在单片机应用系统开发中的应用。

　　51 单片机支持三种高级语言:PL/M、BASIC 和 C。PL/M 是一种结构化的语言,类似 PASCAL。PL/M 编译器像汇编器一样产生紧凑的机器代码,虽说是高级汇编语言,但它不支持复杂的算术运算,无丰富的库函数支持,学习 PL/M 无异于学习一种新的语言。BASIC 语言适用于简单编程,对编程效率、运行速度要求不高的场合,8052 单片机内固化有 BASIC 语言解释器。

C 语言是一种结构化程序设计语言。1987 年,ANSI(美国国家标准协会)公布了 87 ANSI C,即 C 语言标准。C 语言作为一种非常方便的语言得到了广泛的支持,很多硬件(如各种单片机、DSP、ARM 等)的开发都用 C 语言编程。C 语言程序本身不依赖于机器硬件系统,基本上不做修改或仅做简单修改就可将程序从不同的单片机中移植过来直接使用。C 语言提供了很多数学函数并支持浮点运算,开发效率高,可缩短开发时间,增加程序可读性和可维护性。

◆ 4.1.2 C51 语言

用于单片机编程的 C 语言称为 C51 语言。C51 语言在 ANSI C 的基础上针对 51 单片机的硬件特点进行了扩展,并可在 51 单片机上移植,经过多年努力,C51 语言已经成为公认的高效、简洁,贴近 51 单片机硬件的高级编程语言。

用 C 语言编写的应用程序必须经专门的 C 语言编译器,转换生成单片机可执行的文件。支持 51 单片机的 C 语言编译器有很多种,如 Tasking Crossview51、Keil/Franklin C51(一般称为 Keil C51)、IAR EW8051 等。其中最为常见的为 Keil C51。

Keil C51 是美国 Keil Software 公司开发的用于 C51 语言开发的单片机编程软件。Keil C51 在兼容 ANSI C 的基础上,增加了很多与 51 单片机硬件相关的编译特性,使得在 51 系列单片机上开发程序更为方便和快捷,其程序代码运行速度快,所需存储器空间小,完全可以和汇编语言相媲美。它支持众多 MCS-51 架构的芯片,集编辑、编译、仿真等功能于一体,具有强大的软件调试功能,是众多单片机编程软件中最优秀的软件之一。

Keil 公司目前已推出 V7.0 以上版本的 C51 编译器,Keil C51 已被完全集成到功能强大的集成开发环境(IDE)μVision3 中,该环境下集成了文件编辑处理、编译链接、项目管理、窗口、工具引用和仿真软件模拟器以及 Monitor51 硬件目标调试器等多种功能。Keil μVision3 内部集成了源程序编辑器,允许用户在编辑源文件时就可设置程序调试断点,便于在程序调试过程中快速检查和修改程序。此外,Keil μVision3 还支持软件模拟仿真(Simulator)和用户目标板调试(Monitor51)两种工作方式。在软件模拟仿真方式下,不需要任何 51 单片机硬件即可完成用户程序仿真调试。Keil μVision3 的详细介绍和使用方法可以通过网络下载相关资源或课件进行学习。

与汇编语言编程相比,应用 C51 编程具有以下优势:

(1) C51 编译器管理内部寄存器和存储器的分配,编程时无须考虑不同存储器的寻址和数据类型等细节问题;

(2) 程序有规范的结构,可分成不同的函数,具有良好的模块化结构,编好的程序容易移植;

(3) 有丰富的子程序库可直接引用,具有较强的数据处理能力,从而大大减少用户编程的工作量。

C 语言和汇编语言可以交叉使用。汇编语言程序代码短、运行速度快,但编写复杂的运算程序耗时长。因此,可用汇编语言编写与硬件有关的程序,用 C 语言编写与硬件无关的运算部分的程序,充分发挥两种语言的长处,提高开发效率。

C51 的基本语法与标准 C 语言相同,但对标准 C 语言进行了扩展。C51 之所以与 ANSI C 有所不同,主要是由于它们所针对的硬件系统有其各自不同的特点。C51 的特点和功能主要是由 80C51 单片机自身特点引起的。

C51 与标准 C 语言的主要区别如下：

（1）头文件：51 单片机有不同系列，其主要区别在于内部资源功能的不同，为了实现内部资源不同的功能，只需将相应的功能寄存器的头文件加载在程序中，就可实现指定的功能。因此，C51 系列头文件集中体现了各系列芯片的不同功能。

（2）数据类型：由于 51 系列器件包含位操作空间和丰富的位操作指令，因此 C51 在 ANSI C 的基础上扩展了 4 种数据类型，以便能够灵活地进行操作。

（3）数据存储类型：通用计算机采用的是程序和数据统一寻址的冯·诺依曼结构，而 51 系列单片机采用哈佛结构，有程序存储器和数据存储器，数据存储器又分片内和片外数据存储器，片内数据存储器还分直接寻址区和间接寻址区。因此，C51 专门定义了与以上存储器相对应的数据存储类型，包括 code、data、idata、xdata 以及根据 51 系列特点而设定的 pdata 类型。

（4）中断处理：标准 C 语言没有处理中断的定义，而 C51 为了处理单片机的中断，专门定义了 interrupt 关键字。

（5）从数据运算操作、程序控制语句以及函数的使用上来讲，C51 与标准 C 语言几乎没有什么明显的差别。只是由于单片机系统的资源有限，它的编译系统不允许有太多的程序嵌套，同时由于 51 系列单片机是 8 位机，扩展 16 位字符 Unicode 不被 C51 支持。其次，ANSI C 所具备的递归特性也不被 C51 支持。所以，在 C51 中如果要使用递归特性，必须用 REETRANT 关键字声明。

（6）库函数：标准 C 语言中的部分库函数不适合单片机，因此被排除在外，如字符屏幕和图形函数。也有一些库函数在 C51 中继续使用，但这些库函数是厂家针对硬件特点开发的，与 ANSI C 的构成和用法有很大的区别，如 printf 和 scanf。在 ANSI C 中，这两个函数通常用于屏幕打印和接收字符，而在 C51 中，主要用于串口数据的发送和接收。

4.1.3　C51 的程序结构

同标准 C 语言一样，C51 程序由若干函数组成。其中必须有一个主函数 main()，程序的执行从主函数 main() 开始，调用其他函数后返回主函数 main()，最后在主函数中结束整个程序，而不管函数的排列顺序如何。

C51 程序结构如下所示。

```
#include <reg51.h>/* 预处理命令,定义了各种端口、寄存器等符号*/
全局变量声明          /* 可被各函数引用*/
子函数声明/* 子函数必须先声明,再调用,后定义;也可以先定义不声明就使用
main( )      /* 主函数*/
{
    局部变量说明      /* 只在本函数引用*/
    执行语句(包括函数调用语句);
}
 fun_1(形式参数表)    /* 函数1*/
形式参数说明
{
    局部变量说明
```

```
        执行语句(包括调用其他函数语句)
        }
        …
        fun_n(形式参数表)    /* 函数 n*/
        形式参数说明
        {
        局部变量说明
        执行语句(包括调用其他函数语句)
        }
```

4.2 C51 的关键字与数据类型

4.2.1 C51 的标识符和关键字

标识符用来标识源程序中某个对象的名字,这些对象可以是语句、数据类型、函数、变量、数组等。标识符区分大小写字母,第一个字符必须是字母或下划线。

C51 中有些库函数的标识符是以下划线开头的,所以一般不要以下划线开头命名 C51 的标识符。C51 编译器规定标识符最长可达 255 个字符,但只有前面 32 个字符在编译时有效,因此,在编写源程序时标识符的长度不要超过 32 个字符,这对一般应用程序来说已经足够了。

关键字是编程语言事先定义的特殊标识符,有时又称为保留字,它们具有固定的名称和含义,在 C 语言的程序编写中不允许标识符与关键字相同。与其他编程语言相比,C 语言的关键字较少,ANSI C 一共规定了 32 个关键字,如表 4.1 所示。

表 4.1 ANSI C 的关键字

关 键 字	用 途	说 明
auto	存储种类说明	用以说明局部变量,缺省值为此
break	程序语句	退出最内层循环体
case	程序语句	switch 语句中的选择项
char	数据类型说明	单字节整型数或字符型数据
const	存储类型说明	在程序执行过程中不可更改的常量值
continue	程序语句	转向下一次循环
default	程序语句	switch 语句中的失败选择项
do	程序语句	构成 do…while 循环结构
double	数据类型说明	双精度浮点数
else	程序语句	构成 if…else 选择结构
enum	数据类型说明	枚举
extern	存储种类说明	在其他程序模块中说明了的全局变量
float	数据类型说明	单精度浮点数
for	程序语句	构成 for 循环结构

续表

关　键　字	用　途	说　明
goto	程序语句	构成 goto 转移结构
if	程序语句	构成 if…else 选择结构
int	数据类型说明	基本整型数
long	数据类型说明	长整型数
register	存储种类说明	使用 CPU 内部寄存的变量
return	程序语句	函数返回
short	数据类型说明	短整型数
signed	数据类型说明	有符号数,二进制数据的最高位为符号位
sizeof	运算符	计算表达式或数据类型的字节数
static	存储种类说明	静态变量
struct	数据类型说明	结构类型数据
switch	程序语句	构成 switch 选择结构
typedef	数据类型说明	重新进行数据类型定义
union	数据类型说明	联合类型数据
unsigned	数据类型说明	无符号数据
void	数据类型说明	无类型数据
volatile	数据类型说明	该变量在程序执行中可被隐含地改变
while	程序语句	构成 while 和 do…while 循环结构

　　Keil C51 编译器除了支持 ANSI C 标准的 32 个关键字外,还根据 51 单片机的特点扩展了相关的关键字,如表 4.2 所示。在 Keil C51 开发环境的文本编辑器中编写程序,系统可以让保留字显示不同颜色,缺省颜色为蓝色。

表 4.2　C51 的扩展关键字

关　键　字	用　途	说　明
_at_	地址定位	为变量定义存储空间绝对地址
alien	函数特性说明	声明与 PL/M51 兼容的函数
bdata	存储器类型说明	可位寻址的内部 RAM
bit	位标量声明	声明一个位标量或位类型的函数
code	存储器类型说明	程序存储器空间
compact	存储器模式	使用外部分页 RAM 的存储模式
data	存储器类型说明	直接寻址的 8051 内部数据存储器
idata	存储器类型说明	间接寻址的 8051 内部数据存储器
interrupt	中断函数声明	定义一个中断函数
large	存储器模式	使用外部 RAM 的存储模式
pdata	存储器类型说明	"分页"寻址的 8051 外部数据存储器
priority	多任务优先声明	RTX51 的任务优先级

关 键 字	用 途	说 明
reentrant	再入函数声明	定义一个再入函数
sbit	位变量声明	声明一个可位寻址变量
sfr	特殊功能寄存器声明	声明一个特殊功能寄存器(8 位)
sfr16	特殊功能寄存器声明	声明一个 16 位的特殊功能寄存器
small	存储器模式	内部 RAM 的存储模式
task	任务声明	定义实时多任务函数
using	寄存器组定义	定义 8051 的工作寄存器组
xdata	存储器类型说明	8051 外部数据存储器

4.2.2 C51 的数据类型

C51 的基本数据类型如表 4.3 所示。

表 4.3 C51 的基本数据类型

分 类	数据类型	长度/byte	取 值 范 围
位型	bit	1/8	0 或 1
字符型	signed char	1	−128～+127
	unsigned char	1	0～255
整型	signed int	2	−32768～+32767
	unsigned int	2	0～65535
	signed long	4	−2147483648～+2147483647
	unsigned long	4	0～4294967295
实型	Float	4	1.176E−38～3.403E+38
指针型	data/idata/ pdata	1	1 字节地址
	code/xdata	2	2 字节地址
	通用指针	3	第 1 字节为储存器类型编码, 2、3 字节为地址偏移量
访问 SFR 的 数据类型	sbit	1/8	0 或 1
	sfr	1	0～255
	sfr16	2	0～65535

C51 编译器除了支持 ANSI C 的基本数据类型,还支持 ANSI C 的组合型数据类型,如数组类型、指针类型、结构类型、联合类型等数据类型。

根据 51 单片机的存储空间结构,C51 在标准 C 语言的基础上,扩展了 4 种数据类型: bit、sfr、sfr16 和 sbit。

1) 位变量 bit

用 bit 可以定义位变量,但不能定义位指针和位数组。用 bit 定义的位变量的值可以是

1(true),也可以是 0(false)。位变量必须定位在 MCS-51 单片机片内 RAM 的位寻址空间中。

　　Borland C 和 Visual C/C++中也有位(变量)数据类型(Boolean 型)。但是,在 x86 结构的系统中没有专用的位变量存储区域,位变量是存放在一个字节的存储单元中的。而 51 单片机的 CPU 内部支持 128 bit 的可位寻址存储区间(字节地址为 20H~2FH),当程序设计者在程序中使用了位变量,并且位变量的个数小于 128 时,C51 编译器自动将这些变量存放在 51 单片机的可位寻址存储区间,每个变量占用 1 位存储空间,一个字节可以存放 8 个位变量。

　　位变量的一般语法格式为

　　bit　　位变量名;

　　例如:

```
bit  direction_bit;          /* 把 direction_bit 定义为位变量 */
bit  look_pointer;           /* 把 look_pointer 定义为位变量 */
函数可包含类型为"bit"的参数,也可以将其作为返回值。例如:
bit  func(bit b0,bit b1)     /* 变量 b0,b1 作为函数的参数 */
{
    return (b1);             /* 变量 b1 作为函数的返回值 */
}
```

> **注意:**
> 　　使用(♯pragma disable)或包含明确的寄存器组切换(using n)的函数不能返回位值,否则编辑器将会给出一个错误信息。

　　2) 特殊功能寄存器 sfr

　　sfr 数据类型在 C51 编译器中等同于 unsigned char 数据类型,占用一个内存单元,用于定义和访问 51 单片机的特殊功能寄存器(特殊功能寄存器定义在片内 RAM 区的高 128 个字节中)。

　　使用 sfr 定义特殊功能寄存器的格式为

　　sfr　　寄存器名＝寄存器地址;

　　其中寄存器地址必须大写。

　　例如:

```
sfr SCON= 0x98;   /* 串行通信控制寄存器地址 98H* /
sfr TMOD= 0x89;   /* 定时器模式控制寄存器地址 89H* /
sfr ACC= 0xe0;    /* A 累加器地址 E0H* /
sfr P1= 0x90;     /* P1 端口地址 90H* /
```

　　定义完成以后,程序中就可以直接引用寄存器,对其进行相关的操作。

　　3) 特殊功能寄存器 sfr16

　　sfr16 数据类型占用两个内存单元,和 sfr 一样用于操作特殊功能寄存器,所不同的是,它定义的是 16 位的特殊功能寄存器(如定时计数器 T0、T1,数据指针寄存器 DPTR)。

　　例如:

```
sfr16  DPTR= 0x82;/* 数据指针寄存器 DPTR,其低 8 位字节地址为 82H* /
```

4）可寻址位 sbit

sbit 可以访问芯片内部的 RAM 中的可寻址位和特殊功能寄存器中的可寻址位。用 sbit 定义特殊功能寄存器的可寻址位有三种方法：

（1）sbit 位变量名＝位地址；

将位的绝对地址赋给位变量，位地址必须位于 0x80H～0xFF 之间。例如：

```
sbitCY=0xD7;
sbit P1_1=0x91;
```

（2）sbit 位变量名＝特殊功能寄存器名^位地址；

当可寻址位位于特殊功能寄存器中时，可采用这种方法。例如：

```
sfr PSW= 0xd0;        /* 定义 PSW 寄存器地址为 0xd0*/
sbit  PSW ^2= 0xd2;/* 定义 OV 位为 PSW.2*/
sfr  P1= 0x90;
sbit P1_1= P1^1;     //先定义一个特殊功能寄存器名,再指定位变量名所在的位置
```

这里的位运算符"^"相当于汇编中的"·"，其后的最大取值依赖于该位所在的变量的类型，如定义为 char 的最大值只能为 7。

（3）sbit 位变量名＝字节地址^位地址；

这种情况下，字节地址必须在 0x80H～0xFF 之间。例如：

```
sbit  CY=0xD0^7;
```

sbit 也可以访问 51 系列单片机内可位寻址区间（bdata 存储器类型，字节地址为 20H～2FH）范围的可寻址位。例如：

```
int  bdata  bi_var1;         /* 在位寻址区定义了一个整型变量*/
sbit  bi_var1_bit0= bi_var1^0;/* 位变量 bi_var1_bit0 访问 bi_var1 第 0 位*/
```

> **注意：**
> 不要把 bit 与 sbit 混淆。bit 用来定义普通的位变量，值只能是二进制的 0 或 1。而 sbit 定义的是特殊功能寄存器的可寻址位，其值是可进行位寻址的特殊功能寄存器的位绝对地址。

另外，C51 编译器建有头文件 reg51.h、reg52.h，在这些头文件中对 51 或 52 系列单片机所有的特殊功能寄存器进行了 sfr 定义，对特殊功能寄存器的有位名称的可寻址位进行了 sbit 定义。因此，在编写程序时，只要用包含语句

#include <reg51.h>或#include <reg52.h>

就可以直接引用特殊功能寄存器名，或直接引用位变量。

定义变量类型应考虑如下问题：程序运行时该变量可能的取值范围，是否有负值，绝对值有多大，以及相应需要的存储空间大小。在存储空间够用的情况下，尽量选择 1 个字节的 char 型，特别是 unsiged char。对于 51 系列单片机的定点机而言，浮点类型变量将明显增加运算时间和程序长度，因此，尽量使用灵活巧妙的算法来避免浮点变量的引入。

在实际编程过程中，为了方便，我们常常使用简化形式定义数据类型。其方法是在源程序开头使用#define 语句自定义简化的类型标识符。例如：

```
#define uchar unsigned char
#define uint unsigned int
```

这样，在编程中，就可以用 uchar 代替 unsigned char，用 uint 代替 unsigned int 来定义变量。

4.3　C51 的存储种类和存储模式

C51 编译器通过将变量、常量定义成不同的存储类型的方法,将它们定义在单片机不同的存储区中。同 ANSI C 一样,C51 规定变量必须先定义后使用,变量的格式定义为

　　〔存储种类〕　数据类型　〔存储器类型〕　变量名表;

其中,存储种类和存储类型是可选项。

◆ 4.3.1　变量的存储种类

在 C 语言中,按变量的作用域范围可以将其划分为局部变量和全局变量,还可以按变量的存储方式将其划分为四种存储种类,即自动(auto)、外部(extern)、静态(static)和寄存器(register)。

这四种存储种类与全局变量和局部变量之间的关系如图 4.1 所示。

图 4.1　存储种类与全局和局部变量间的关系

1. 自动(auto)变量

定义一个变量时,在变量名前面加上存储种类说明符 auto,即将该变量定义为自动变量。自动变量是 C 语言中使用最为广泛的一类变量,定义变量时,如果省略存储种类,则该变量默认为自动变量。

自动变量的作用范围在定义它的函数体或复合语句内部,只有当定义它的函数体被调用,或定义它的复合语句被执行时,编译器才为其分配内存空间,开始其生存期。当函数调用或复合语句执行结束时,自动变量所占用的内存空间就被释放,变量的值当然也就不复存在,其生存期结束。自动变量始终是相对于函数或复合语句而言的局部变量。

2. 外部(extern)变量

使用存储种类说明符 extern 定义的变量称为外部变量。按照缺省规则,凡是在所有函数之前,在函数外部定义的变量都是外部变量,定义时可以不写 extern 说明符。但是,在一个函数体内,要使用一个已在该函数体外或别的程序模块文件中定义过的外部变量时,必须要使用 extern 说明符。

一个外部变量被定义之后,它就被分配了固定的内存空间。外部变量的生存期为程序的整个执行时间,即在程序的执行期间,外部变量可被随意使用,当一条复合语句执行完毕或是从某一个函数返回时,外部变量的存储空间并不被释放,其值也仍然保留。因此,外部变量属于全局变量。

C 语言允许将大型程序分解为若干个独立的程序模块,各个模块可分别进行编译,然后再将它们连接在一起。在这种情况下,如果某个变量需要在所有程序模块中使用,只要在一个程序模块中将该变量定义成全局变量,再在其他程序模块中用 extern 说明该变量是已被

定义过的外部变量就可以了。

另外,由于函数是可以相互调用的,因此函数都具有外部存储种类的属性。定义函数时,如果冠以关键字 extern,即将其明确定义为一个外部函数。例如:

extern int func (char a,b);

如果在定义函数时省略关键字 extern,则隐含为外部函数。如果要调用一个在本程序模块以外的其他模块所定义的函数,则必须要用关键字 extern 说明被调用函数是一个外部函数。对于具有外部函数相互调用的多模块程序,可用 C51 编译器分别对各个模块文件进行编译,最后由 Keil μVision3 的 L51 连接定位器将它们连接成一个完整的程序。

3. 静态(static)变量

用存储种类说明符 static 定义的变量称为静态变量。静态变量分为局部静态变量和全局静态变量。

局部静态变量不像自动变量那样只有被函数调用时才存在,局部静态变量始终都是存在的,但只能在定义它的函数内部进行访问,退出函数之后,变量的值仍然保持,但不能进行访问。

全局静态变量是在函数外部被定义的,作用范围从定义点开始,一直到程序结束。当一个 C 语言程序由若干个程序模块组成时,全局静态变量始终存在,但只能在被定义的程序模块中访问,其数据可为该模块内的所有函数共享,退出该模块后,虽然变量的值仍然保持着,但不能被其他模块访问。

局部静态变量是一种在两次函数调用间仍能保持其值的局部变量。有些程序需要在多次调用间仍然保持变量的值,使用自动变量无法实现这一点,使用全局变量有时又会带来副作用,这时就可采用局部静态变量。

4. 寄存器(register)变量

为了提高程序的执行效率,C 语言允许将一些使用频率最高的变量定义为能够直接使用硬件寄存器的变量,即所谓寄存器变量。

定义一个变量时,在变量名前面冠以存储种类符号 register,即将该变量定义为寄存器变量。寄存器变量可以被认为是自动变量的一种,它的有效作用范围也与自动变量相同。

C51 编译器能够识别程序中使用频率最高的变量,在某些情况下,即使程序并未将该变量定义为寄存器变量,编译器也会自动将其作为寄存器变量处理。因此,用户无须专门声明寄存器变量。

4.3.2 数据的存储类型

C51 是面向 51 系列单片机及硬件控制系统的开发语言,它定义的任何变量必须以一定的存储类型的方式定位在 51 单片机的某一存储区中,否则便没有意义。因此在定义变量类型时,还必须定义它的存储器类型,C51 编译器支持的存储器类型如表 4.4 所示。

表 4.4 C51 编译器支持的存储器类型

存储器类型	描 述
data	直接寻址的片内数据存储区,位于片内 RAM 的低 128 字节
bdata	片内 RAM 的可位寻址区间(字节地址为 20H～2FH)
idata	间接寻址的内部数据存储区,包括全部内部地址空间(256 字节)

存储器类型	描　　述
pdata	外部数据存储区的分页寻址区,每页为 256 字节
xdata	外部数据存储区(64KB)
code	程序存储区(64KB)

1. 片内数据存储器

片内 RAM 可分为 3 个区域:

(1) data:片内直接寻址区,位于片内 RAM 的低 128 字节。对 data 区的寻址是最快的,所以应该把使用频率高的变量放在 data 区,data 区除了包含变量外,还包含了堆栈和寄存器组区间。

(2) bdata:片内位寻址区,位于片内 RAM 位寻址区 20H～2FH。当在 data 区的可位寻址区定义了变量,这个变量就可进行位寻址。这对状态寄存器来说十分有用,因为它可以单独使用变量的每一位,而不一定要用位变量名引用位变量。C51 编译器不允许在 bdata 区中定义 float 和 double 类型的变量,如果想对浮点数的每位寻址,可通过包含 float 和 long 的联合定义实现。例如:

```
typedef union{ nusigned long lvalue;float fvalue;}bit_float;
bit_float bdata myfloat;
sbit float_ld= myfloat.lvalue^31;
```

(3) idata:片内间接寻址区,包括片内 RAM 所有地址单元(00H～FFH)。idata 区也可以存放使用比较频繁的变量,使用寄存器作为指针进行寻址。在寄存器中设置 8 位地址进行间接寻址,与外部存储器寻址比较,它的指令执行周期和代码长度都比较短。

2. 片外数据存储器

片外 RAM 包括 2 个区域:

(1) pdata:片外数据存储器分页寻址区,一页为 256 字节。

(2) xdata:片外数据存储器的 64KB 空间。

3. 程序存储器

code 区即程序代码区,空间大小为 64KB。代码区的数据是不可改变的,代码区不可重写。一般代码区中可存放数据表、跳转向量和状态表,例如:

```
unsigned int code unit_id[2]={0x1234,0x89ab};
unsigned char code uchar_data[16]={0x00,0x01,0x02,0x03,0x04,0x05,0x06,0x07,0x08,
0x09,0x10,0x11,0x12,0x13,0x14,0x15};
```

定义数据的存储器类型通常遵循如下原则:

只要条件满足,尽量选择内部直接寻址的存储类型 data,然后选择 idata 即内部间接寻址。对于那些经常使用的变量要使用内部寻址。在内部数据存储器数量有限或不能满足要求的情况下才使用外部数据存储器。选择外部数据存储器时可先选择 pdata 类型,最后选用 xdata 类型。

4.3.3　数据的存储模式

如果在定义变量时省略了存储器类型标识符,C51 编译器会选择默认的存储器类型。

默认的存储器类型由存储模式指令决定。如表 4.5 所示,C51 有三种存储器模式:SMALL、
LARGE 和 COMPACT。

表 4.5　C51 的存储器模式

存储器模式	描　　述
SMALL	参数及局部变量放入可直接寻址的内部数据存储区(128 byte,默认存储器类型是 DATA)
COMPACT	参数及局部变量放入分页外部数据存储区(最大 256 byte,默认存储类型是 PDATA)
LARGE	参数及局部变量直接放入外部数据存储器(最大 64KB,默认存储器类型为 XDATA)

存储器模式决定了变量的默认存储器类型、参数传递区和无明确存储器类型的说明。

1) SMALL 模式

所有变量都默认在单片机的内部数据存储器中,这和用 data 定义变量起相同的作用。
在 SMALL 存储模式下,未说明存储器类型时,变量默认被定位在 data 区。

2) COMPACT 模式

此模式中,所有变量都默认在 8051 的外部数据存储器的一页中,这和用 pdata 定义变量
起相同的作用。

3) LARGE 模式

在 LARGE 模式下,所有的变量都默认在外部存储器(xdata)中。

在编写单片机源程序时,建议把存储模式设定为 SMALL,再在程序中对 xdata、pdata
和 idata 等类型变量进行专门声明。

假设单片机的 C 语言源程序为 test. C,在 Keil C51 中使程序中的变量类型和参数传递
区限定在外部数据存储区,我们采用以下设置方法。

方法 1:在程序的第一句加预处理命令♯pragma compact。

方法 2:用 C51 对 PROR. C 进行编译时,在 Keil C51 的命令窗口输入编译控制命令

```
C51 test.C  COMPACT
```

方法 3:如图 4.2 所示,在 Keil C51 中选择目标选项中的项目选项栏,在该选项栏下对
存储模式进行设置。

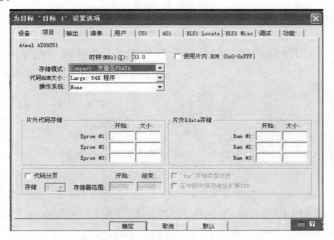

图 4.2　存储模式的设置

4.4 C51 的表达式和程序结构

4.4.1 C51 的运算符和表达式

C51 的运算符和表达式如表 4.6 所示,与 ANSI C 完全兼容。

表 4.6 C51 的运算符和表达式

优 先 级	运 算 符	说 明	结 合 方 向
1	( )、[ ]、→、.	圆括号,下标运算符,指向结构体成员运算符,结构体成员运算符	自左向右
2	!、~、++、--、-、(type)、*、&、sizeof	逻辑非运算符,按位取反运算符,自增运算符,自减运算符,负号运算符,类型转换运算符,指针运算符,地址与运算符,长度运算符	自右向左
3	*、/、%	乘法运算符,除法运算符,取余运算符	自左向右
4	+、-	加法运算符,减法运算符	自左向右
5	<<、>>	左移运算符,右移运算符	自左向右
6	<=、>=	关系运算符	自左向右
7	==、!=	等于运算符,不等于运算符	自左向右
8	&	按位与运算符	自左向右
9	^	按位异或运算符	自左向右
10	|	按位或运算符	自左向右
11	&&	逻辑与运算符	自左向右
12	||	逻辑或运算符	自左向右
13	?:	条件运算符	自右向左
14	=、+=、-=、*=、/=、%=、>>=、<<=、&=、^=、|=	赋值运算符	自右向左
15	,	逗号运算符	自左向右

例 4-1 利用条件表达式判断两个数的大小,根据判断结果在单片机 P0 口输出整个运算符的结果。

```
#include <reg51.h>        //头文件包含
void main(void)
{
P0=(10>5)? 10:5;          //将条件运算符的运算结果送到 P0 口
while(1);
}
```

可以通过 Proteus 和 Keil C51 进行仿真,观察程序运行的结果,利用 Keil C51 编译生成 ex41.hex,再利用 Proteus 新建仿真文件 ex41.dsn,将 hex 文件载入 AT89C51 中运行,就可以看到结果。

4.4.2 C51 的程序结构

C 程序的结构如图 4.3 所示。

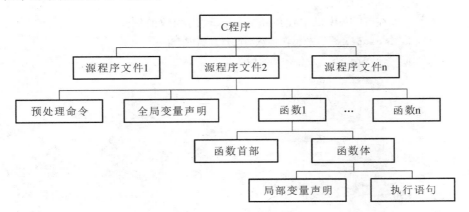

图 4.3 C 程序的结构

从程序流程的角度看,程序分为三种基本结构,即顺序结构、分支结构、循环结构。这三种基本结构可以构造任何复杂的逻辑关系。C 语言提供了九种控制语句来实现这些程序结构:

① 条件判断语句:if 语句、switch 语句。

② 循环执行语句:do while 语句、while 语句、for 语句。

③ 转向语句:break 语句、goto 语句、continue 语句、return 语句。

例 4-2　使用 for 循环语句计算从 1 加到 10 的结果,并将结果送到单片机 P0 口显示。

```
# include <reg51.h>                //包含头文件
void main(void)
{
unsigned char num,sum;            //定义两个变量,
sum= 0;                           //变量赋初值
for(num=0;num<11;num++)           //求 num 从 0 加到 10 的结果
{
sum= sum+ num;                    //求和结果送到存储求和值的变量中
}
P0= sum;                          //最终结果送 P0 口显示
while(1);                         // 程序在此无限循环
}
```

4.4.3 C51 的数据输入/输出

ANSI C 的标准函数库中提供了名为"stdio.h"的 I/O 函数库,定义了相应的输入和输出函数。当使用输入和输出函数时,需先用预处理命令"♯include ＜stdio.h＞"将该函数库包含到文件中。stdio.h 中定义的输入和输出函数包括字符数据的输入/输出函数

(putchar 函数、getchar 函数)和格式输入与输出函数(printf 函数、scanf 函数)。

　　在 C51 中,也通过 stdio.h 定义输入和输出函数,但在 C51 的 stdio.h 中定义的 I/O 函数都是通过串行接口实现。

例 4-3　在 51 单片机中使用格式输入输出函数的例子。

```c
#include  <reg52.h>   //包含特殊功能寄存器库
#include  <stdio.h>   //包含 I/O 函数库
#define SYSTEM_CLK 12000000
void main(void)    //主函数
{
int  x,y;        //定义整型变量 x 和 y
//串口初始化
int baud=2400;
SCON = 0x50;
  TMOD |=0x20;
  TH1=256-SYSTEM_CLK / baud / 384;
  TR1=1;
  TI=1;
printf("input  x,y:\n");     //输出提示信息
scanf("%d,%d",&x,&y);     //输入 x 和 y 的值
printf("\n");       //输出换行
printf("%d+%d=%d",x,y,x+y);      //按十进制形式输出
printf("\n");       //输出换行
printf("%xH+%xH=%XH",x,y,x+y);      //按十六进制形式输出
while(1);     //结束
}
```

4.5　C51 流程控制语句

◆　4.5.1　C51 条件语句

格式 1:

if(条件表达式)　{语句};

例如:if(p1!=0){c=20;}

格式 2:if(条件表达式)　{语句 1}

　　　else　{语句 2};

例如:if(p1!=0)　{c=20;}

　　　else　{c=0;}

格式 3:

if(条件表达式 1){语句 1}

else if (条件表达式 2){语句 2}

else if (条件表达式 3){语句 3}

......

else if（条件表达式 n）｛语句 n｝

else｛语句 n＋1｝；

4.5.2 C51 选择语句

格式：

switch（表达式）

｛

case 常量表达式 1：｛语句 1；｝break；

case 常量表达式 2：｛语句 2；｝break；

......

case 常量表达式 n：｛语句 n；｝break；

default：｛语句 n＋1；｝

｝

4.5.3 C51 循环语句

1）while 语句

格式：

while(条件表达式)｛语句；｝

如果条件表达式的结果一开始就为假,则后面的语句一次也不能执行。

2）do…while 语句

格式：

｛do 语句；｝while(条件表达式)；

任何条件下,循环体语句至少会被执行一次。

3）for 语句

格式：

for(［初值表达式］；［条件表达式］；［更新表达式］)｛语句；｝

4）if 语句与 goto 语句结合

格式 1：当型循环

loop：if(表达式)

        ｛语句

        goto loop；

        ｝

格式 2：直到型循环

loop：｛语句；

    if(表达式) goto   loop；

    ｝

注意,continue 是一种循环中断语句,它并不跳出循环体;break 语句只能跳出它所处的那一层循环;goto 语句可以用于跳出多重循环(从内层到外层)。

4.6 C51 的指针类型

有一个变量 a,利用 &a 表示变量 a 的地址。则语句 p=&a;表示把 a 的地址赋给了指针变量 p,则"p 指向了变量 a"。*p 表示变量 a 的内容。

指针变量的定义格式:

```
char data * p /* 定义指针变量 */
p=30H        /* 为指针变量赋值,30H 为片内 RAM 地址 */
x= * p       /* 30H 单元的内容送给变量 x */
```

4.6.1 一般指针

C51 中一般指针的声明和使用均与标准 C 语言相同,同时能说明指针的存储类型,例如:

```
long *  state;//为一个指向 long 型整数的指针,而 state 本身则依存储模式存放
char *  xdata ptr;//ptr 为一个指向 char 数据的指针,而 ptr 本身放于外部 RAM 区,以上的
long,char 等指针指向的数据可存放于任何存储器中
```

一般指针本身用 3 个字节存放,分别为存储器类型、高位偏移量、低位偏移量。由于指向对象的存储空间在编译时无法确定(运行时确定),因此必须生成一般代码以保证对任意空间的对象进行存取。所以一般指针产生代码的速度较慢。

4.6.2 基于存储器的指针

基于存储器的指针在定义时就指定了存储类型,例如:

```
char data *  str;str 指向 data 区中 char 型数据
int xdata *  pow;pow 指向外部 RAM 的 int 型整数
```

这种指针在存放时只需一个字节或 2 个字节就够了,因为只需存放偏移量。

4.6.3 指针的转换

指针可在以上两种类型之间转换:

(1) 当基于存储器的指针作为一个实参传递给需要一般指针的函数时,指针自动转换。

(2) 如果不说明外部函数原型,基于存储器的指针自动转换为一般指针,导致错误,因而请用"#include"说明所有函数原型。

(3) 能强行改变指针类型。

4.7 C51 的函数

4.7.1 C51 函数概述

在复杂的应用系统中,把大块程序分割成若干个相对独立且便于维护和阅读的小块程序是一种比较好的策略。把相关的语句组织在一起,并给它们注明相应的名称,使用这种方法把程序分块,这种形式的组合就称为函数。

1. 函数的定义与调用

函数的一般形式为：

返回值类型标识符　　　函数名（参数列表）

{

　　函数体语句

　　}

类型标识符规定了函数中 return 语句返回值的类型，它可以是任何有效类型。参数列表中的变量用逗号分隔，各变量由变量类型和变量名组成。当函数被调用时，变量根据该类型接收变量的值。一个函数可以没有参数，这时参数表为空，为空时可以使用 void 来说明函数类型。但即使没有参数，括号仍然是必需的。因此，函数的定义可分为无参函数定义和有参函数定义。

C 语言中的每一个函数都是一个独立的代码块。构成一个函数体的代码对程序的其他部分来说是隐蔽的，除非它使用了全局变量，它既不能影响程序其他部分，也不受程序其他部分的影响。换句话说，由于两个函数有不同的作用域，定义在一个函数内的代码和数据不能与定义在另一个函数内的代码和数据相互作用。

在函数内部定义的变量称为局部变量。局部变量随着函数的运行而生成，随着函数的执行完毕而消失，因此局部变量不能在两次函数调用间保持其值。只有一个例外，就是用存储类型符 static 对局部变量加以说明，才能使编译程序在存储管理方面像对待全局变量那样对待它，但其作用域仍然被限制在该函数的内部。

C 语言在函数之间采用参数传递方式，从而大大提高了函数的通用性与灵活性。在定义函数时，函数名后面括号中的变量名称为"形式参数"，简称形参。在调用函数时，主调用函数名后面括号中的表达式称为"实际参数"，简称实参。

在 C 语言的函数调用中，实际参数与形式参数之间的数据传递是单向进行的。即数据只能由实际参数传递给形式参数，而不能由形式参数传递给实际参数。实际参数与形式参数的类型必须一致，否则会发生数据类型不匹配的错误。

在 C 语言程序中执行 return 语句有两个重要的作用。其一，它使得包含它的那个函数立即退出，也就是使程序返回到调用语句的地方继续执行；其二，它可以为函数返回一个值给调用程序。

除了那些返回值类型为 void 的函数外，其他所有函数都返回一个值，这个值是由返回语句指定的。返回值可以是任何合法的数据类型，但返回值的数据类型必须与函数声明中的返回值类型相匹配。如果没有返回语句，编译器会产生警告和错误。这意味着，只要函数没有被声明为 void，它就可以作为操作数用在任何有效的 C 语言表达式中。

我们把例 4-3 中与串口初始化相关的语句定义一个专门的串口初始化函数 uart_init (unsigned int baud)，则其程序变为：

```c
#include  <reg52.h>    //包含特殊功能寄存器库
#include  <stdio.h>    //包含 I/O 函数库
#define SYSTEM_CLK 12000000
void uart_init(unsigned int baud)
{
    SCON = 0x50;
```

```
    TMOD |= 0x20;
    TH1 = 256 - SYSTEM_CLK / baud / 384;
    TR1 = 1;
    TI = 1;
}
void main(void)        //主函数
{
int   x, y;            //定义整型变量 x 和 y
uart_init(2400);
printf("input  x, y:\n");    //输出提示信息
scanf("%d,%d", &x, &y);       //输入 x 和 y 的值
printf("\n");          //输出换行
printf("%d+%d=%d", x, y, x+y);      //按十进制形式输出
printf("\n");          //输出换行
printf("%xH+%xH=%xH", x, y, x+y);       //按十六进制形式输出
while(1);        //结束
}
```

2. C51 函数的递归调用

函数的递归调用是指当一个函数正被调用尚未返回时,又直接或间接调用函数本身。与 ANSI C 不同,C51 的函数一般是不能递归调用的,这主要是因为 51 单片机的 RAM 空间非常有限,而递归调用一般需要非常大的堆栈,并且只有在运行时才能确定具体需要多少堆栈。所以,在 51 单片机上编程尽量避免递归的使用,甚至可以禁止使用。如一定要用到递归,那么递归所需的存储空间大小必须在 51 单片机资源允许的范围内,而且要严格检查递归条件,函数递归调用的例子如下。

例 4-4   递归求数的阶乘 n!。

```
#include < reg52.h>    //包含特殊功能寄存器库
#include <stdio.h>     //包含 I/O 函数库
#define SYSTEM_CLK 12000000
void uart_init(unsigned int baud)
{
    SCON = 0x50;
    TMOD |= 0x20;
    TH1 = 256 - SYSTEM_CLK / baud / 384;
    TR1 = 1;
    TI = 1;
}
int  fac(int  n)  reentrant
{
int  result;
if  (n==0)
    result = 1;
else
```

```
    result=n* fac(n-1);
  return(result);
  }
main()
{
int  fac_result;
uart_init(2400);
fac_result=fac(11);
printf("The result is %d\n",fac_result);
while(1);//结束
  }
```

这里,我们用扩展关键字 reentrant 把函数定义为可重入函数,所谓可重入函数就是允许被递归调用的函数。

关于用 reentrant 声明可重入函数,要注意以下几点:

(1)用 reentrant 修饰的可重入函数被调用时,实参表内不允许使用 bit 类型的参数,函数体内也不允许存在任何关于位变量的操作,更不能返回 bit 类型的值。

(2)编译时,系统为可重入函数在内部或外部存储器中建立一个模拟堆栈区,称为可重入栈。可重入函数的局部变量及参数被放在可重入栈中,使可重入函数可以实现递归调用。

(3)在参数的传递上,实际参数可以传递给间接调用的可重入函数。无重入属性的间接调用函数不能包含调用参数,但是可以使用定义的全局变量来进行参数传递。

◆ **4.7.2 C51 的中断服务函数**

由于标准 C 语言没有处理单片机中断的定义,为直接编写中断服务程序,C51 编译器对函数的定义进行了扩展,增加了一个扩展关键字 interrupt,使用该关键字可以将函数定义成中断服务函数。

中断服务函数的一般形式为:

函数类型 函数名(形式参数表) interrupt n [using m]

关键字 interrupt 后面的 n 是中断号,m 的取值为 0~31,对应的中断情况如下:

0——外部中断 0;

1——定时/计数器 T0;

2——外部中断 1;

3——定时/计数器 T1;

4——串行口中断;

5——定时/计数器 T2;

其他值预留。

关键字 using 是可选的,用于指定本函数内部使用的工作寄存器组,其中 m 的取值为 0~3,表示寄存器组号。

加入 using m 后,C51 在编译时自动在函数的开始处和结束处加入以下指令:

```
  {
  PUSH  PSW      ;标志寄存器入栈
  MOV   PSW,#与寄存器组号相关的常量
```

```
    ……
    POP  PSW    ;标志寄存器出栈
    }
```

在定义一个函数时,如果不选用 using 选项,则由编译器选择一个寄存器区作为绝对寄存器区访问。

还要注意,带 using 属性的函数原则上不能返回 bit 类型的值,且关键字 using 和关键字 interrupt 都不允许用于外部函数,也都不允许有带运算符的表达式。

例如,外中断 1( )的中断服务函数书写如下:

```
void int1( ) interrupt 2 using 0//中断号 n= 2,选择 0 区工作寄存器区
```

编写 51 单片机中断程序时,还应注意以下问题:

(1)中断函数没有返回值,如果定义了一个返回值,将会得到不正确的结果。因此建议在定义中断函数时,将其定义为 void 类型,以明确说明没有返回值。

(2)中断函数不能进行参数传递,如果中断函数包含任何参数声明都将导致编译出错。

(3)在任何情况下都不能直接调用中断函数,否则会产生编译错误。因为中断函数的返回是由指令 RETI 完成的。RETI 指令会影响 51 单片机中的硬件中断系统内的不可寻址的中断优先级寄存器的状态。如果在没有实际的中断请求的情况下,直接调用中断函数,就不会执行 RETI 指令,其操作结果有可能产生致命的错误。

(4)如果在中断函数中再调用其他函数,则被调用的函数使用的寄存器区必须与中断函数使用的寄存器区不同。

(5)C51 编译器对中断函数编译时会自动在程序开始和结束处加上相应的内容,具体如下:在程序开始处对 ACC、B、DPH、DPL 和 PSW 入栈,在结束处出栈。中断函数未加 using n 修饰符的,开始时还要将 R0～R1 入栈,结束时出栈。如中断函数加 using n 修饰符,则在开始处将 PSW 入栈后,还要修改 PSW 中的工作寄存器组选择位。因此,在编写中断服务函数时可不必考虑这些问题,减轻了编写中断服务程序的烦琐程度,能把精力放在如何处理引发中断请求的事件上。

(6)中断函数最好写在文件的尾部,并且禁止使用 extern 存储类型说明,以防止其他程序调用。

4.7.3 C51 的库函数

C51 的强大功能及其高效率的重要体现在于其丰富的、可直接调用的库函数,包括 I/O 操作、内存分配、字符串操作、数据类型转换、数学计算等函数库。库函数包含标准的应用程序,每个函数都在相应的头文件(.h)中有原型声明。如果使用库函数,必须在源程序中用预编译指令定义与该函数相关的头文件(包含了该函数的原型声明)。

前面我们已经提到了部分输入输出的库函数,这里我们介绍几类常用且重要的 C51 库函数。

1. 内部函数 intrins. h

这个库中提供的是一些用汇编语言编写的函数,这些函数主要有:

unsigned char _crol_(unsigned char val,unsigned char n);

unsigned int _irol_(unsigned int val,unsigned char n);

unsigned int _lrol_(unsigned long val,unsigned char n);

上面三个函数都将 val 左移 n 位,类似于 RLA 指令。_crol_,_irol_,_lrol_ 的 val 变量类型分别为无符号字符型、无符号整型和无符号长整型。

unsigned char _cror_(unsigned char val,unsigned char n);

unsigned int _iror_(unsigned int val,unsigned char n);

unsigned int _lror_(unsigned long val,unsigned char n);

上面三个函数都将 val 右移 n 位,类似于 RRA 指令。

这几个移位函数的应用举例如下:

```
#inclucle<intrins.h>
void main()
{
unsigned int y;
y=0x00ff;
y=_irol_(y,4);
}
```

程序运行后,得到结果为:

```
y=0x0ff0;
void _nop_(void);
```

_nop_产生一个 NOP 指令,该函数可用作 C 程序的时间比较。C51 编译器在_nop_函数工作期间不产生函数调用,即在程序中直接执行 NOP 指令,例如:

```
p0&=~0x80;
p0|=0x80;
_nop_;
_nop_;
_nop_;
_nop_;
p0&=~0x80;
```

这里使用_nop_函数在 p0.7 产生 4 个机器周期宽度的正脉冲。

bit _testbit_(bit x);

_testbit_产生一个 JBC 指令,该函数测试一个位,当置位时返回 1,否则返回 0。_testbit_只能用于可直接寻址的位;在表达式中是不允许使用的,例如:

```
# include<intrins.h>
bit flag;char var;void main(    )
{
if(! _testbit_(flag))
val--;
}
```

这里_testbit_的参数和函数值都必须是位变量。

2. 绝对地址访问函数 absacc. h

该文件提供了一组宏定义,用来对 51 系列单片机的存储空间进行绝对地址访问:

#define CBYTE((unsigned char *)0x50000L)

```
#define DBYTE((unsigned char *)0x40000L)
#define PBYTE((unsigned char *)0x30000L)
#define XBYTE((unsigned char *)0x20000L)
```

上述宏定义用来对单片机的地址空间以字节寻址的方式做绝对地址访问。CBYTE 寻址 CODE 区，DBYTE 寻址 DATA 区，PBYTE 寻址 XDATA 区（通过 MOVX @R0 命令），XBYTE 寻址 XDATA 区（通过 MOVX @DPTR 命令）。

```
#define CWORD((unsigned int *)0x50000L)
#define DWORD((unsigned int *)0x40000L)
#define PWORD((unsigned int *)0x30000L)
#define XWORD((unsigned int *)0x20000L)
```

上述宏定义用来对单片机的地址空间以字寻址（unsigned int 类型）的方式做绝对地址访问。CWORD 寻址 CODE 区，DWORD 寻址 DATA 区，PWORD 寻址 XDATA 区（通过 MOVX @R0 命令），XWORD 寻址 XDATA 区（通过 MOVX @DPTR 命令）。

3. 缓冲区处理函数 string. h

（1）计算字符串 s 的长度。

函数原型：extern int strlen(char * s);

说明：返回 s 的长度，不包括结束符 NULL。

举例：

```
#include <string.h>
main()
{
char * s="Golden Global View";
printf("% s has % d chars",s,strlen(s));
getchar();
return 0;
}
```

（2）由 src 所指内存区域复制 count 个字节到 dest 所指内存区域。

函数原型：extern void * memcpy(void * dest,void * src,unsigned int count);

说明：src 和 dest 所指内存区域不能重叠，函数返回指向 dest 的指针。

举例：

```
#include <string.h>
main()
{
char * s="Golden Global View";
char d[20];
memcpy(d,s,strlen(s));
d[strlen(s)]=0;
printf("% s",d);
getchar();
return 0;
}
```

（3）由 src 所指内存区域复制 count 个字节到 dest 所指内存区域。

函数原型：extern void * memmove(void * dest,const void * src,unsigned int count)；

说明：与 memcpy 工作方式相同，但 src 和 dest 所指内存区域可以重叠，但复制后 src 内容会被更改。函数返回指向 dest 的指针。

（4）比较内存区域 buf1 和 buf2 的前 count 个字节

函数原型：extern int memcmp(void * buf1,void * buf2,unsignedint count)；

本章小结

本章介绍了 C51 语言、C51 的关键字与数据类型、C51 的存储种类和存储模式、C51 的表达式和程序结构，以及 C51 的函数等。

习题4

1．为什么 xdata 型的指针要用 2 个字节？

2．定义变量 a、b、c，a 为内部 RAM 的可位寻址区的字符变量；b 为外部数据存储区浮点数型变量；c 为指向 int 型 xdata 区的指针。

3．编写程序，将 8051 内部数据存储器 20H 单元和 35H 单元的数据相乘，结果存到外部数据存储器中（位置不固定）。

4．输入三个无符号字符数据，要求按由大到小的顺序输出。

5．用三种循环结构编写程序，实现输出 1 到 10 的平方之和。

6．将内部 RAM 21H 单元存放的 BCD 码转换成二进制数，存入 30H 单元为首地址的单元，BCD 码的长度存放在 20H 单元中。

7．将外部 RAM 的 10H～15H 单元中的内容传送到内部 RAM 的 10H～15H 单元中。

8．使用定时器 0，以定时方法在 P1.0 输出周期为 400 s，占空比为 20% 的矩形脉冲，设单片机晶振频率 fosc 为 12 MHz，编程实现。

第 5 章 MCS-51 单片机内部接口电路

主要内容及要点

(1) 中断系统:中断结构、中断管理、中断响应过程、中断程序设计等。

(2) 定时/计数器:2 个 16 位定时/计数器的结构、定时和计数的工作原理、4 种不同的工作方式及特点,以及计数初值的计算方法。

(3) 串行接口:串行通信接口结构、4 种工作方式、通信连线和应用编程。

(4) 键盘及数码显示接口。

必须掌握涉及特殊功能寄存器的内容,需要深入掌握工作模式及初始化编程。

5.1 中断系统

5.1.1 概述

中断是通过硬件改变 CPU 的运行方向。计算机在执行程序的过程中,出现一外部或内部事件,向 CPU 发出中断请求信号,要求 CPU 暂时中断当前程序的执行而转去执行相应的处理程序,待处理程序执行完毕后,再继续执行原来被中断的程序。这种程序在执行过程中由于外界的原因而被打断的情况称为"中断",中断可以解决以下问题:

(1) 同步工作。CPU 启动外设工作后,可以继续执行主程序,数据传送由 I/O 设备主动提出请求,CPU 在收到 I/O 设备希望进行数据交换的请求之后,才中断原有主程序的执行,暂时去进行与 I/O 设备的数据交换。由于 CPU 的工作速度远远快于外设,对于主程序来讲,虽然中断了几个周期,但对单片机的运行速度不会有什么影响。通过这种方式,CPU 就可以同时控制多个外设工作,大大提高了运行效率,输入/输出速度也提高了。

(2) 实时控制。CPU 在工作过程中,可以随时接受外界采集传送的数据,并对他们进行实时控制。

(3) 故障处理。当有意外情况出现时,如断电、系统运行故障等,CPU 就会启动相应的中断服务程序自行处理。

◆ 5.1.2 中断源与中断控制寄存器

发出中断请求的来源称为中断源。51 单片机有 5 个中断源,包括 2 个外部中断源,即 INT0(P3.2) 和 INT1(P3.3) 引脚输入的中断源;3 个内部中断源,即定时器 T0、T1 的溢出中断源和串行口的发送/接收中断源。

51 单片机内部有 4 个用于中断控制的特殊功能寄存器,分别是 IE、IP、TCON 和 SCON,用于中断的开关和设置各种中断源的优先级别。每个中断源可以设置为高优先级或低优先级中断,可以实现二级中断服务程序的嵌套,每个中断源都有一个对应的固定入口矢量地址。

1. 中断源

(1) 外部中断 0 请求,由 P3.2 脚输入。通过 IT0 脚(TCON.0)来决定是低电平有效还是下跳变有效。一旦输入信号有效,就向 CPU 申请中断,并建立 IE0 标志。

(2) 外部中断 1 请求,由 P3.3 脚输入。通过 IT1 脚(TCON.2)来决定是低电平有效还是下跳变有效。一旦输入信号有效,就向 CPU 申请中断,并建立 IE1 标志。

(3) TF0:定时器 T0 溢出中断请求。当定时器 0 产生溢出时,定时器 0 中断请求标志位(TCON.5)置位(由硬件自动执行),请求中断处理。

(4) TF1:定时器 T1 溢出中断请求。当定时器 1 产生溢出时,定时器 1 中断请求标志位(TCON.7)置位(由硬件自动执行),请求中断处理。

(5) RI 或 TI:串行中断请求。当接收或发送完一串行帧时,内部串行口中断请求标志位 RI(SCON.0)或 TI(SCON.1)置位(由硬件自动执行),请求中断。

2. 中断标志及控制寄存器

1) 中断控制寄存器 TCON

TCON 的低 4 位用于控制外部中断,高 4 位用于控制定时/计数器的启动和中断申请,格式如下:

D7	D6	D5	D4	D3	D2	D1	D0
TF1	TR1	TF0	TR0	IE1	IT1	IE0	IT0

TCON 为定时器 0 和定时器 1 的控制寄存器,同时锁存定时器 0 和定时器 1 的溢出中断标志及外部中断和的中断标志等。TCON 寄存器中的中断标志及相关含义如下:

(1) TF1(TCON.7):定时器 1 的溢出中断标志。T1 被启动计数后,从初值做加 1 计数,计满溢出后由硬件置位 TF1,同时向 CPU 发出中断请求,此标志一直保持到 CPU 响应中断后才由硬件自动清 0。也可由软件查询该标志,并由软件清 0。

(2) TR1(TCON.6):T1 运行控制位。TR1 置 1 时,T1 开始工作;TR1 置 0 时,T1 停止工作。所以用软件可以控制定时/计数器的启动与停止。

(3) TF0(TCON.5):定时器 0 溢出中断标志。其操作功能与 TF1 相同。

(4) TR0(TCON.4):T0 运行控制位,其功能与 TR1 类似。

(5) IE1(TCON.3):中断标志。IE1=1,外部中断 1 向 CPU 申请中断。

(6) IT1(TCON.2):中断触发方式控制位。当 IT1=0 时,外部中断 1 控制为电平触发方式。

(7) IE0(TCON.1):中断标志。其操作功能与 IE1 相同。

(8) IT0(TCON.0):中断触发方式控制位。其操作功能与 IT1 相同。

2) 串行口控制寄存器 SCON

SCON 用于串口通信控制,其低两位 TI 和 RI 锁存串行口的发送中断标志和接收中断标志。

(1) TI(SCON.1):串行发送中断标志。CPU 将数据写入发送缓冲器 SBUF 时,启动发送,每发送完一个串行帧,硬件将使 TI 置位。但 CPU 响应中断时并不清除 TI,必须由软件清除。

(2) RI(SCON.0):串行接收中断标志。当接收缓冲器 SBUF 满时,RI=1,就可以将缓冲器的数据读取出来。CPU 响应中断时并不清除 RI,必须由软件清除。

3) 中断允许控制寄存器 IE

CPU 对所有中断源的开放和屏蔽都由中断允许寄存器 IE 控制,其格式如下:

D7	D6	D5	D4	D3	D2	D1	D0
EA			ES	ET1	EX1	ET0	EX0

相应位的说明如下:

(1) EA(IE.7):总中断允许控制位。EA=1,开放所有中断,各中断源的允许和禁止可通过相应的中断允许位单独加以控制;EA=0,禁止所有中断。

(2) ES(IE.4):串行口中断允许位。ES=1,允许串行口中断;ES=0,禁止串行口中断。

(3) ET1(IE.3):T1 中断允许位。ET1=1,允许 T1 中断;ET1=0,禁止 T1 中断。

(4) EX1(IE.2):外部中断 1 中断允许位。EX1=1,允许外部中断 1 中断;EX1=0,禁止外部中断 1 中断。

(5) ET0(IE.1):T0 中断允许位。ET0=1,允许 T0 中断;ET0=0,禁止 T0 中断。

(6) EX0(IE.0):外部中断 0 中断允许位。EX0=1,允许外部中断 0 中断;EX0=0,禁止外部中断 0 中断。

8051 单片机系统复位后,IE 中各中断允许位均被清 0,即禁止所有中断。

4) 中断优先级寄存器 IP

51 单片机有高低两个中断优先级,每个中断源都可以通过编程确定为高优先级中断或低优先级中断,中断源的中断优先级都是由中断优先级寄存器 IP 中的相应位的状态来规定,格式如下:

D7	D6	D5	D4	D3	D2	D1	D0
			PS	PT1	PX1	PT0	PX0

相应位说明如下:

(1) PS(IP.4):串行口中断优先级控制位。PS=1,设定串行口为高优先级中断;PS=0,设定串行口为低优先级中断。

(2) PT1(IP.3):定时器 T1 中断优先控制位。PT1=1,设定定时器 T1 中断为高优先级中断;PT1=0,设定定时器 T1 中断为低优先级中断。

（3）PX1(IP.2)：外部中断 1 中断优先控制位。PX1＝1，设定外部中断 1 为高优先级中断；PX1＝0，设定外部中断 1 为低优先级中断。

（4）PT0(IP.1)：定时器 T0 中断优先控制位。PT0＝1，设定定时器 T0 中断为高优先级中断；PT0＝0，设定定时器 T0 中断为低优先级中断。

（5）PX0(IP.0)：外部中断 0 中断优先控制位。PX0＝1，设定外部中断 0 为高优先级中断；PX0＝0，设定外部中断 0 为低优先级中断。

当系统复位后，IP 低 5 位全部清 0，所有中断源均设定为低优先级中断。

如果几个同一优先级的中断源同时向 CPU 申请中断，CPU 通过内部硬件查询逻辑，按自然优先级顺序确定先响应哪个中断请求。自然优先级由硬件形成，排列如下：

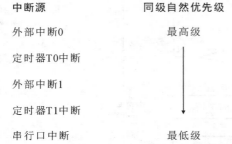

中断源	同级自然优先级
外部中断0	最高级
定时器T0中断	
外部中断1	
定时器T1中断	
串行口中断	最低级

综上所述，51 单片机的中断结构如图 5.1 所示。

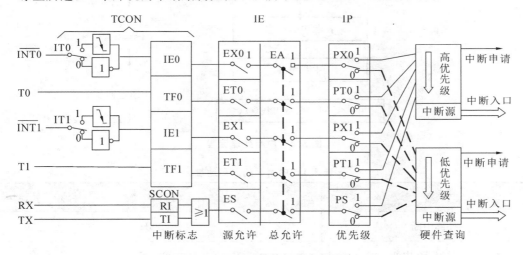

图 5.1　51 系列单片机的中断系统

5.1.3　中断处理过程

中断处理过程可分为中断响应、中断处理和中断返回三个阶段。

1. 中断响应及处理

中断响应是 CPU 对中断源中断请求的响应。

中断响应过程包括保护断点和将程序转向中断服务程序的入口地址。首先，中断系统通过硬件自动生成长调用指令（LACLL），该指令将自动把断点地址压入堆栈保护（不保护累加器 A、状态寄存器 PSW 和其他寄存器的内容），然后，将对应的中断入口地址装入程序计数器 PC（由硬件自动执行），使程序转向该中断入口地址，执行中断服务程序。中断处理流程如图 5.2 所示。MCS-51 系列单片机各中断源的入口地址由硬件事先设定,分配如表 5.1 所示。

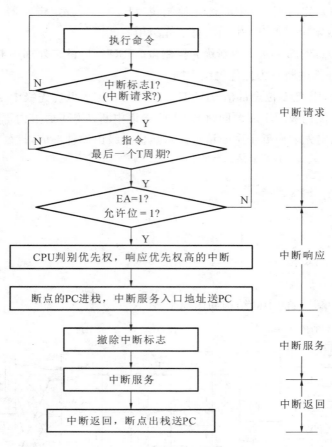

图 5.2 中断处理流程

表 5.1 中断源的入口地址

中 断 源	入 口 地 址
外部中断 0	0003H
定时器 T0 中断	000BH
外部中断 1	0013H
定时器 T1 中断	001BH
串行口中断	0023H

使用时,通常在这些中断入口地址处存放一条绝对跳转指令,使程序跳转到用户安排的中断服务程序的起始地址上去。

CPU 执行程序时,在每一个指令周期的最后一个机器周期都要检查是否有中断请求,如有中断请求,寄存器 TCON 的相应位置为 1,CPU 查到中断标志 1 后,如果允许,就进入中断响应阶段,如果中断被禁止或没有中断请求,则继续执行下一条指令。

在中断响应阶段,如果有多个中断源,CPU 优先响应优先级高的中断请求,同时阻断同级或优先级低的中断请求,由硬件产生子程序调用指令,将断点 PC 压入堆栈,将所响应的中断源的矢量地址送 PC 寄存器,转到中断服务程序的执行。

中断服务是完成中断要处理的事务,用户根据需要编写中断服务程序,程序中要注意保护主程序中需要保护的寄存器内容。中断服务完毕要注意恢复这些寄存器的内容,就是所谓的保护现场和恢复现场,可以通过堆栈操作来完成。中断请求和中断响应过程都是由硬件来完成的。

2. 中断返回

中断返回是指中断服务完成后,计算机返回原来断开的位置(即断点),继续执行原来的程序。中断返回通过中断返回指令 RETI 实现,该指令的功能是把断点地址从堆栈中弹出,送回到程序计数器 PC,此外,还通知中断系统已完成中断处理,同时清除优先级状态触发器。特别要注意不能用 RET 指令代替 RETI 指令。

3. 中断请求的撤除

CPU 响应中断请求后即进入中断服务程序,在中断返回前,应撤除该中断请求,否则,会重复引起中断而导致错误。MCS-51 各中断源中断请求的撤除方法各不相同。

1) 定时器中断请求的撤除

对于定时器 0 或 1 溢出中断,CPU 在响应中断后即由硬件自动清除其中断标志位 TF0 或 TF1,无须采取其他措施。

2) 串行口中断请求的撤除

对于串行口中断,CPU 在响应中断后,硬件不能自动清除中断请求标志位 TI、RI,必须在中断服务程序中用软件将其清除。

3) 外部中断请求的撤除

外部中断可分为边沿触发型和电平触发型。对于边沿触发的外部中断 0 或 1,CPU 在响应中断后由硬件自动清除其中断标志位 IE0 或 IE1,无须采取其他措施。

4. 中断响应条件和中断响应时间

1) 中断响应条件

(1) 有中断请求;

(2) 相应的中断允许位为 1;

(3) CPU 开中断(即 EA=1)。

假如某个中断源通过编程设置,满足中断响应的条件,但是遇下面情况之一将不被响应(此间中断条件失效,中断丢失):

(1) 当前正在执行的指令还没执行完毕;

(2) 当前响应了同级或高级中断;

(3) 当前正在访问 IE、IP 寄存器或执行 RETI 的指令。

2) 中断响应时间

中断响应时间是指从外部中断请求有效(外部中断请求标志置 1)到转向中断入口地址所需要的响应时间。每个机器周期的 S5P2 时刻,INTx 引脚的电平被锁存到内部寄存器中,待下一个机器周期进行中断查询,如图 5.3 所示。

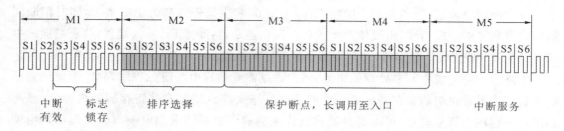

图 5.3　中断响应时间

（1）最短响应时间：中断请求有效，查询后在下一个周期便开始执行一条硬件的子程序调用（时间是两个周期），然后开始执行服务程序的第一条指令。这样从锁存电平到执行中断服务程序相隔 3 个机器周期。

（2）最长时间：如果中断信号发生如前面所说的不被响应的 3 种情况时，响应时间就会变长。

① 响应时间取决于正在执行的同级或高级中断的执行时间；

② 当前 CPU 执行的指令是多周期指令，如乘除法指令（4 个周期），最坏的情况是要等 3 个周期，则响应周期变为 3＋3＝6 个周期；

③ CPU 当前执行的指令是 RETI，或访问 IE、IP 寄存器时，本指令（1 个周期或两个周期）不被响应，且下一条指令执行完后才能响应，这样附加的等待时间最长不会超过 5 个周期（1＋4）。所以整个响应时间为 5＋3＝8 个机器周期。

如果不考虑第 1 种情况，整个中断响应的时间范围应当是 3～8 个机器周期。

◆ 5.1.4　中断程序的设计

用户对中断的控制和管理，实际上是对 4 个与中断有关的寄存器 IE、TCON、IP、SCON 的控制或管理。这些寄存器在单片机复位时是被清零的，因此，根据任务需要对这些寄存器的有关位进行预置。在设计中断程序时需要注意：

① 开中断总控开关 EA，置位中断源的中断允许位允许某类中断；

② 对于外部中断$\overline{INT0}$、$\overline{INT1}$，应选择中断触发方式为低电平触发还是下降沿触发；

③ 如果有多个中断源中断，应该设定中断优先级，预置 IP。

中断服务程序的入口地址分别是 0003H、000BH、0013H、001BH、0023H，这些中断矢量相距很近，一般情况下放不下一个中断服务程序。所以，需要将中断服务程序安排在程序存储器 0023H 之后的其他地址空间，而在中断矢量地址单元安排一条转移指令。单片机上电复位后，PC 总为 0，所以一般在存储器 0 地址单元安排一条跳转指令，以跳过中断矢量地址空间，避免对中断产生影响。接下来通过举例来学习中断系统的应用设计。

例 5-1　每次按键都会触发$\overline{INT0}$中断，中断发生时将 LED 灯 D1 状态取反，即实现 LED 状态由按键控制的效果，电路图如图 5.4 所示。（采用边沿触发方式）

参考程序如下：

```
ORG 0000H

LJMP    MAIN

ORG     0003H          ;中断入口地址
```

```
                    LJMP     INT0PRO             ;调用INT0中断服务程序
       MAIN:        ORL P0,#01H                 ;将 LED 灯初始状态置为灭状态
                    SETB IT0                     ;设置边沿触发中断方式
                    SETB EX0                     ;设置边沿触发中断方式
                    SETB EA                      ;设置边沿触发中断方式
       HERE:        SJMP HERE                    ;等待中断
                    ORG 0100H                    ;中断服务程序
       INT0PRO:     CPL P0.0                     ;取反
                    RETI                          ;中断返回
                    END
```

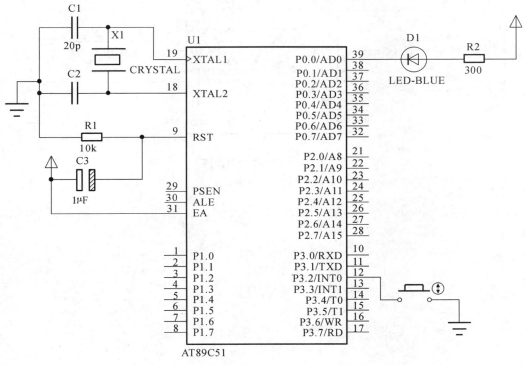

图 5.4 例 5-1 的电路图

思考:如果本例题换成电平触发方式,要考虑避免一次按键多次中断响应问题,怎么解决?

例 5-2 编写外部按键输入的中断操作演示程序。要求:按图 5.5 所示电路,根据 K0、K1 按键的状态,点亮 D1、D2。按下 K0 后,点亮 D1 片刻;按下 K1 后,点亮 D2 片刻。

设计思路:这是一个两路外部中断输入演示电路,按下 K0、K1 都会立即中断原来的操作,点亮 D1 或 D2。中断初始化包括:

① 保证 D1、D2 为熄灭状态。

② 设置中断的触发方式。根据按键输入信号特点,选电平触发方式。

③ 设置中断优先级,假定都设为低优先级。

中断应用程序设计包括主程序设计和中断服务程序设计。

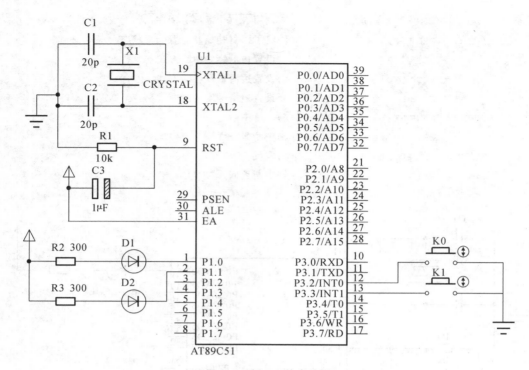

图 5.5　例 5-2 的电路图

主程序清单：

```
        ORG 0000H
        LJMP   MAIN
        ORG   0003H          ;中断 0 入口地址
        LJMP   KL0           ;中断入口转移
            ORG   0013H      ;中断 1 入口地址
        LJMP   KL1           ;中断入口转移
        data0  EQU ××H       ;data0 赋值,比如 64H
        datal  EQU ××H       ;datal 赋值,比如 64H
        ORG   0100H

MAIN:
        ORL P1,#03H          ;D1、D2 初始化,熄灭 D1、D2
        ANL TCON,#00H        ;设置为电平触发方式
        ANL  IP,#0FCH        ;置低优先级
        MOV  IE,#85H         ;开 CPU 中断,开外部 0 中断和外部 1 中断
        SJMP $               ;等待中断
    ;中断 INT0 服务程序清单:
        ORG   2000H
KL0:  CLR  P1.0              ;点亮 L0
        MOV R7,#data0        ;延时数据 data0 送入 R7
        LCALL DELAY          ;调延时子程序
        SETB  P1.0           ;熄灭 D1
        RETI                 ;中断返回
```

```
;中断INT1服务程序清单:
        ORG   3000H
KL1:    CLRP1.1                 ;点亮 L1
        MOV   R7,#data1          ;延时数据 data1 送入 R7
        LCALL DELAY             ;调延时子程序
        SETB  P1.1              ;熄灭 L1
        RETI                    ;中断返回
;延时子程序:
        ORG   3200H
        MOV   R7,#0FFH
DELAY:  MOV   R6,#0FFH
TM1:    MOV   R5,#0FFH
TM0:    DJNZ  R5,TM0
        DJNZ  R6,TM1
        DJNZ  R7,DELAY
        RET
        END
```

5.2 定时/计数器

5.2.1 定时/计数器的结构及工作原理

51 单片机的定时/计数器的实质是 16 位的加 1 计数器,由高 8 位和低 8 位两个寄存器组成,脉冲每一次下降沿,计数寄存器数值就加 1,其内部结构如图 5.6 所示。计数的脉冲如果来源于单片机内部的晶振,由于其周期极为准确,这时称为定时器;计数的脉冲如果来源于单片机外部的引脚,由于其周期一般不准确,这时称为计数器。TMOD 是定时/计数器的工作方式寄存器,控制工作方式和功能;TCON 是控制寄存器,控制 T0、T1 的启动和停止,设置溢出标志。

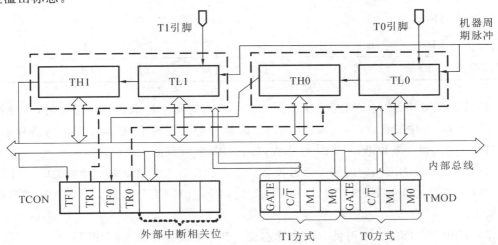

图 5.6 定时/计数器内部结构图

51 单片机的输入脉冲有两个来源,一个为系统的时钟振荡器经 12 分频后的输出脉冲;另一个则为 T0 或 T1 引脚输入的外部脉冲。每来一个脉冲,计数器就加 1,当计数器全为 1 时,再输入一个脉冲则计数器归零,且计数器溢出使 TCON 的 TF0 或 TF1 置位,如果设置了溢出中断,则会引发溢出中断。如果定时/计数器工作于定时模式,表示定时时间已到;如果工作于计数模式,则表示计数值已满,计算公式为

$$计数值＝溢出计数值－计数初值$$

$$定时时间＝(最大溢出值－定时初值)×T＝(最大溢出值－定时初值)×(fosc/12)$$

1. 定时/计数器方式寄存器 TMOD

TMOD 的高 4 位用于设置定时/计数器 T1,低 4 位用于设置定时/计数器 T0,格式如下:

	D7	D6	D5	D4	D3	D2	D1	D0
TMOD(89H)	GATE	C/$\overline{T}$	M1	M0	GATE	C/$\overline{T}$	M1	M0

(1) M1 和 M0:方式选择位。其工作模式和功能描述如表 5.2 所示。

表 5.2　M1 和 M0 的工作模式和功能描述

M1	M0	工作模式	功能描述
0	0	模式 0	13 位计数器
0	1	模式 1	16 位计数器
1	0	模式 2	8 位自动重装载计数器
1	1	模式 3	定时器 0:分成两个 8 位计数器;定时器 1:停止工作

(2) C/$\overline{T}$:功能选择位。当 C/$\overline{T}$＝0 时,工作为定时器;当 C/$\overline{T}$＝1 时,工作为计数器。

(3) GATE:门控位。当 GATE＝0 时,软件控制位 TR0 或 TR1 置 1 即可启动定时器;当 GATE＝1 时,软件控制位 TR0 或 TR1 置 1,且(P3.2)或(P3.3)为高电平方可启动定时/计数器,即允许外中断、启动定时器。

2. 定时/计数器控制寄存器 TCON

TCON 的格式如下:

	D7	D6	D5	D4	D3	D2	D1	D0
TCON(88H)	TF1	TR1	TF0	TR0	IE1	IT1	IE0	IT0

(1) TF1(TCON.7):定时器 1 溢出标志位。当定时器 1 计满数产生溢出时,由硬件自动置 TF1＝1。在中断允许时,向 CPU 发出定时器 1 的中断请求,进入中断服务程序后,由硬件自动清 0。在中断屏蔽时,TF1 可作查询测试用,此时只能由软件清 0。

(2) TR1(TCON.6):定时器 1 运行控制位。由软件置 1 或清 0 来启动或关闭定时器 1。当 GATE＝1,且为高电平时,TR1 置 1,启动定时器 1;当 GATE＝0 时,TR1 置 1,即可启动定时器 1。

(3) TF0(TCON.5):定时器 0 溢出标志位。其功能及操作情况同 TF1。

(4) TR0(TCON.4):定时器 0 运行控制位。其功能及操作情况同 TR1。

（5）IE1（TCON.3）：外部中断 1 请求标志位。

（6）IT1（TCON.2）：外部中断 1 触发方式选择位。

（7）IE0（TCON.1）：外部中断 0 请求标志位。

（8）IT0（TCON.0）：外部中断 0 触发方式选择位。

5.2.2 定时/计数器的工作方式

在工作方式 0~2 下，定时/计数器 T1 与 T0 的结构完全相同，所以以下几种方式都只以 T0 为讲述对象。

1. 工作方式 0

工作方式 0 构成一个 13 位定时/计数器。定时器 T0 在工作方式 0 时的逻辑电路结构如图 5.7 所示，定时器 1 的结构和操作与定时器 0 完全相同。两个定时/计数器 T0、T1 均可在方式 0 下工作，此时为 13 位的计数结构，其计数器由 TH 的全部 8 位和 TL 的低 5 位（高 3 位不用）构成。当产生计数溢出时，由硬件自动给计数溢出标志位 TF0（TF1）置 1，由软件给 TH、TL 重新置计数初值。方式 0 采用 13 位计数器是为了与早期的产品兼容，计数初值的高 8 位和低 5 位的确定比较麻烦，所以在实际应用中常由 16 位的工作方式 1 取代。

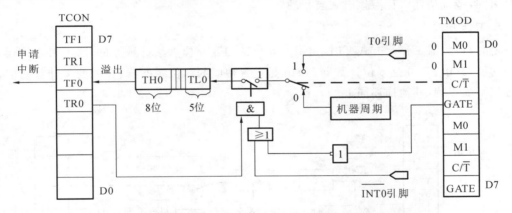

图 5.7 定时/计数器 T0 在工作方式 0 下的内部结构和控制信号

当 $C/\overline{T}=0$ 时，工作于定时方式，以振荡源的 12 分频信号作为计数脉冲，即对系统的机器周期计数，当计数器从预置初值开始计数，直到计满产生溢出时，就会使计数器寄存器回零，同时溢出标志 TF0 被置位，如果允许中断就产生溢出中断；当 $C/\overline{T}=1$ 时，工作于计数方式，对外部脉冲输入端 T0 或 T1 输入端的脉冲计数，当检测外部脉冲下降沿到来进行加 1 计数，而检测一个由"1"→"0"的跳变需要两个机器周期，前一个机器周期检测"1"的到来，后一个机器周期检测"0"的到来，所以计数脉冲的最高频率不得超过 $f_{osc}/24$。

2. 工作方式 1

定时器工作于方式 1 时构成一个 16 位定时/计数器，其结构与操作与方式 0 几乎完全相同，唯一差别是二者计数的位数不同。定时/计数器 T0 在工作方式 1 下的逻辑电路结构如图 5.8 所示。

工作方式 1 是 16 位的计数结构，计数器由 TH 的全部 8 位和 TL 的全部 8 位构成，两个定时/计数器均可在方式 1 下工作。当产生计数溢出时，由硬件自动给计数溢出标志位 TF0

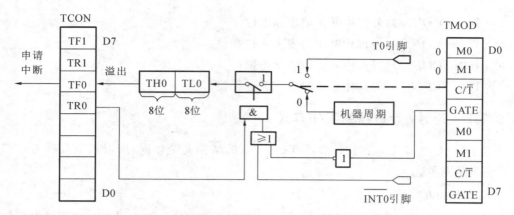

图 5.8 定时/计数器 T0 在工作方式 1 下的内部结构和控制信号

(TF1) 置 1,由软件给 TH、TL 重新置计数初值。

在方式 1 下,当为计数工作方式时,由于是 16 位的计数结构,所以计数范围是 1~65536。当为定时工作方式时,其定时时间=(65536-计数初值)×机器周期,例如:设单片机的晶振频率 f=12 MHz,则机器周期为 1μs,从而定时范围为 1μs~65536μs。其他方式的定时/计数范围请读者比照该方式自行理解。

3. 工作方式 2

定时/计数器工作于方式 2 时,由图 5.9 可知,其 16 位加法计数器的 TH0 和 TL0 具有不同功能,其中,TL0 是 8 位计数器,TH0 是重置初值的 8 位缓冲器,存放的是计数初值,计数过程不受影响,其他描述同上。

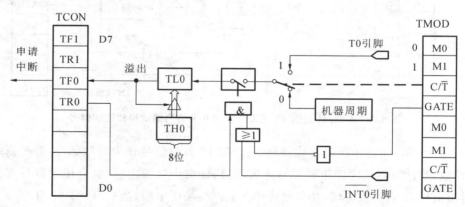

图 5.9 定时/计数器 T0 在工作方式 2 下的内部结构和控制信号

4. 工作方式 3

定时/计数器工作于方式 3 时,其逻辑结构图如图 5.10 所示,方式 3 只适合定时/计数器 T0,当定时/计数器 T0 工作在方式 3 时,TH0 和 TL0 成为两个独立的计数器。TL0 作为定时/计数器,占用 T0 所用寄存器的资源,而 TH0 只能作为定时器使用,占用 T1 的资源 TR1 和 TF1,在该情况下,T1 仍可以工作在方式 0~2,但不能使用中断方式。

一般情况下,只有将 T1 用作串行口的波特率发生器时,T0 才可以工作在方式 3,以便于增加一个定时计数器。

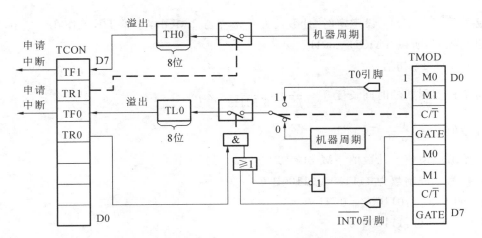

图 5.10 定时/计数器 T0 在工作方式 3 下的内部结构和控制信号

5.2.3 定时/计数器应用设计

1. 计数器初值的计算

把计数器计满归零所需要的计数值设定为 C,计数初值设定为 T_c,由此可得到公式

$$T_c = M - C$$

式中,M 为计数器模值,该值和计数器工作方式有关。在方式 0 时,M 为 2^{13};在方式 1 时,M 为 2^{16};在方式 2 和方式 3 时,M 为 2^8。

2. 定时器初值的计算

在定时器模式下,计数器由单片机主脉冲经 12 分频后计数。因此,可得到定时器定时时间 t 的计算公式

$$t = (M - T_c) \times T$$

式中,M 为模值,取决于定时器的工作方式;T 是单片机振荡周期 T_{osc} 的 12 倍;T_c 为定时器的定时初值。

3. 定时/计数器的初始化编程步骤

8051 的定时/计数器是可编程器件,使用前需要对相关寄存器进行设置,以完成对定时/计数器进行控制和初始设置,即所谓的初始化编程。8051 的定时/计数器初始化编程步骤如下:

(1) 设置工作方式控制字 TMOD;

(2) 根据定时时间或计数长度计算计数器初值;

(3) 写入计数初值 THx 和 TLx(x=0 或 1);

(4) 确定是否工作于中断方式,以设置相应中断控制位;

(5) 启动定时/计数器,即对 TRx 置位;

(6) 编写主程序(如有中断,编写中断服务程序)。

4. 应用设计举例

例 5-3 设定时器 T0 选择工作方式 0,利用程序控制在 P1.0 引脚输出周期为 2 ms 的方波。设单片机的振荡频率=6 MHz,编程实现其功能。

解 （1）设定定时/计数器方式寄存器 TMOD：选择 T0，工作在方式 0，定时，软件启动控制，所以 TMOD＝00H。

（2）计算 T0 初值。

每个机器周期的时间长度 $T=\dfrac{12}{f_{osc}}=\dfrac{12}{6\ \text{MHz}}=2\ \mu s$

计数值 $C=\dfrac{1\ \text{ms}}{2\ \mu s}=500$

初始值＝模值－计数值＝$M-C=2^{13}-500=7692$

转换为二进制数为 1111000001100B

T0 的低 5 位：01100B＝0CH

T0 的高 8 位：11110000＝0F0H

可得，TH0 初值为 0F0H，TL0 的初值为 0CH。

（3）查询方式程序清单：

```
        ORG   0000H
RESET:  AJMP MAIN              ;跳转到主程序
        ORG 0100H
MAIN:   MOV   TMOD,#00H        ;工作方式 0,定时,软件启动控制
        MOV   TH0,#0F0H        ;设置定时器初值
        MOV   TL0,#0CH
        SETB  TR0              ;启动定时器
LOOP:   JBC   TF0,NEXT         ;查询定时器是否溢出,若溢出则定时时间到,转移
        SJMP  LOOP
NEXT:   MOV   TH0,#0F0H        ;重新赋定时初值
        MOV TL0,#0CH
        CPL P1.0              ;波形信号取反输出
        SJMP LOOP
```

（4）定时器溢出中断方式程序清单：

```
        ORG 0000H
RESET:  AJMP MAIN
        ORG 000BH             ;定时器 T0 中断矢量
        AJMP ISOT0            ;转入 T0 中断服务程序
        ORG 0100H
MAIN:   MOV SP,#60H           ;设置堆栈栈顶
        ACALL INIT            ;调用初始化程序
HERE:   AJMP HERE
        ORG 0200H
INIT:   MOV TMOD,#00H         ;工作模式 0,定时,软件启动控制
        MOV TH0,#0F0H         ;设置定时初值
        MOV TL0,#0CH
        SETB ET0              ;开定时器 T0 中断
        SETB EA               ;开 CPU 中断
        SETB TR0              ;启动定时器工作
```

```
        RET                 ;子程序返回
        ORG0200H            ;中断服务程序
ISOT0:  MOVTH0,#0F0H        ;设置定时初值
        MOVTL0,#0CH
        CPLP1.0             ;波形取反输出
        RETI                ;中断返回
```

例 5-4   设晶振频率为 11.059 MHz,仍采用定时器 T0 控制输出方波,工作在方式 1,要求方波的周期为 1 s。

解   (1) 计算初值(按照 50 ms 定时计算,定时 10 次,得到半个周期):

$$2^{16} - \frac{50 \times 10^{-3} \times 11.059 \times 10^{6}}{12} = 65536 - 46079 = 19457 = 4C01H$$

得:TH0=4CH,TL0=01H。

(2) 源程序如下:

```
        ORG 0000H
        AJMP MAIN
        ORG 000BH
        AJMP CTC0
        ORG 0100H
MAIN:   MOV TMOD,#01H       ;设置方式控制字,工作方式1
LOOP:   MOV TH0,#04CH       ;设置定时初值
        MOV TL0,#01H
        MOV IE,#82H         ;开定时器 T0 溢出中断和 CPU 中断
        SETB TR0            ;启动定时 T0 工作
        MOV R1,#0AH         ;设置定时次数
HERE:   SJMP HERE
        ;中断服务程序:
CTC0:   DJNZ R1,NEXT        ;定时次数是否到? 若没有到,继续定时
        CPL P1.0            ;定时次数到,波形取反输出
        MOV R1,#0AH         ;再次设定定时次数
NEXT:   MOV TH0,#04CH       ;重新对定时器赋初值
        MOV TL0,#01H
        RETI                ;中断返回
```

例 5-5   设 P3.4 输入低频负脉冲信号,要求 P3.4 每次发生负跳变时,P1.0 输出一个 500 微秒的同步脉冲。设单片机的振荡频率=6 MHz,其波形如图 5.11 所示。

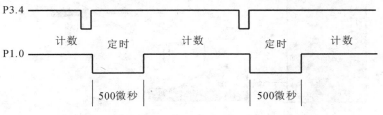

图 5.11   例 5-5 的波形图

解　因为 P3.4 就是 T0 端,当定时器 T0 工作在计数方式时,就是 P3.4 在有负跳变脉冲到来时计一次数,而一次计数结束 P1.0 就要产生 $500\mu s$ 的负脉冲,所以让定时器 T0 先计 1 次数再定时 $500\mu s$。

(1) 第一种工作控制字 TMOD:定时/计数器先工作在方式 2,计数,纯软件启动,则 TMOD=06H。

计数初值 $T_c=M-C=2^8-1=256-1=255=$FFH

第二种工作控制字 TMOD:定时/计数器再工作在方式 2,定时,纯软件启动,则 TMOD =02H。

定时初值 $T_c=M-\dfrac{t}{T}=2^8-\dfrac{500\mu S}{2\mu S}=256-250=6=$06H

(2) 程序清单:

```
        START:MOV TMOD,#06H     ;T0工作在方式2,计数,纯软件启动
              MOV TH0,#0FFH      ;设置定时初值
              MOV TL0,#0FFH
              SETB TR0           ;启动定时器T0
        LOOP1:JBC TF0,PTFO1      ;T0是否计数溢出,若溢出则转移
              AJMP LOOP1
        PTFO1:CLR TR0            ;停止T0工作
              MOV TMOD,#02H      ;T0工作在方式2,定时,纯软件启动
              MOV TH0,#06H       ;设置定时初值
              MOV TL0,#06H
              CLR P1.0           ;输出负脉冲
              SETB TR0           ;启动T0工作
        LOOP2:JBC TF0,PTFO2      ;T0是否定时溢出,若定时溢出则转移
              AJMP LOOP2
        PTFO2:SETB P1.0          ;定时时间到则负脉冲持续时间结束
              CLR TR0            ;停止T0工作
              AJMP START
```

例 5-6　有一包装流水线,产品每计数 24 瓶时发出一个包装控制信号,如图5.12 所示。试编写程序完成这一计数任务。用 T0 完成计数,用 P1.0 发出包装控制信号(10 ms 的高电平信号),设晶振为 12 MHz。

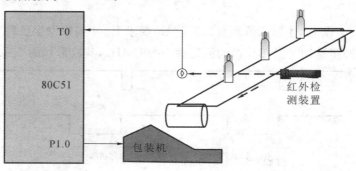

图 5.12　包装流水线

解 (1)确定方式字:T0 在计数的方式 2 时,M1M0=10,GATE=0,C/$\overline{T}$=1,TMOD 为 06H。

(2)计数初值 T_c=256-24=232=E8H

应将 E8H 送入 TH0 和 TL0 中。

```
            ORG   0000H
            LJMP  MAIN
            ORG   000BH
            LJMP  T0PRO
            ORG   0100H
    MAIN:   CLR P1.0;
            MOV TMOD,# 06        ;工作在方式 2,计数,纯软件启动
            MOV TH0,# 0E8H       ;设置计数初值
            MOV TL0,# 0E8H;
            MOV IE,# 82H         ;开中断
            SETB TR0;
            SJMP $
            ORG 0200H
    T0PRO:  SETB P1.0;
            ACALL DELAY;
            CLR P1.0;
            RETI
    DELAY:  MOV R6,# 50          ;延时约 10 ms
    LOOP0:  MOV R7,# 100;
    LOOP1:  DJNZ R7,LOOP1;
            DJNZ R6,LOOP0;
            RET
```

5.3 串口及串口通信

5.3.1 串行通信基础

在计算机系统中,CPU 和外部通信有并行通信和串行通信两种方式,如图 5.13 和图 5.14 所示。并行通信即数据的各位同时传送;串行通信即数据一位一位地顺序传送。

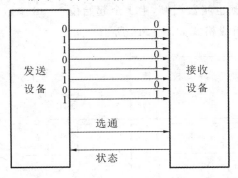

图 5.13 并行通信

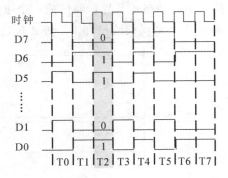

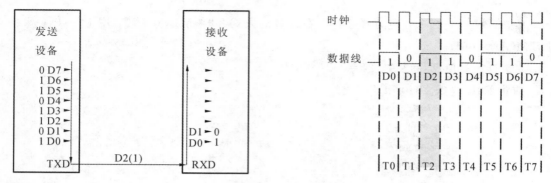

图 5.14 串行通信

在并行通信中,一个并行数据占多少位二进制数,就要有多少根数据传输线。这种方式的特点是通信速度快、传送控制简单,但传输线较多,传输成本高。串行通信仅需要一到两根数据传输线即可,所以在长距离传送数据时比较经济,其具有传送控制复杂、速度慢、传输线少、成本低的特点。

按照串行数据的时钟控制方式,串行通信可分为同步通信和异步通信两类。

1. 异步通信

在异步通信(asynchronous communication)中,数据通常是以字符为单位组成字符帧传送的,如图 5.15 所示。字符帧由发送端一帧一帧地发送,每一帧数据均是低位在前,高位在后,通过传输线被接收端一帧一帧地接收。发送端和接收端可以由各自的时钟来控制数据的发送和接收,这两个时钟彼此独立,互不同步。

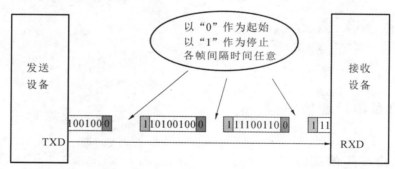

图 5.15 异步通信

在异步通信中,接收端依靠字符帧格式来判断发送端是何时开始发送,何时结束发送的。字符帧格式是异步通信的一个重要指标。字符帧也叫数据帧,由 1 个起始位、5~8 个数据位、1 个奇偶校验位和 1 个停止位这 4 部分组成,组成格式如图 5.16 所示。

图 5.16 异步通信字符帧格式

异步通信的另一个重要指标为波特率。波特率为每秒钟传送二进制数码的位数,也叫比特数,单位为 b/s(位/秒)。波特率用于表征数据传输的速度,波特率越高,数据传输速度越快。但波特率和字符的实际传输速率不同,字符的实际传输速率是每秒内所传字符帧的帧数,和字符帧格式有关。

2. 同步通信

同步通信(synchronous communication)是一种连续串行传送数据的通信方式,一次通信只传输一帧信息。这里的信息帧和异步通信的字符帧不同,通常有若干数据字符,如图 5.17所示。同步字符帧结构均由同步字符、数据字符和校验字符 CRC 三部分组成。在同步通信中,同步字符可以采用统一的标准格式,也可以由用户约定。

图 5.17　同步通信帧格式

5.3.2　串行通信接口的任务及组成

1. 串行通信方向

在串行通信中,如果某设备的通信接口只能发送或接收,这种单向传送的通信方式就称为单工传送。如果两设备之间可以进行数据的收发,则称为双工传送。如果接收和发送只能分时进行,则称为半双工传送;如果接收和发送能同时进行,则称为全双工传送。通信方向示意图如图 5.18 所示。

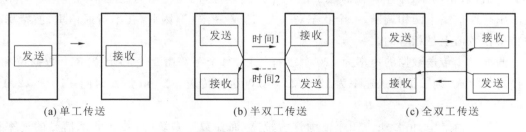

(a) 单工传送　　　　　　　(b) 半双工传送　　　　　　　(c) 全双工传送

图 5.18　通信方向示意图

2. 串行接口任务

CPU 只能处理并行数据,要进行串行通信,必须接串行接口,并遵从串行通信协议。所谓通信协议,就是通信双方必须共同遵守的约定,包括数据的格式、同步的方式、传送的步骤、检纠错方式及控制字符的定义等。串行接口的基本任务主要包括以下几种。

1) 实现数据格式化

因为 CPU 发出的数据是并行数据,接口电路应实现不同串行通信方式下的数据格式化任务,譬如自动生成起、止位的帧数据格式(异步方式)或在待传送的数据块前加上同步字符等。

2）进行串-并转换

在发送端,接口将 CPU 送来的并行信号转换成串行数据进行传送;而在接收端,接口将接收到的串行数据变成并行数据送往 CPU,由 CPU 进行处理。

3）控制数据传输速率

接口应具备对数据传输速率即波特率的控制选择能力,也就是说具有波特率发生器。

4）进行错误检测

在发送时,接口对传送的数据自动生成奇偶校验位或校验码;在接收时,接口检查校验位或校验码,以确定传送中是否有误码。

5）进行 TTL 与 EIA 电平转换

RS-232 的 EIA 标准是以正负电压表示逻辑状态的,与 TTL 以高、低电平表示逻辑状态的规定不同。因此,为了能够同计算机或终端 TTL 电器连接,必须在 EIA 电平与 TTL 电平之间进行电平转换。

6）提供 EIA-RS-232C 接口标准所要求的信号线

RS-232C 除通过接口传送数据 TXD 和 RXD 外,还对双方的互传起协调作用,即提供握手信号。

3. 串行通信的组成及特点

1）波特率、比特率和带宽

在数字通信中,单位时间内传输二进制代码的有效位(bit)数称为比特率,其单位为 bit/s(bps)、kbit/s(kbps)或者 Mbit/s(Mbps),此处 k 和 M 分别为 1000 和 1000000。波特率即调制速率,可以理解为单位时间内传输码元符号的个数(传符号率),其单位为波特。不同的调制方法在一个码元上负载的比特信息不同,比特率在数值上和波特率的关系是:比特率＝波特率×单个调制状态对应的二进制位数。显然,两相调制(单个调制状态对应 1 个二进制位)的比特率等于波特率;四相调制(单个调制状态对应 2 个二进制位)的比特率为波特率的 2 倍;八相调制(单个调制状态对应 3 个二进制位)的比特率为波特率的 3 倍……单片机的串行通信属于两相调制,一个状态对一个"1"或一个"0",因此,在串行通信里,波特率和比特率在数值上是相等的。

假如异步传送数据的速率为 120 个字符每秒,每个字符由 1 个起始位、8 个数据位和 1 个停止位组成,则数据传送速率为 $10 \times 120 = 1200$bps,传送一个 bit 所需时间 $T1 = 1/1200 = 0.833$ ms。

在模拟信号中,信号所占频率范围称为带宽,而在数字系统中,传送数字信号的速率称为带宽,常用来衡量数字产品传输数据的能力。带宽越宽,说明该系统的传输速率越快,即单位时间内的数字信息流量越大,如网络带宽、总线带宽等。带宽的单位有 b/s(bit/s 或 bps)、kbps、Mbps。

2）发送和接收时钟

在串行传输中,二进制数据序列是以数字波形出现的,发送时,在发送时钟的作用下将发送移位寄存器的数据串行移位输出;在接收时钟的作用下将通信线上传来的数据串行移入移位寄存器,所以,发送时钟和接收时钟也可称为移位时钟。能产生移位时钟的电路称为波特率发生器。

为提高采样的分辨率,准确地测定数据位的上升沿或下降沿,时钟频率总是高于波特率的若干倍,这个倍数称为波特率因子。在单片机中,发送/接收时钟可以由系统时钟 f_{osc} 产生,波特率因子取为 12、32 和 64,根据不同的通信方式而不同。如果波特率由 f_{osc} 决定,称为固定波特率方式。发送/接收时钟也可以由单片机内部定时器 T1 产生,T1 工作于自动重载 8 位定时方式(即方式 2),由于定时器的计数初值可以人为改变,T1 产生的时钟频率也就改变,因此称为可变波特率方式。单片机串行通信的波特率因工作方式的不同而不同。

3) 通信线的连接

串行通信的距离、传输速率与传输线的电气特性有关,传输速率随传输距离的增加而减少。根据通信距离不同,电路的连接方式不同,近距离不需要使用握手信号或者联络线短接,只要用到三根线,即 TXD、RXD、GND。如果远距离通信,需要调制解调后进行传输。两类连接图如图 5.19 和图 5.20 所示。

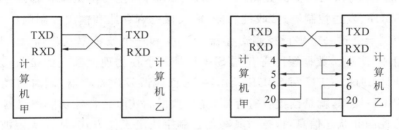

图 5.19　短距离通信线的连接图

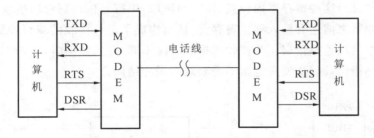

图 5.20　长距离通信线的连接图

4) RS-232C 接口

(1) 机械特性。

由于 RS-232 早期不是专门为计算机通信设计的,因此有 25 针 D 型连接器和 9 针 D 型连接器,一般微机都采用 9 针 D 型连接器。信号分为两类:数据传输信号和握手信号。前者包括 TXD(数据发送引脚)、RXD(数据接收引脚)和 GND(信号地线);后者包括 RTS(请求发送信号)、CTS(清除传送,是对 RTS 的响应信号)、DCD(数据载波检测)、DSR(数据通信准备就绪)、DTR(数据终端就绪)。

(2) 电气特性。

在 TXD 和 RXD 数据线上,RS-232C 采用负逻辑电平,规定 $-3 \sim -15\text{V}$ 为逻辑 1,$+3 \sim +15\text{V}$ 为逻辑 0,$-3\text{V} \sim +3\text{V}$ 是未定义的过渡区。其他范围的电压也毫无意义。

在握手信号上,信号有效(接通,ON 状态,正电压):$+3 \sim +15\text{V}$;信号无效(断开,OFF 状态,负电压):$-3 \sim -15\text{V}$。所以,RS-232 跟 TTL 以高低电平表示逻辑状态的规定不同,在实现与 TTL 电路的连接时,需要进行电平转换,有专门的电平转换芯片,如 MAX232 等。

（3）存在的问题。

① 传输距离短、速率低：通常不超过 15 米，速率 20Kbps。

② 有电平偏移：RS-232 收发共地，地电流会使电平偏移出现逻辑错误。

③ 抗干扰能力差：RS-232 单端输入，易混入干扰。

新标准 RS-485 改善了传输特性，应用广泛，大家可以查看相关参考文献。

5.3.3 单片机串行口的结构与工作原理

51 单片机的串行口是一个可编程的全双工串行通信接口，通过软件编程，可以作为通用异步收发器，也可以作为同步移位寄存器。其帧格式有 8 位、10 位和 11 位，波特率可改变。

1. 串行口结构

51 单片机的串行口结构框图如图 5.21 所示。串行口主要由两个在物理上独立的数据缓冲寄存器 SBUF、发送控制器、接收控制器、输入移位寄存器和输出控制门组成，其发送控制器和接收控制器通过一个串行控制寄存器 SCON 和一个波特率发生器（由 T1 或内部时钟及分频器组成）实现。数据缓冲寄存器 SBUF 是两个在物理上独立的接收、发送寄存器，占用同一个地址 99H。CPU 写 SBUF 操作，一方面修改发送寄存器，同时启动数据串行发送；CPU 读 SBUF 操作，就是读接收寄存器，完成数据的接收。特殊功能寄存器 PCON 用以存放串行口的控制和状态信息，根据对其写的控制字决定工作方式，从而决定波特率发生器的时钟源是来自系统时钟还是来自定时器 T1。PCON 的最高位 SMOD 为串行口波特率的倍增控制位。通过对这些寄存器的设置、检测与读取，串行通信得到管理控制。

在接收缓冲器之前还有输入移位寄存器，从而构成了串行接收的双缓冲结构，以避免在数据接收过程中出现重叠错误。与接收数据的情况不同，发送数据时，由于 CPU 是主动方，不会发生帧重叠错误，因此，发送电路不需要双重缓冲结构。

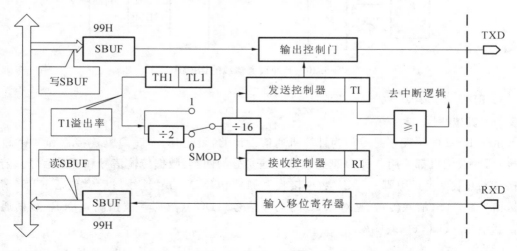

图 5.21 串行口结构框图

2. 数据缓冲器 SBUF

发送 SBUF 和接收 SBUF 共用一个地址 99H。

（1）发送 SBUF 存放待发送的 8 位数据，写入 SBUF 将同时启动发送。

指令：MOV   SBUF,A

（2）接收 SBUF 存放已接收成功的 8 位数据，供 CPU 读取。

取串行口接收数据指令：MOV　A，SBUF

3. 串行口控制寄存器 SCON

SCON 的格式如下：

	7	6	5	4	3	2	1	0	
SCON	SM0	SM1	SM2	REN	TB8	RB8	TI	RI	字节地址：98H

（1）SM0，SM1：串行口工作方式选择位，其 4 种工作方式如表 5.3 所示。

表 5.3　串行口的工作方式

SM0	SM1	方 式	说 明	波 特 率
0	0	0	移位寄存器	fosc/12
0	1	1	10 位 UART(8 位数据)	可变
1	0	2	11 位 UART(9 位数据)	fosc/64 或 fosc/32
1	1	3	11 位 UART(9 位数据)	可变

（2）SM2：多机通信控制位，主要用于方式 2 和方式 3 中。当 SM2＝1 时，可以利用接收的 RB8 来控制是否激活 RI：RB8＝0，不激活 RI，收到的信息丢弃；RB8＝1，收到的数据进入 SBUF，并激活 RI，进而在中断服务中将数据从 SBUF 读走。当 SM2＝0 时，无论收到的 RB8 是 0 还是 1，均可以将接收到的数据装入 SBUF，并激活 RI，置位 RI 申请中断。通过控制 SM2 可实现多机通信。在方式 0 时，SM2 必须是 0。在方式 1 时，若 SM2＝1，则只有接收到有效停止位时，RI 才置 1；若 SM2＝0，则 RB8 是已接收的停止位。

（3）REN：允许串行接收控制位。REN＝1，允许串行口接收数据；REN＝0，禁止串行口接收数据。

（4）TB8：发送的第 9 位数据位，可用作校验位和地址/数据标识位。方式 2 和方式 3 中可定义其作用为奇偶检验、地址帧标志等，TB8＝1，为地址，TB8＝0，为数据。方式 0 和方式 1中未使用。

（5）RB8：接收的第 9 位数据位或停止位。方式 2 和方式 3 中可定义其作用为奇偶检验、地址帧标志等。方式 1 中，若 SM2＝0，则 RB8 是接收到的停止位。方式 0 中没有用到。

（6）TI：发送中断标志位。发送一帧结束，TI＝1，由硬件置位，必须软件清零；方式 0中，串行发送第 8 位数据结束时，或者其他方式，串行发送停止位时，由内部硬件置 1，向 CPU 发出中断申请，在中断服务程序中，须用软件清零，取消此中断申请。

（7）RI：接收中断标志位。方式 0 中，串行接收第 8 位数据结束时，或者在其他方式中，串行接收停止位时，由内部硬件置 1，向 CPU 发出中断申请，在中断服务程序中，须用软件清零，取消此中断申请。

4. 电源控制寄存器 PCON

PCON 的格式如下：

	7	6	5	4	3	2	1	0	
PCON	SMOD								字节地址：97H

PCON 是不可位寻址的特殊功能寄存器，目前只定义了最高位和低 4 位与串行口有关。

SMOD：串行口波特率倍增控制位。当 SMOD＝1 时，波特率加倍；当 SMOD＝0 时，波特率不加倍;系统复位时,SMOD=0。

5.3.4 串行通讯口的工作方式

SM0,SM1 可选择四种工作方式。

(1) 方式 0:同步移位寄存器方式,用于扩展并行 I/O 接口。

① 一帧 8 位,无起始位和停止位。

② RXD:数据输入/输出端。TXD:同步脉冲输出端,每个脉冲对应一个数据位。

③ 波特率 B=fosc/12,如 fosc=12 MHz,B=1 MHz,每位数据占 11s。

④ 发送过程:写入 SBUF,启动发送,一帧发送结束,TI=1。接收过程:REN=1 且 RI=0,启动接收,一帧接收完毕,RI=1。

串行口工作方式 0 的典型应用电路如图 5.22 和图 5.24 所示,其工作时序如图 5.23 和图 5.25 所示。图 5.22 中,74LS164 为一个串入并出的移位寄存器,其中 CR 用于对 74LS164 清 0。图 5.24 中,74LS165 为一个并入串出的移位寄存器,S/$\overline{L}$ 下降沿将并行数据装入,高电平启动数据移入。

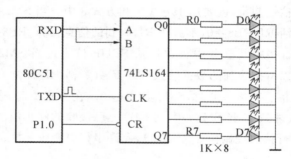

图 5.22　串口工作方式 0 输出应用电路

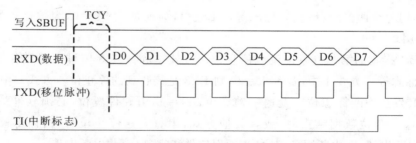

图 5.23　串口工作方式 0 输出应用电路工作时序

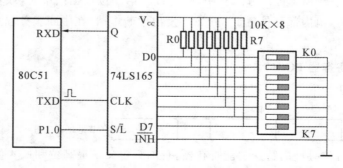

图 5.24　串口工作方式 0 输入应用电路

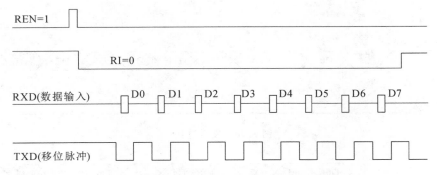

图 5.25 串口工作方式 0 输入应用电路工作时序

（2）方式 1：8 位数据异步通信方式。

① 一帧 10 位：8 位数据位，1 个起始位（0），1 个停止位（1）。

② RXD：接收数据端。TXD：发送数据端。

③ 波特率：用 T1 作为波特率发生器，$B=(2^{SMOD}/32)\times T1$ 溢出率。

④ 发送：写入 SBUF，同时启动发送，如图 5.26 所示，一帧发送结束，TI＝1。接收：REN＝1，允许接收，如图 5.27 所示。接收完一帧，若 RI＝0 且停止位为 1（或 SM2＝0），将接收数据装入 SBUF，停止位装入 RB8，并使 RI＝1；否则丢弃接收数据，不置位 RI。

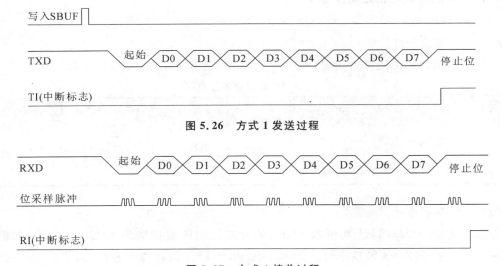

图 5.26 方式 1 发送过程

图 5.27 方式 1 接收过程

（3）方式 2 和方式 3：9 位数据异步通信方式。

① 一帧为 11 位：9 位数据位，1 个起始位（0），1 个停止位（1）。第 9 位数据位在 TB8/RB8 中，常用作校验位和多机通讯标识位。

② RXD：接收数据端。TXD：发送数据端。

③ 波特率：方式 2，$B=(2^{SMOD}/64)\times fosc$；方式 3，$B=(2^{SMOD}/32)\times T1$ 溢出率。

④ 发送：先装入 TB8，写入 SBUF 并启动发送，如图 5.28 所示，发送结束，TI＝1。接收：REN＝1，允许接收，如图 5.29 所示。接收完一帧，若 RI＝0 且第 9 位为 1（或 SM2＝0），将接收数据装入接收 SBUF，第 9 位装入 RB8，使 RI＝1；否则丢弃接收数据，不置位 RI。

128   单片机原理
       与接口技术

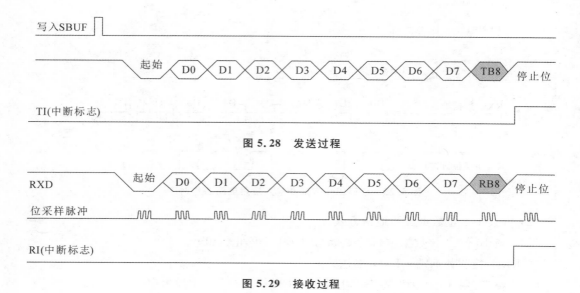

图 5.28 发送过程

图 5.29 接收过程

5.3.5 串行口应用及编程举例

1. 波特率的确定与初始化步骤

1) 波特率的确定

（1）波特率的计算。

波特率有固定和可变两种情况，不同工作方式的计算方法不一样，如表 5.4 所示。

表 5.4 波特率的计算

固定波特率（方式 0、方式 2）	可变波特率（方式 1、方式 3）
方式 0 的波特率＝$f_{osc}/12$	波特率＝$(2^{SMOD}/32)\times$（T1 溢出率）
方式 2 的波特率＝$(2^{SMOD}/64)\times f_{osc}$	T1 溢出率＝$f_{osc}/\{12\times[256-(TH1)]\}$

（2）波特率的选择。

若晶振为 12 MHz，TH1 初值取 FDH，依公式算出的波特率为 10416.6；TH1 初值取 FCH，波特率为 7812.5。波特率要选择标称值，由于 TH1 的初值是整数，为了获得标称值，依公式晶振频率要选 11.0592 MHz。方式 1 和方式 3 的波特率与 TH1 初值的对应关系如表 5.5 所示。

表 5.5 波特率与 TH1 初值的对应关系

波特率/(b/s)	19200	9600	4800	2400	1200
TH1 初值	FDH	FDH	FAH	F4H	E8H
SMOD	1	0	0	0	0

2) 串行口初始化步骤

（1）确定 T1 的工作方式（TMOD）；

（2）计算 T1 的初值，装载 TH1、TL1；

（3）启动 T1（置位 TR1）；

（4）确定串行口工作方式（SCON）；

（5）串口中断设置（IE、IP）。

2. 串行通信的编程方式

（1）查询方式：查 TI 或 RI 是否为"1"。

（2）中断方式：如果预先开了中断，当 TI、RI 为"1"时，会自动产生中断。

> **注意：**
> 两种方式下发送或接收数据后都要注意清 TI 或 RI。

查询方式和中断方式的工作流程图如图 5.30 至图 5.33 所示。

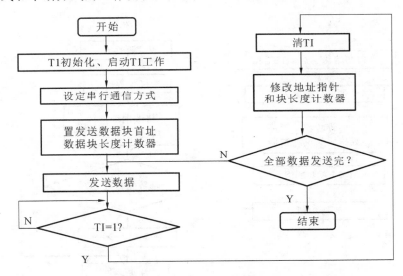

图 5.30　查询方式发送流程图

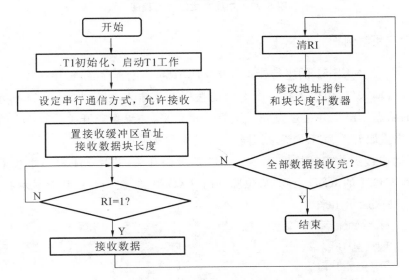

图 5.31　查询方式接收流程图

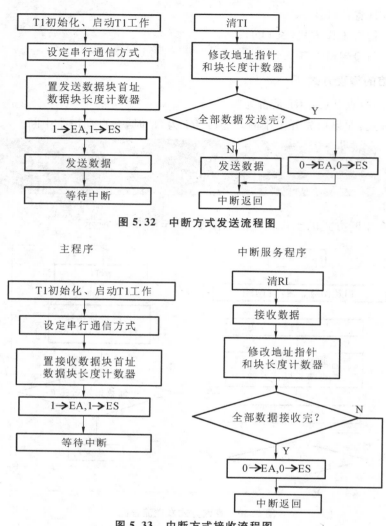

图 5.32　中断方式发送流程图

图 5.33　中断方式接收流程图

3. 串行口应用案例

例 5-7　MCS-51 的串行接口外接 74LS165 移位寄存器,每接一片 74LS165 可扩展一个 8 位并行输入口,用以连接一个 8 位的拨码开关输入电路,如图 5.34 所示。现编程将拨码开关的状态读出来并通过发光二极管显示出来,如果拨码开关为"ON",则对应发光二极管亮,如果拨码开关为"OFF",则对应发光二极管灭。

分析:拨动连接到并串转换芯片 74LS165 的拨码开关,芯片 74LS165 将并行数据以串行方式发送到 89C51 的 RXD 引脚,移位脉冲由 TXD 提供,拨码开关状态显示在 P0 口并用发光二极管的亮灭展示出来。

```
            ORG 0000H
            LJMP MAIN
            ORG 0100H
      MAIN:MOV SCON,#10H ;串口方式 0,允许串口接收
```

```
NEXT: CLR P2.5          ;置数(load),读入并行输入口的 8 位数据
      SETB P2.5         ;移位(shift),并口输入被封锁,串行转换开始
LOOP: JBC RI,REC        ;RI= 1,接收到 1 个字节数据,转移,把接收缓冲器数据读出来
      AJMP LOOP         ;未接收 1 字节时等待
 REC: MOV A,SBUF        ;读接收缓冲器数据
      MOV P0,A          ;接收到的数据显示在 P0 口,发光二极管相应的亮灭,显示拨码开关
                         的值
      ACALL DELAY       ;调用延时程序
      AJMP  NEXT
DELAY: MOV R6,#100      ;延时程序
DEL1: MOV R7,#100
DEL2: DJNZ R7,DEL2
      DJNZ R6,DEL1
      END
```

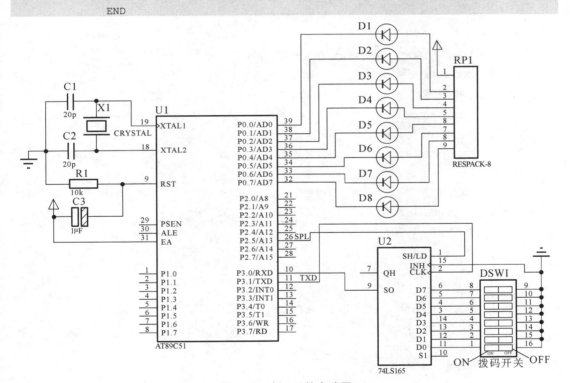

图 5.34　例 5-7 的电路图

例 5-8　　A 单片机 8051 在内部数据存储器 20H～3FH 单元中共有 32 个数据, 要求采用方式 1 串行发送给 B 单片机,B 单片机 8051 接收到数据后,将其保存在内部存储器 20H～3FH 单元,传送速率为 1200 波特,设 fosc=12 MHZ。编写 A 单片机的发送程序和 B 单片机的接收程序。

解　　T1 工作于方式 1,作波特率发生器,取 SMOD=0,T1 的时间常数 X 计算如下:

$$波特率 = \frac{2^{SMOD}}{32} \times \frac{f_{osc}}{12 \times (256-X)}$$

则
$$1200 = 1 \times 12 \times 10 / 12(256 - X)$$
$$X = 230 = E6H$$

A 单片机发送程序：

```
          ORG    0000H
          MOV    TMOD,#20H       ;设置波特率,T1工作于方式2
          MOV    TH1,#0E6H       ;设置定时初值
          MOV    TL1,#0E6H       ;T1时间常数
          SETB   TR1             ;启动T1
          MOV    SCON,#40H       ;串行口工作于方式1,不允许接收
          MOV    R0,#20H         ;R0指向发送缓冲区首地址
          MOV    R7,#32          ;R7作发送数据计数器
LO:  MOV    SBUF,@R0        ;发送数据
          JNB    TI,$            ;一帧未发完继续查询
          CLR    TI              ;一帧发完清TI
          INC    R0
          DJNZ   R7,LO           ;数据块未发完继续
          SJMP   $
```

B 单片机接收程序：

```
          ORG    0000H
          MOV    TMOD,#20H       ;设置波特率
          MOV    TH1,#0E6H       ;定时初值
          MOV    TL1,#0E6H
          SETB   TR1             ;初始化T1,并启动T1
          MOV    SCON,#50H       ;设定串行方式1,并允许接收
          MOV    R0,#20H
          MOV    R7,#32
LOOP: JNB    RI,$            ;一帧接收完?
          CLR    RI              ;接收完清RI
          MOV    @R0,SBUF        ;将数据读入
          INC    R0
          DJNZ   R7,LOOP
          SJMP   $
```

5.4　键盘接口及 LED 显示

5.4.1　键盘接口

1. 键盘接口概述

所谓键盘,其实就是一个人机交互的接口,它使单片机识别不同的输入信号,并作出不同的响应。单片机应用系统的键盘接口部分,要能够实时、准确地响应用户的输入信号。键盘的可靠输入需要在程序中进行以下两方面的处理:去抖动、一次按键处理。为此,单片机

系统必须很好地处理以下几个问题。

1）按键开关去抖动问题

键盘是由若干独立的键组成的，键的按下与释放通过机械触点的闭合与断开来实现。机械式按键在按下或释放时，由于机械弹性作用的影响，通常伴随一定时间的触点机械抖动，然后触点才稳定下来。抖动过程如图 5.35 所示，抖动时间的长短与开关的机械特性有关，一般为 5～10 ms。

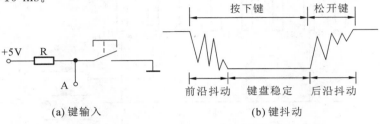

(a) 键输入　　　　　　　　　(b) 键抖动

图 5.35　键操作与键抖动

在触点抖动期间检测按键的通与断状态，可能导致判断出错，即按键一次按下或释放被错误地认为是多次操作，这种情况是不允许出现的。为了克服按键触点机械抖动所致的检测误判，必须采取去抖动措施。可以从硬件、软件两方面予以考虑。在键数较少时，可采用硬件去抖动；而当键数较多时，采用软件去抖动。在硬件上可采用在按键输出端加 R-S 触发器（双稳态触发器）或单稳态触发器构成去抖动电路。图 5.36 是一种由 R-S 触发器构成的去抖动电路，当触发器一旦翻转，触点抖动不会对其产生任何影响。

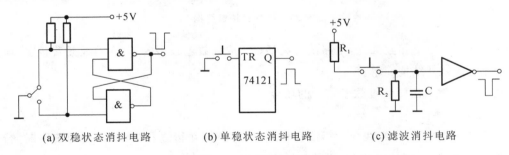

(a) 双稳状态消抖电路　　　(b) 单稳状态消抖电路　　　(c) 滤波消抖电路

图 5.36　硬件去抖动电路

其中 RC 滤波去抖动电路简单实用，效果较好。而软件去抖动就是在检测到按键按下时，执行延时 10 ms 子程序后再确认该键是否确实按下，以消除抖动影响。

2）键盘程序编制问题

一个完善的键盘控制程序应具备以下功能：

（1）检测有无按键按下，并采取硬件或软件措施，消除键盘按键机械触点抖动的影响。

（2）有可靠的逻辑处理办法。每次只处理一个按键，其间任何按键的操作对系统不产生影响，且无论一次按键时间有多长，系统仅执行一次按键功能程序。

（3）准确输出按键值（或键号），以满足跳转指令要求。

3）一次按键处理问题

当按键按下之后，相应的按键编码以高低电平的方式输入到单片机的 I/O 口。按键的闭合需要一定的时间，大致为 0.1～5.0 s。单片机执行速度很快，如果处理不当，一次按键操作就可能被执行很多次。

2. 按键连接方式

单片机实现键盘连接的方式有两种:独立式按键和矩阵式按键。

1) 独立式按键

独立式按键是每个按键占用一根 I/O 端线,结构如图 5.37 所示。

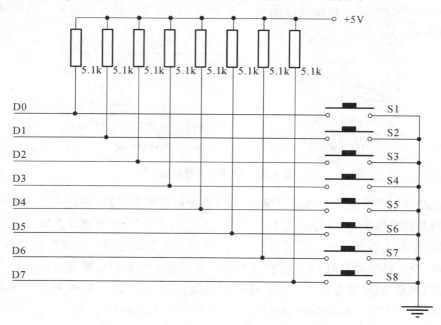

图 5.37 独立式按键结构

特点:① 各按键相互独立,电路配置灵活;② 按键数量较多时,I/O 端线耗费较多,电路结构繁杂;③ 软件结构简单。

独立式按键适用于按键数量较少的场合。

2) 矩阵式按键

矩阵式按键中,I/O 端线分为行线和列线,按键跨接在行线和列线上,按键按下时,行线与列线发生短路,结构如图 5.38 所示。

特点:①占用 I/O 端线较少;②软件结构较复杂。

矩阵式按键适用于按键较多的场合。

键盘扫描原理:先确定是否有键闭合,再逐一扫描以进一步确定是哪一个键闭合。以图 5.38 中的 4×4 键盘为例:首先,使列线 D0~D3 都输出 0,检测行线 D4~D7 的电平。如果 D4~D7 上的电平全为高,则表示没有键被按下;如果 D4~D7 上的电平不全为高,则表示有键被按下。然后,如果没有键闭合,就返回扫描;如果有键闭合,再进行逐列扫描,找出闭合键的键号。先使 D0=0,D1~D3=1,检测 D4~D7 上的电平,如果 D4=0,表示 S1 键被按下。同理,如果 D5~D7=0,分别表示 S5、S9、S13 键被按下;如果 D4~D7=1,则表示这一列没有键被按下。再使 D1=0,D0、D2、D3 为 1,对第二列进行扫描,这样依次进行下去,直到把闭合的键找到为止。

采用矩阵原理设计的 4×4 行列式键盘接口电路如图 5.39 所示。

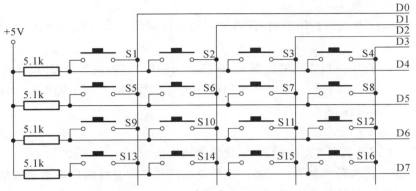

图 5.38　矩阵式按键结构

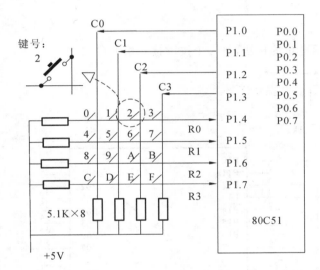

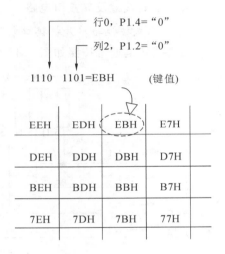

图 5.39　矩阵键盘接口电路

按键工作过程如下：

（1）判断有无键按下。将列线设置为输出口，输出全 0（所有列线为低电平），然后读行线状态，若行线状态不全为高电平，则可断定有键按下。

（2）判断按下哪个键。先置列线 C0 为低电平，其余列线为高电平，读行线状态，如行线状态不全为 1，则说明所按键在该列；否则所按键不在该列。再置 C1 列线为低电平，其他列线为高电平，判断 C1 列有无按键按下。其余类推。

用上述两个步骤合成得到 16 个按键的特征编码，按图 5.39 右边表格中按键排列的顺序，排成一张特征编码与顺序编码的对应关系表，然后用当前读得的特征编码来查表，当表中有该特征编码时，它所在的位置就是对应的顺序编码。

3. 键盘扫描控制方式

1）程序控制扫描方式

程序控制扫描方式下，键盘处理程序固定在主程序的某个程序段。

特点：对 CPU 工作影响小，但应考虑键盘处理程序的运行间隔周期不能太长，否则会影响对键盘输入响应的及时性。

2）定时控制扫描方式

定时控制扫描方式是利用定时/计数器每隔一段时间产生定时中断,CPU 响应中断后对键盘进行扫描。

特点:与程序控制扫描方式的区别是,在扫描间隔时间内,前者用 CPU 工作程序填充,后者用定时/计数器定时控制。定时控制扫描方式应考虑定时时间不能太长,否则会影响对键盘输入响应的及时性。

3）中断控制方式

中断控制方式是利用外部中断源,响应键盘输入信号。

特点:克服了前两种控制方式可能产生的空扫描和不能及时响应键盘输入的缺点,既能及时处理键盘输入,又能提高 CPU 运行效率,但要占用一个宝贵的中断资源。

4. 独立式按键及其接口电路

1）独立式按键与单片机接口电路

独立式按键通常按照如图 5.40 所示电路的接法,每一个按键接一根 I/O 口线。

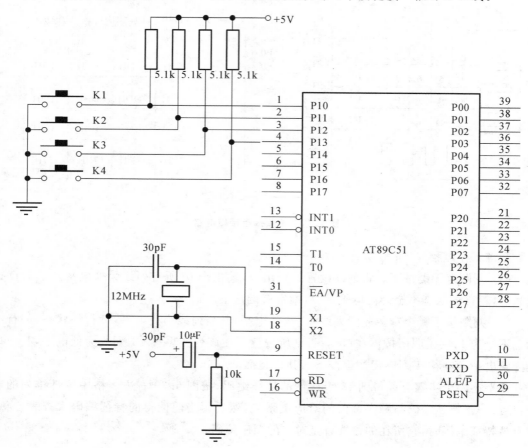

图 5.40　独立式按键与单片机接口

2）独立式按键工作流程图

独立式按键工作流程图如图 5.41 所示。

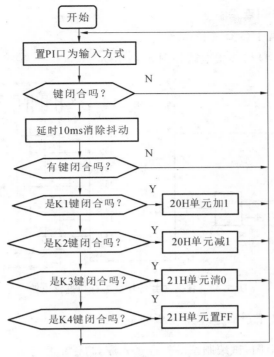

图 5.41 独立式按键工作流程图

3）独立式按键与单片机接口参考程序

```
        ORG 0030H
KB:MOVP1,#0FFH          ;置 P1 口为输入口
    MOVA,P1             ;读键状态
    CPL  A
    ANLA,#0FH           ;屏蔽高 4 位
    JZ      KB          ;无键闭合则返回
    ACALLD10MS          ;延时去抖动
    MOVA,P1             ;再读键状态
    CPL      A
    ANL    A,#0FH
    JZ      KB          ;无键闭合则返回
    CJNE    A,#01H,KB01
    INC     20H         ;K1 键闭合,20H 单元加 1
    SJMP    KB
KB01:CJNE   A,#02H,KB02
    DEC     20H         ;K2 键闭合,20 单元减 1
    SJMP    KB
KB02:CJNE   A,#04H,KB03
    MOV 21H,#00H        ;K3 键闭合,21H 单元清 0
    SJMP    KB
KB03:CJNE   A,#08H,KB
    MOV    21H,#0FFH    ;K4 键闭合,21H 单元置 FF
    SJMP    KB          ;若有两键以上闭合则返回
    END
```

5. 按键与扩展 I/O 口连接

1）按键与并行扩展 I/O 口连接电路

按键与并行扩展 I/O 口连接电路如图 5.42 所示。

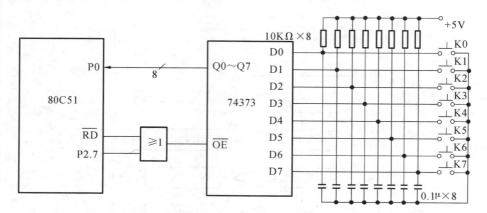

图 5.42　按键与并行扩展 I/O 口连接电路

2）按键与并行扩展 I/O 口连接编程举例

例 5-9　按上图，试编制按键扫描子程序，将键信号存入片内 RAM 30H。

解

```
KEY99:MOV   DPTR,#7FFFH   ;置 74373 口地址
      MOVX  A,@DPTR       ;输入键信号("0"有效)
      MOV   30H,A         ;存键信号数据
      RET
```

6. 矩阵式键盘及其接口电路

例 5-10　参照图 5.43，试编制矩阵式键盘扫描程序。

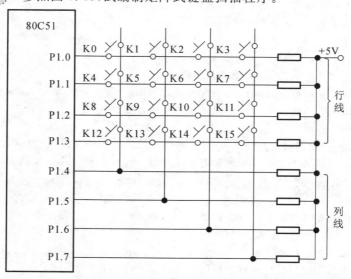

图 5.43　矩阵式键盘的结构

解

```
KEY: MOV   P1,#0F0H      ;行线置低电平,列线置输入态
KEY0:MOV   A,P1          ;读列线数据
     CPL   A             ;数据取反,"1"有效
     ANL   A,#0F0H       ;屏蔽行线,保留列线数据
     MOV   R1,A          ;存列线数据(R1 高 4 位)
     JZ    GRET          ;全 0,无键按下,返回
KEY1:MOV   P1,#0FH       ;行线置输入态,列线置低电平
     MOV   A,P1          ;读行线数据
     CPL   A             ;数据取反,"1"有效
     ANL   A,#0FH        ;屏蔽列线,保留行线数据
     MOV   R2,A          ;存行线数据(R2 低 4 位)
     JZ    GRET          ;全 0,无键按下,返回
     JBC   F0,WAIT       ;已有消抖标志,转
     SETB  F0            ;无消抖标志,置消抖标志
     LCALL DY10 ms       ;调用 10 ms 延时子程序(参阅例 2-14),消抖
     SJMP  KEY0          ;重读行线列线数据
GRET:RET                 ;
WAIT:MOV   A,P1          ;等待按键释放
     CPL   A             ;
     ANL   A,#0FH        ;
     JNZ   WAIT          ;按键未释放,继续等待
KEY2:MOV   A,R1          ;取列线数据(高 4 位)
     MOV   R1,#03H       ;取列线编号初值
     MOV   R3,#03H       ;置循环数
     CLR   C             ;
KEY3:RLC   A             ;依次左移入 C 中
     JC    KEY4          ;C= 1,该列有键按下,(列线编号存 R1)
     DEC   R1            ;C= 0,无键按下,修正列编号
     DJNZ  R3,KEY3       ;判循环结束否? 未结束继续寻找有键按下的列线
KEY4:MOV   A,R2          ;取行线数据(低 4 位)
     MOV   R2,#00H       ;置行线编号初值
     MOV   R3,#03H       ;置循环数
     CLR   C             ;
KEY5:RRC   A             ;依次右移入 C 中
     JC    KEY6          ;C= 1,该行有键按下,(行线编号存 R2)
     INC   R2            ;C= 0,无键按下,修正行线编号
     DJNZ  R3,KEY5       ;判循环结束否? 未结束继续寻找有键按下的行线
KEY6:MOV   A,R2          ;取行线编号
     CLR   C             ;
     RLC   A             ;行编号×2
     RLC   A             ;行编号×4
     ADD   A,R1          ;行编号×4+列编号=按键编号
KEY7:CLR   C             ;
     RLC   A             ;按键编号×2
     RLC   A             ;按键编号×4(LCALL+RET 共 4 字节)
```

```
        MOV     DPTR,#TABJ          ;
        JMP     @A+DPTR             ;散转,执行相应键功能子程序
TABJ: LCALL   WORK0                ;调用执行 0#键功能子程序
        RET                         ;
        LCALL   WORK1               ;调用执行 1#键功能子程序
        RET                         ;
        …       …
        LCALL   WORK15              ;调用执行 15#键功能子程序
        RET                         ;
```

例 5-11　参照图 5.44,试编制中断方式键盘扫描程序,将键盘序号存入片内
RAM 30H。

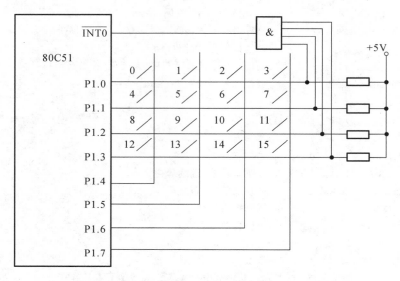

图 5.44　工作于中断方式的矩阵式键盘接口电路

解

```
        ORG     0000H               ;复位地址
        LJMP    STAT                ;转初始化
        ORG     0003H               ;中断入口地址
        LJMP    PINT0               ;转中断服务程序
        ORG     0100H               ;初始化程序首地址
STAT: MOV     SP,#60H              ;置堆栈指针
        SETB    IT0                 ;置为边沿触发方式
        MOV     IP,#00000001B       ;置为高优先级中断
        MOV     P1,#00001111B       ;置 P1.0～P1.3 为输入态,置 P1.4～P1.7 输出 0
        SETB    EA                  ;CPU 开中
        SETB    EX0                 ;开中
        LJMP    MAIN                ;转主程序,并等待有键按下时中断
        OGR     2000H               ;中断服务程序首地址
PINT0:PUSH    ACC                  ;保护现场
```

```
              PUSH    PSW            ;
              MOV     A,P1           ;读行线 (P1.0～P1.3)数据
              CPL     A              ;数据取反,"1"有效
              ANL     A,#0FH         ;屏蔽列线,保留行线数据
              MOV     R2,A           ;存行线 (P1.0～P1.3)数据 (R2 低 4 位)
              MOV     P1,#0F0H       ;行线置低电平,列线置输入态
              MOV     A,P1           ;读列线 (P1.4～P1.7)数据
              CPL     A              ;数据取反,"1"有效
              ANL     A,#0F0H        ;屏蔽行线,保留列线数据 (A 中高 4 位)
              MOV     R1,#03H        ;取列线编号初值
              MOV     R3,#03H        ;置循环数
              CLR     C              ;
   PINT01:    RLC     A              ;依次左移入 C 中
              JC      PINT02         ;C=1,该列有键按下,(列线编号存 R1)
              DEC     R1             ;C=0,无键按下,修正列编号
              DJNZ    R3,PINT01      ;判循环结束否? 未结束再寻找有键按下列线
   PINT02:    MOV     A,R2           ;取行线数据 (低 4 位)
              MOV     R2,#00H        ;置行线编号初值
              MOV     R3,#03H        ;置循环数
   PINT03:    RRC     A              ;依次右移入 C 中
              JC      PINT04         ;C=1,该行有键按下,(行线编号存 R2)
              INC     R2             ;C=0,无键按下,修正行线编号
              DJNZ    R3,PINT03      ;判循环结束否? 未结束再寻找有键按下行线
   PINT04:    MOV     A,R2           ;取行线编号
              CLR     C              ;
              RLC     A              ;行编号×2
              RLC     A              ;行编号×4
              ADD     A,R1           ;行编号×4+列编号=按键编号
              MOV     30H,A          ;存按键编号
              POP     PSW            ;
              POP     ACC            ;
              RETI                   ;
```

◆ 5.4.2　数码显示接口

1. 显示终端

显示器按其显示方式可分为:

(1) LED 数码管(light emitting diode,发光二极管)显示。

(2) LED 点阵显示屏

(3) LCD(liquid crystal display,液晶显示屏)显示。

(4) CRT(cathode ray tube,阴极射线管)显示。

在单片机应用系统中最常用的显示器是 LED 和 LCD,这两种显示器可显示数字、字符及系统的状态。本节主要介绍 LED 显示器。

LED 显示器即发光二极管显示器,具有显示醒目、成本低、配置灵活、接口简单等特点,

单片机应用系统中常用它来显示系统的工作状态、采集的信息及输入数值等。LED 显示器按其发光管排列结构的不同,可分为 LED 数码管和 LED 点阵显示器。LED 数码管主要用来显示数字及少数字母、符号,LED 点阵显示器可以显示数字、字母、汉字和图形,甚至图像。LED 点阵显示器虽然显示内容丰富,但其占用的单片机系统的软件、硬件资源远远大于 LED 数码管。因此除专门应用大屏幕 LED 点阵显示屏外,几乎所有的单片机系统都采用了 LED 数码管显示。

2. LED 数码管

LED 数码管可做如下分类:

(1) 按其内部结构可分为共阴型和共阳型;

(2) 按其外形尺寸可分为多种形式,使用较多的是 D50 和 D80;

(3) 按显示颜色也可分为多种形式,有红色、绿色、黄色、蓝色等;

(4) 按亮度强弱可分为超亮、高亮和普亮。

LED 数码管的正向压降一般为 1.5~2 V,额定电流为 10 mA,最大电流为 40 mA。

七段数码管内部由七个条形发光二极管和一个小圆点发光二极管组成,根据各管的亮暗组合成字符。数码管通常有 10 根管脚,管脚排列如图 5.45(a)所示。其中 COM 端为公共端,根据内部发光二极管的接线形式可分为共阴极和共阳极两种。使用时,共阴极数码管公共端接地,共阳极数码管公共端接电源,每段发光二极管需 5~10 mA 的驱动电流才能正常发光,一般需加限流电阻控制电流的大小。

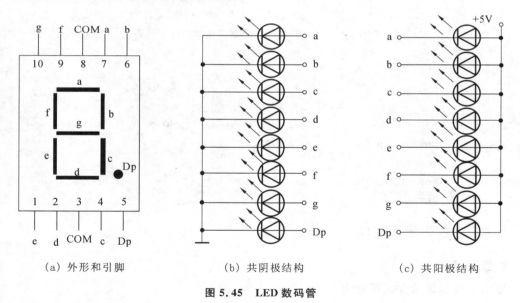

| (a) 外形和引脚 | (b) 共阴极结构 | (c) 共阳极结构 |

图 5.45　LED 数码管

LED 数码管的七个发光二极管对应七段显示器。共阴极的数码管,加正电压时发光,加零电压时不发光;共阳极的数码管,加负电压时发光,加零电压时不发光。不同亮暗的组合就能形成不同的字形,这种组合称为字形码。共阳极和共阴极的字形码是不同的,如表 5.6 所示。

1) LED 数码管编码方式

显示数转换为显示字段码的步骤:

（1）从显示数中分离出显示的每一位数字,方法为将显示数除以十进制的权。

表 5.6 数码管字形码对应表

显示字符	段 符 号								十六进制代码	
	Bp	g	f	e	d	c	b	a	共阴极	共阳极
0	0	0	1	1	1	1	1	1	3FH	C0H
1	0	0	0	0	0	1	1	0	06H	F9H
2	0	1	0	1	1	0	1	1	5BH	A4H
3	0	1	0	0	1	1	1	1	4FH	B0H
4	0	1	1	0	0	1	1	0	66H	99H
5	0	1	1	0	1	1	0	1	6DH	92H
6	0	1	1	1	1	1	0	1	7DH	82H
7	0	0	0	0	0	1	1	1	07H	F8H
8	0	1	1	1	1	1	1	1	7FH	80H
9	0	1	1	0	1	1	1	1	6FH	90H
A	0	1	1	1	0	1	1	1	77H	88H
b	0	1	1	1	1	1	0	0	7CH	83H
C	0	0	1	1	1	0	0	1	39H	C6H
d	0	1	0	1	1	1	1	0	5EH	A1H
E	0	1	1	1	1	0	0	1	79H	86H
F	0	1	1	1	0	0	0	1	71H	8EH

（2）将分离出的显示数字转换为显示字段码,连续调用下列两个子程序即可。

① 分离显示数字子程序。

```
    SPRT:MOV    R0,#30H     ;置万位 BCD 码间址
         MOV    A,30H       ;置被除数
         MOV    B,31H       ;
         MOV    R6,#27H     ;置除数 10000= 2710H
         MOV    R5,#10H     ;
         LCALL  SUM         ;除以 10000,万位商存 30H,余数存 A、B
         MOV    R6,#03H     ;置除数 1000=03E8H
         MOV    R5,#0E8H    ;
         INC    R0          ;指向千位商间址 (31H)
         LCALL  SUM         ;除以 1000,千位商存 31H,余数存 A、B
         MOV    R6,#0       ;置除数 100
         MOV    R5,#100     ;
         INC    R0          ;指向百位商间址 (32H)
         LCALL  SUM         ;除以 100,百位商存 32H,余数存 A(B=0)
         MOV    B,#10       ;置除数 10
         DIV    AB          ;除以 10
```

```
      INC     R0              ;指向十位商间址 (33H)
      MOV     @R0,A           ;十位商存 33H
      XCH     A,B             ;读个位数
      INC     R0              ;指向个位间址 (34H)
      MOV     @R0,A           ;个位存 34H
      RET
```

说明:SUM 是 16 位除以 16 位子程序,即用(A、B)除以(R6、R5)可得商@R0,余数(A、B)。
② 转换显示字段码子程序。

```
CHAG:MOV    DPTR,# TAB      ;置共阴字段码表首址
     MOV    R0,# 30H        ;置显示数据区首址
CGLP:MOV    A,@ R0          ;取显示数字
     MOVC   A,@ A+ DPTR     ;读相应显示字段码
     MOV    @ R0,A          ;存显示字段码
     INC    R0              ;指向下一显示数字
     CJNE   R0,# 35H,CGLP   ;判 5 个显示数字转换完否? 未完继续
     RET                    ;转换完毕,结束
TAB: DB 3FH,06H,5BH,4FH,66H ;共阴字段码表
     DB 6DH,7DH,07H,7FH,6FH;
```

2) LED 数码管显示方式

LED 数码管有静态显示方式和动态显示方式两种显示方式。

(1) 静态显示方式。每一位字段码分别从 I/O 控制口输出,保持不变直至 CPU 刷新。

特点:编程较简单,但占用 I/O 口线多,一般适用于显示位数较少的场合。

电路接法 1:并行扩展静态显示电路,如图 5.46 所示

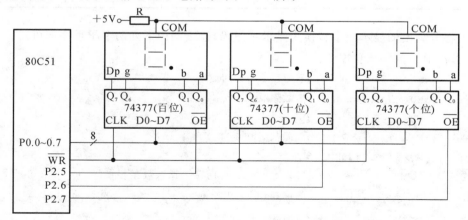

图 5.46 3 位 LED 静态显示电路

例 5-12 按图 5.46 编制显示子程序,显示数(≤255)存在片内 RAM 30H 中。

解

```
DIR1:MOV    A,30H           ;读显示数
     MOV    B,#100          ;置除数
     DIV    AB              ;产生百位显示数字
     MOVC   A,@A+DPTR       ;读百位显示符
```

```
       MOV    DPTR,#0DFFFH        ;置 74377(百位)地址
       MOVX   @DPTR,A             ;输出百位显示符
       MOV    A,B                 ;读余数
       MOV    B,#10               ;置除数
       DIV    AB                  ;产生十位显示数字
       MOV    DPTR,#TAB           ;置共阳字段码表首址
       MOVC   A,@A+DPTR           ;读十位显示符
       MOV    DPTR,#0BFFFH        ;置 74377(十位)地址
       MOVX   @DPTR,A             ;输出十位显示符
       MOV    A,B                 ;读个位显示数字
       MOV    DPTR,#TAB           ;置共阳字段码表首址
       MOVC   A,@A+DPTR           ;读个位显示符
       MOV    DPTR,#7FFFH         ;置 74377(个位)地址
       MOVX   @DPTR,A             ;输出个位显示符
       RET
TAB:DB 0C0H,0F9H,0A4H,0B0H,99H;共阳字段码表
  DB 92H,82H,0F8H,80H,90H;
```

电路接法 2:串行扩展静态显示电路,如图 5.47 所示。

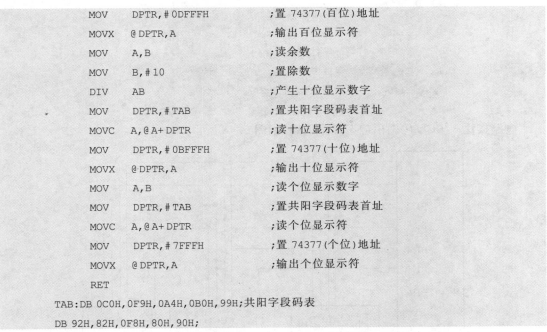

图 5.47　串行扩展静态显示电路

例 5-13 　按图 5.47 编制显示子程序,显示字段码已分别存在 32H～30H 片内 RAM 中。

解

```
DIR2:MOV   SCON,#00H     ;置串口方式 0
     CLR   ES            ;串口禁中
     SETB  P1.0          ;"与"门开,允许 TXD 发移位脉冲
     MOV   SBUF,30H       ;串行输出个位显示字段码
     JNB   TI,$          ;等待串行发送完毕
     CLR   TI            ;清串行中断标志
     MOV   SBUF,31H       ;串行输出十位显示字段码
     JNB   TI,$          ;等待串行发送完毕
```

```
CLR     TI        ;清串行中断标志
MOV     SBUF,32H  ;串行输出百位显示字段码
JNB     TI,$      ;等待串行发送完毕
CLR     TI        ;清串行中断标志
CLR     P1.0      ;"与"门关,禁止 TXD 发移位脉冲
RET               ;
```

电路接法 3:BCD 码输出静态显示电路,如图 5.48 所示。

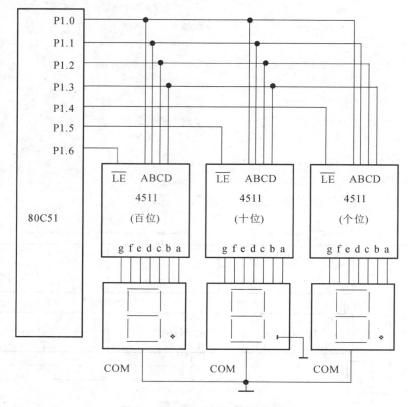

图 5.48   4511 三位静态显示电路

例 5-14　　按图 5.48 编制显示子程序(小数点固定在第二位),已知显示数存在片内 RAM 30H～32H 中。

解

```
DIR3:MOV P1,#11100000B   ;选通个位
     ORL P1,30H          ;输出个位显示数
     MOV P1,#11010000B   ;选通十位
     ORL P1,31H          ;输出十位显示数
     MOV P1,#10110000B   ;选通百位
     ORL P1,32H          ;输出百位显示数
     RET                 ;
```

(2)动态显示方式。在某一瞬时显示一位,依次循环扫描,轮流显示,由于人的视觉滞留效应,人们看到的是多位同时显示。

特点：占用 I/O 口线少，电路较简单，编程较复杂，CPU 要定时扫描并刷新显示。一般适用于显示位数较多的场合。

动态显示电路联结形式：

① 显示各位的所有相同字段线连在一起，共 8 段，由一个 8 位 I/O 口控制；

② 每一位的公共端（共阳或共阴 COM）由另一个 I/O 口控制。

电路接法 1：共阴型 8 位动态显示电路，如图 5.49 所示。

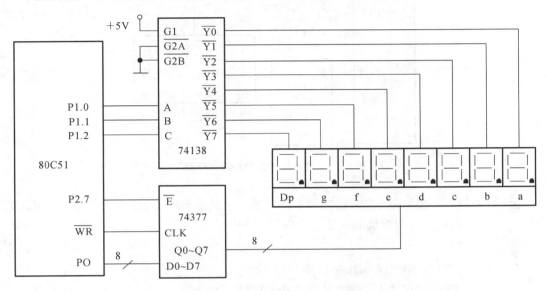

图 5.49　共阴型 8 位动态显示电路

 例 5-15　　按图 5.49，试编制循环扫描（10 次）显示子程序，已知显示字段码存在以 30H（低位）为首址的 8 字节片内 RAM 中。

解

```
DIR4:MOV    R2,#10          ;置循环扫描次数
     MOV    DPTR,#7FFFH     ;置 74377 口地址
DLP1:ANL    P1,#11111000B   ;第 0 位先显示
     MOV    R0,#30H         ;置显示字段码首址
DLP2:MOV    A,@R0           ;读显示字段码
     MOVX   @DPTR,A         ;输出显示字段码
     LCALL  DY2ms           ;调用延时 2ms 子程序(参阅例 2-14)
     INC    R0              ;指向下一位字段码
     INC    P1              ;选通下一位显示
     CJNE   R0,#38H,DLP2    ;判 8 位扫描显示完否？未完继续
     DJNZ   R2,DLP1         ;8 位扫描显示完毕,判 10 次循环完否？
     CLR    A               ;10 次循环完毕,显示暗
     MOVX   @DPTR,A         ;
     RET                    ;子程序返回
```

电路接法 2：共阳型 3 位动态显示电路，如图 5.50 所示。

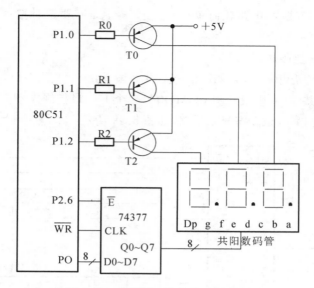

图 5.50 共阳型 3 位动态显示电路

 　　根据图 5.50,试编制 3 位动态扫描显示程序(循环 100 次),已知显示字段码存在以 40H(低位)为首址的 3 字节片内 RAM 中。

解

```
DIR5: MOV    DPTR,# 0BFFFH  ;置 74377 地址
      MOV    R2,# 100       ;置循环显示次数
DIR50:SETB   P1.2           ;百位停显示
      MOV    A,40H          ;取个位字段码
      MOVX   @ DPTR,A       ;输出个位字段码
      CLR    P1.0           ;个位显示
      LCALL  DY2 ms         ;调用延时 2 ms 子程序(参阅例2- 14)
DIR51:SETB   P1.0           ;个位停显示
      MOV    A,41H          ;取十位字段码
      MOVX   @ DPTR,A       ;输出十位字段码
      CLR    P1.1           ;十位显示
      LCALL  DY2 ms         ;延时 2 ms
DIR52:SETB   P1.1           ;十位停显示
      MOV    A,42H          ;取百位字段码
      MOVX   @ DPTR,A       ;输出百位字段码
      CLR    P1.2           ;百位显示
      LCALL  DY2 ms         ;延时 2 ms
      DJNZ   R2,DIR50       ;判循环显示结束否? 未完继续
      ORL    P1,# 00000111B ;3 位灭显示
      RET
```

3. 虚拟 I²C 总线串行显示电路

1) SAA1064 引脚功能

(1) V_{DD}、V_{EE}:电源、接地端。电源 4.5~15V。

(2) P1~P16:段驱动输出端。分为两个 8 位口,即 P1~P8 与 P9~P16。P8、P16 为高位。口锁存器具有反相功能,置 1 时,端口输出 0。

(3) MX1、MX2:位码驱动端。静态显示驱动时,一片 SAA1064 可驱动二位 LED 数码管;动态显示驱动时,一片 SAA1064 可驱动四位 LED 数码管。

(4) SDA、SCL:I^2C 总线数据端、时钟端。

(5) CEXT:时钟振荡器外接电容,典型值 2700pF。

(6) ADR:地址引脚端。SAA1064 引脚地址 A1、A0 采用 ADR 模拟电压比较编址。当 ADR 引脚电平为 0、3VDD/8、5VDD/8、VDD 时,相应引脚地址 A2、A1、A0 分别为 000、001、010、011。

2) 硬件电路设计

SAA1064 与 80C51A 典型连接电路如图 5.51 所示。

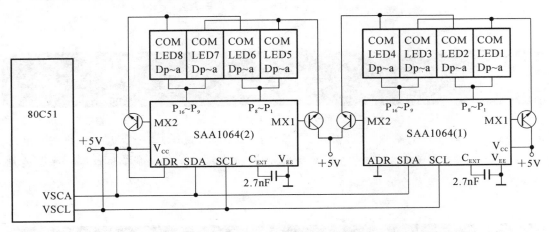

图 5.51 SAA1064 与 80C51A 典型连接电路

3) 片内可编程功能

C0:静动态控制,C0＝1,动态显示,动态显示时,data1、data2 轮流从 P8~P1 输出,data3、data4 轮流从 P16~P9 输出;

C1:显示位 1、3 亮暗选择,C1＝1,选择亮;

C2:显示位 2、4 亮暗选择,C2＝1,选择亮;

C3:测试位,C3＝1,所有段亮;

C4、C5、C6:驱动电流控制位,C4、C5、C6 分别为 1 时,驱动电流分别为 3 mA、6 mA、12 mA;C4、C5、C6 全为 1 时,驱动电流最大,可达 21 mA。

例 5-17 已知 8 位显示符(共阴编码)已依次存入片内 RAM 51H~58H 中,试按图 5.51 编程,将其输入 SAA1064(1)、(2)动态显示,驱动电流为 12 mA。设 VIIC 软件包已装入 ROM,VSDA、VSCL、SLA、NUMB、MTD、MRD 均已按协议定义。

```
       VSAA: MOV  MTD,#00H        ;置 SAA1064 控制命令寄存器 COM 片内子地址
             MOV  31H,#01000111B  ;置控制命令字,动态显示,驱动电流 12 mA
             MOV  NUMB,#6         ;置发送数据数:SADR+ COM+ data1~4= 6
       SAA1: MOV  R0,#51H         ;将 51H~54H 显示符数据移至 32H~35H
             LCALL  MOVB          ;
```

```
            MOV    SLA,#01110000B        ;置 SAA1064(1) 写寻址字节 SLAW
            LCALL  WRNB                  ;发送给 SAA1064(1)
    SAA2:   MOV    R0,#55H               ;将 55H～58H 显示符数据移至 32H～35H
            LCALL  MOVB                  ;
            MOV    SLA,#01110110B        ;置 SAA1064(2) 寻址字节 SLAW
            LCALL  WRNB                  ;发送给 SAA1064(2)
            RET                          ;
    MOVB:   MOV    R1,#32H               ;显示符数据移至 32H～35H 子程序
    MOVB1:  MOV    A,@R0                 ;读出
            MOV    @R1,A                 ;存入
            INC    R0                    ;指向下一读出单元
            INC    R1                    ;指向下一存入单元
            CJNE   R1,#36H,MOVB1         ;判 4 个数据移完否？未完继续
            RET
```

本章小结

本章介绍了 MCS-51 单片机内部的重要接口电路，包括中断系统的结构、工作过程及编程方法；定时/计数器的结构、工作原理、工作方式以及应用设计；串行口通信的概念与电路结构、串行通信基本原理、工作寄存器及使用方法；键盘接口和数码显示接口等。并通过应用案例，深入学习相应的编程方法。

习题5

1. MCS-51 单片机有几个中断源？分成几个优先级？怎样用定时器扩充外部中断源？

2. 定时/计数器有哪几种工作方式？各有什么特点？

3. 设 MCS-51 单片机的 $f_{osc}=6$ MHz，问定时器处于不同工作方式时，最大定时范围分别是多少？

4. 已知 8051 单片机的晶体为 6 MHz，试利用定时器 T0 在 P1.0 上产生周期性的矩形波，其高电平时间为 40 μs，低电平时间为 360 μs。

5. 要求 8051 单片机定时器的定时值以内部 RAM 的 20H 单元的内容为条件而改变。当 (20H)=00H 时，定时值为 10 ms，当 (20H)=01H 时，定时值为 20 ms，请根据以上要求编写相应程序。

6. 若 MCS-51 单片机的 $f_{osc}=6$ MHz，请利用定时器 T0 定时中断的方法，使 P1.0 输出占空比为 75% 的矩形脉冲。

7. 定时/计数器 T0 已预置为 156，且选定在方式 2 下的计数方式，现在 T0 输入周期为 1 ms的脉冲，问：此时 T0 的实际用途是什么？在什么情况下，定时/计数器 T0 溢出？

8. MCS-51 单片机 P1 端口上,经驱动器接有 8 只发光二极管,若 $f_{osc}=6$ MHz,试编写程序,使这 8 只发光二极管每隔 2s 循环发光(要求 T1 定时)。

9. 试用定时器中断技术设计一个秒闪程序,其功能是使发光二极管 LED 每秒钟亮 400 ms,设系统主频为 6 MHz。

10. 如果异步通信每个字符由 11 位组成,串行口每秒传送 250 个字符,问波特率为多少?

11. MCS-51 单片机的串行口有哪几种工作方式? 说出每种工作方式的功能、特点及相应的波特率。

12. 用定时器 T1 做波特率发生器,并设置成工作方式 2,系统时钟频率为 12 MHz,求可能产生的最高和最低频波特率。

13. 以 MCS-51 单片机的串行口的方式 1 发送 1,2,3,4,5,…,FFH 等 255 个数据,用中断方式编写发送程序(波特率为 2400,$f_{osc}=12$ MHz)。

14. 由另一台 MCS-51 单片机接收上题发送的 255 个数据,存入数据存储器的 00H~FEH 单元,用查询方式和中断方式编写接收程序(波特率为 2400,$f_{osc}=12$ MHz)。

15. 简述单片机如何进行键盘的输入以及怎样实现键盘功能处理?

16. 键盘为什么要去抖动? 单片机系统中主要的去抖动方法有哪几种?

17. 矩阵式按键常用的键值编码如何计算?

18. 画出单片机对矩阵式按键扫描的行扫描法和线反转法流程图。

19. 编写 4×4 键盘的扫描程序。

20. 静态显示和动态显示的区别是什么?

第 6 章 单片机最小应用系统与外部扩展

主要内容及要点

（1）单片机片外总线结构；

（2）单片机最小应用系统；

（3）单片机外部扩展。

6.1 概述

存储器用来存储程序和数据，是计算机的重要组成部分。

51 单片机的程序存储器和数据存储器是分开的，各有自己的寻址系统、控制信号和功能。通常，程序存储器用来存放程序和表格常数；数据存储器用来存放程序运行时所需要给定的参数和运行结果。

51 单片机有 4 个存储器空间，它们是片内程序存储器、片外程序存储器、片内数据存储器（含特殊功能寄存器）、片外数据存储器。

当单片机的内部程序存储器、数据存储器的容量不能满足要求时，就通过外接存储器芯片对单片机存储系统进行扩展。

6.2 单片机片外总线结构

MCS-51 系列单片机片外引脚可以构成如图 6.1 所示的三总线结构。

地址总线（AB）：A15～A0。

数据总线（DB）：D7～D0。

控制总线（CB）：读写等信号。

所有外部芯片都通过这三组总线进行扩展。

P0、P2 提供 16 位地址总线，P2 口提供高 8 位地址总线，P0 口提供低 8 位地址总线。

P0 提供 8 位数据总线。

控制总线包括 $\overline{\text{WR}}$、$\overline{\text{RD}}$、ALE、$\overline{\text{PSEN}}$、$\overline{\text{EA}}$。

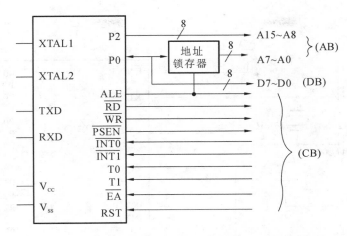

图 6.1 单片机对外三总线结构图

6.3 单片机最小应用系统

单片机有两种最小应用系统，一种是有片内 ROM 配置的，一种是没有片内 ROM 配置的，如图 6.2、图 6.3 所示。

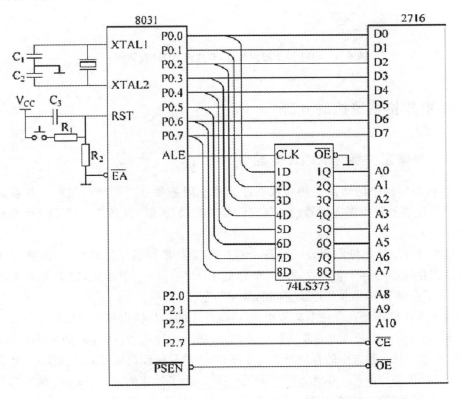

图 6.2 8031 最小应用系统（无片内 ROM 配置）

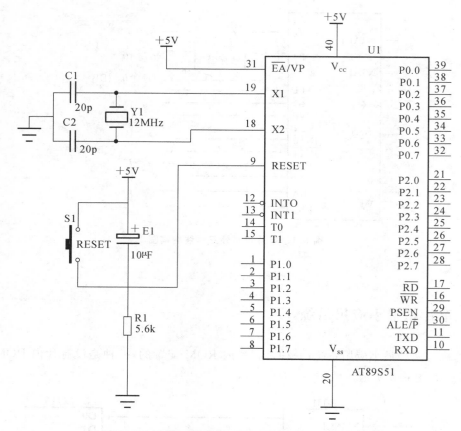

图 6.3 8051 最小应用系统(有片内 ROM 配置的)

6.4 51 单片机系统扩展方法

◆ 6.4.1 存储器扩展时的地址分配

51 单片机采用程序存储器空间和数据存储器空间截然分开的哈佛结构。其系统扩展是指包括程序存储器和数据存储器的外部存储器的扩展,扩展后,系统形成了两个并行的外部存储器空间。

如何把片外 64KB 地址空间分配给各个程序存储器和数据存储器的芯片,并且使程序存储器和数据存储器的各个芯片之间,一个存储单元只对应一个地址,以避免发生数据冲突,这就引发了存储器的片选及地址空间的分配问题。

51 单片机发出的地址首先选中某芯片,然后就选中的芯片锁定某个存储器单元。在外扩多片存储器芯片中,51 单片机要完成这种功能,必须进行两种选择:一是必须选中该存储器芯片,这称为"片选",只有被选中的存储器芯片才能被 51 单片机读出或者写入数据;二是在片选的基础上再选择该芯片的某一单元,称为"单元选择"。为了片选的需要,每个存储器芯片都有片选信号引脚,因此芯片的选择实质上就是通过 51 单片机的地址线产生芯片的片选信号。

一般来说,51 单片机系统的地址线分为低位地址线和高位地址线,片选都是使用高位地址线。实际上,在 51 单片机系统的 16 位地址线中,高、低位地址线的数目并没有一个明确的限定,习惯上把用于存储器单元选择的地址线,称为低位地址线,其余的地址线称为高位地址线。

存储器芯片(或 I/O 接口芯片)具有一定的地址空间。当要扩展的存储器芯片多于一片时,为避免数据的冲突,需利用片选信号分配各个芯片的地址。产生片选信号的方式不同,存储器芯片所分配的地址就不同。常用的片选方法有两种:线选法和译码法。

1. 线选法

线选法就是直接利用系统的高位地址线作为存储器芯片的片选控制信号,即只需要把用到的高位地址线与存储器芯片的片选端直接连接即可。

线选法的优点是电路简单,不需要另外增加地址译码器硬件电路,体积小,成本低。

线选法的缺点是可寻址的芯片数目受到限制。另外,地址空间不连续,每个存储单元的地址不唯一,不能充分有效地利用存储空间,这会给程序设计带来一些不便。线选法只适用于外扩芯片数目不多的单片机系统的存储器扩展。

例 6-1 假设某 51 单片机系统需要外扩 4 片 4KB 的存储器芯片,这些芯片与 MCS-51 单片机的地址线连接方式如图 6.4 所示,列出各存储器芯片的地址分配。

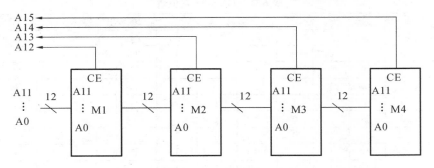

图 6.4 线选法实现片选

解 51 单片机扩展 4 片 4KB 的存储器芯片 M1、M2、M3、M4,由地址线 A11~A0 提供片内存储单元地址,共有 4K 个地址。用 51 单片机的 4 根高位地址线 A15、A14、A13、A12 实现片选,均为低电平有效。

为了不出现寻址错误,当 A15、A14、A13、A12 之中有一根地址线为低电平时,其余三根地址线必须为高电平,也就是说每次存储器只能选中一个芯片,可得到 4 个芯片的地址分配,如表 6.1 所示。

表 6.1 线选法实现片选的地址分配表

	二进制表示		十六进制表示
	A15 A14 A13 A12	A11 ⋯ A0	
芯片 M1	1 1 1 0	××××××××	E000H~EFFFH
芯片 M2	1 1 0 1	××××××××	D000H~DFFFH
芯片 M3	1 0 1 1	××××××××	B000H~BFFFH
芯片 M4	0 1 1 1	××××××××	7000H~FFFH

4 个 4KB 存储器芯片的内部寻址 A11~A0 都是 000H(共 12 位)到 FFFH(共 12 位),依靠不同的片选信号高位地址线 A15、A14、A13、A12(其中某一根为 0),来区分这 4 个芯片

的地址空间。

2. 译码法

译码法就是使用译码器对 51 单片机的高位地址进行译码,其译码输出作为存储器芯片(或 I/O 接口芯片)的片选信号。

这种方法能够有效地利用存储器空间,适用于多芯片的存储器扩展。译码法必须采用地址译码器来实现,常用的译码器芯片有 74LS138(3-8 译码器)、74LS139(双 2-4 译码器)和 74LS154(4-16 译码器)。

若全部高位地址线都参加译码,称为全译码;若仅部分高位地址线参加译码,称为部分译码。部分译码存在部分存储器地址空间相重叠的情况。

两种常用的译码器芯片介绍如下。

1) 74LS138(3-8 译码器)

74LS138 有 3 个数据输入端,经译码产生 8 种状态。其引脚图如图 6.5 所示,真值表如表 6.2 所示。由表 6.2 可见,当译码器输入某一固定编码时,其输出端仅有一个固定的引脚输出低电平,其余输出高电平。输出低电平的引脚就作为某一存储器芯片的片选控制信号端。

表 6.2　74LS138 真值表

输入端						输出端							
61	$\overline{62A}$	$\overline{62B}$	0	B	A	$\overline{Y7}$	$\overline{Y6}$	$\overline{Y5}$	$\overline{Y4}$	$\overline{Y3}$	$\overline{Y2}$	$\overline{Y1}$	$\overline{Y0}$
1	0	0	0	0	0	1	1	1	1	1	1	1	0
1	0	0	0	0	1	1	1	1	1	1	1	0	1
1	0	0	0	1	0	1	1	1	1	1	0	1	1
1	0	0	0	1	1	1	1	1	1	0	1	1	1
1	0	0	1	0	0	1	1	1	0	1	1	1	1
1	0	0	1	1	0	1	0	1	1	1	1	1	1
1	0	0	1	1	1	0	1	1	1	1	1	1	1
其他状态			1	1	1	1	1	1	1	1	1	1	1

注:1 表示高电平,0 表示高电平。

2) 74LS139(2-4 译码器)

74LS139 译码器是一种双 2-4 译码器。这两个译码器完全独立,分别有各自的数据输入端、译码状态输出端以及数据输入允许端,其引脚图如图 6.6 所示,真值表如表 6.3 所示(只给出其中一组)。

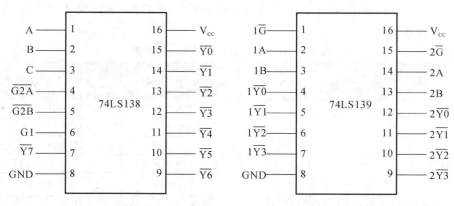

图 6.5　74LS138 引脚图　　　　图 6.6　74LS139 引脚图

表 6.3   74LS139 真值表

输 入 端			输 出 端			
允许	选择					
$\overline{G}$	B	A	$\overline{Y3}$	$\overline{Y2}$	$\overline{Y1}$	$\overline{Y0}$
0	0	0	1	1	1	0
0	0	1	1	1	0	1
0	1	0	1	0	1	1
0	1	1	0	1	1	1
1	×	×	1	1	1	1

下面以 74LS138 为例,介绍如何进行地址分配。

例 6-2   若例 6-1 系统用译码法实现,存储器芯片与 51 单片机的地址线连接如图 6.7 所示,列出各存储器芯片的地址分配。

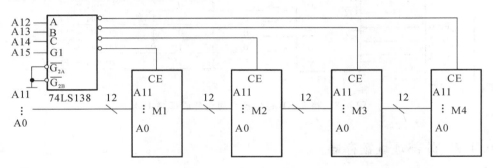

图 6.7   译码法实现片选

解   51 单片机扩展 4 片 4KB 的存储器芯片 M1、M2、M3、M4。地址线 A11~A0 用于片内寻址,高位地址线 A14、A13、A12 接到 74LS138 的选择输入端 C、B、A,A15 接到 74LS138 的控制端 G1,74LS138 的 Y0、Y1、Y2 和 Y3 分别作为 4 个芯片的片选信号。

根据译码器的逻辑关系和存储器的片内寻址范围,可以得到 4 个芯片地址空间,如表 6.4 所示。

表 6.4   译码法实现片选的地址分配表

	二进制表示		十六进制表示
	A15 A14 A13 A12	A11 ··· A0	
芯片 M1	1 0 1 1	××××××××××××	B000H~BFFFH
芯片 M2	1 0 1 0	××××××××××××	A000H~AFFFH
芯片 M3	1 0 0 1	××××××××××××	9000H~9FFFH
芯片 M4	1 0 0 0	××××××××××××	8000H~8FFFH

这里采用的是全地址译码方式。因此,51 单片机发出 16 位地址码时,每次只能选中某一芯片以及该芯片的一个存储单元。

如何用 74LS138 把 64KB 空间全部划分为 4KB 的块呢?

由于 4KB 空间需要 12 条地址线进行单元选择,而译码器的输入由 3 条地址线(片 P2.6 ～P2.4)完成,P2.7 没有参加译码。P2.7 发出 0 或 1 决定了选择 64KB 存储器空间的前 32KB 还是后 32KB。由于 P2.7 没有参加译码,就不是全译码方式,这样前后两个 32KB 空间就重叠了。

利用 74LS138 译码器可将 32KB 空间划分为 8 个 4KB 空间。如果把 P2.7 通过一个非门与 74LS138 的 G1 端连接起来,就不会发生两个 32KB 空间重叠的问题了,如图 6.8 所示,选中的是 64KB 空间的前 32KB 空间,地址范围为 0000H～7FFFH。如果去掉非门,地址范围变成 8000H～FFFFH。译码器输出到各个 4KB 存储器的片选端,这样就把 32KB 的空间划分为 8 个 4KB 空间。P2.3～P2.0、P0.7～P0.0 实现对存储单元的选择,P2.6～P2.4 通过 74LS138 的译码实现对各存储器芯片的选择。

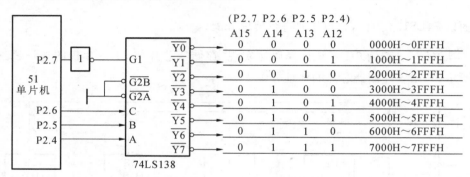

图 6.8　将 32KB 存储器空间划分成每块 4KB

6.4.2　外部地址锁存器

51 单片机受引脚数目的限制,P0 口兼用低 8 位地址线和数据线,为了将它们分离出来,保存地址信息,需要在单片机外部增加地址锁存器,锁存低 8 位地址信息。一般用 ALE 正脉冲信号的下降沿来控制锁存时刻。

目前,常用两类芯片作为单片机的地址锁存芯片,一类是 74LS273、74LS377 等触发器芯片;另一类是 74LS373、74LS573 等锁存器芯片。

1) 锁存器 74LS273

74LS273 是一种带清除功能的 8D 触发器,其引脚图如图 6.9 所示,其内部结构如图 6.10 所示。

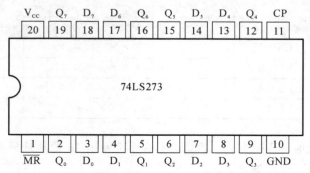

图 6.9　74LS273 引脚图

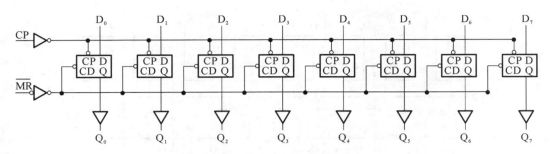

图 6.10　74LS273 的内部结构

其引脚说明如下：

D0~D7 为 8 位数据输入端，Q0~Q7 为数据输出端，正脉冲触发，低电平清除，常用作 8 位地址锁存器。$\overline{MR}$ 是复位 CLR，低电平有效，低电平时，输出脚 Q0~Q7 全部输出 0，即全部复位。CP 是锁存控制端，上升沿触发锁存，当 CP 引脚有一个上升沿时，立即锁存输入脚 D0~D7 的电平状态，并且立即呈现在输出脚 Q0~Q7 上。

74LS273、74LS377 等触发器芯片内部由 8 个边沿触发器组成。在时钟信号正跳沿到来之前，D 端输入的变化不影响输出的变化；只有在时钟信号正跳沿到来时，D 端输入状态才被锁存到输出端。

由于 51 单片机中地址锁存信号 ALE 是高电平有效，在它的后沿（下降沿）完成锁存，因此，采用 74LS273、74LS377 等触发器芯片时，应先将 ALE 反向后，再加到它们的时钟端。

用 74LS273 芯片作地址锁存器时，应将其清除端接高电平，而 74LS377 芯片的同一引脚是使能端，用作地址锁存器时，此引脚应接地。

74LS273 锁存器的功能如表 6.5 所示。

表 6.5　74LS273 功能表

MR	CP	D_x	Q_x
0	X	X	0
1	↑	1	1
1	↑	0	0

注：1 表示高电平；0 表示低电平；X 表示任意。

2）锁存器 74LS373

74LS373、74LS573 等是真正的锁存器，它们的内部结构和用法相同，只是引脚排列不同。这里以 74LS373 芯片为例来说明其用法。

74LS373 是一种带有三态门的 8D 锁存器，其引脚如图 6.11 所示，其内部结构如图 6.12 所示。51 单片机与 74LS373 锁存器的连接如图 6.13 所示。

其引脚说明如下：

D0~D7 是 8 位数据输入线。Q0~Q7 是 8 位数据输出线。

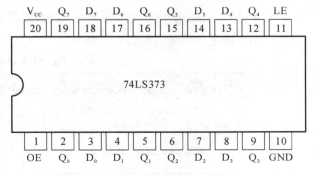

图 6.11　74LS373 引脚图

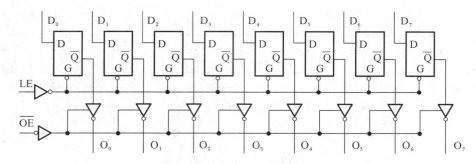

图 6.12　74LS373 的内部结构

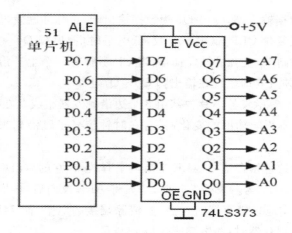

图 6.13　51 单片机 P0 口与 74LS373 的连接

LE 是数据输入锁存选通信号。当加到该引脚的信号为高电平时,外部数据选通到内部锁存器,负跳变时,数据锁存到锁存器中。

$\overline{OE}$是数据输出允许信号,低电平有效。当该信号为低电平时,三态门打开,锁存器中数据输出到数据输出线。当该信号为高电平时,输出线为高阻态。

当 LE 数据输入锁存选通信号,高电平有效时,输出直接跟随输入的改变而变化。当其由高变低时,才将输入状态锁存,直到下一个 LE 锁存选通信号变高为止。

选用 74LS373 芯片作为 51 单片机的地址锁存器时,可直接将 51 单片机的 ALE 地址锁存信号接到该锁存器芯片的 LE 输入锁存选通端;74LS373 芯片还带有三态输出,但当其用作地址锁存时,无须三态功能,故其输出控制端$\overline{OE}$可直接接地。

74LS373 锁存器的功能如表 6.6 所示。

表 6.6　74LS373 功能表

OE	LE	D_X	Q_X
0	1	1	1
0	1	0	0
0	0	X	不变
1	X	X	高阻态

注:1 表示高电平;0 表示低电平;X 表示任意。

6.5 程序存储器的扩展

程序存储器一般采用只读存储器,因为这种存储器在电源关断后,仍能保存程序(此特性称为非易失性),在系统上电后,CPU 可读取这些指令重新执行。只读存储器简称 ROM (read only memory),ROM 中的信息一旦写入,就不能随意改变,特别是不能在程序运行过程中写入新的内容,故称为只读存储器。

向 ROM 中写入信息称为 ROM 编程。根据编程方式的不同,有以下几种 ROM 芯片。

(1)掩膜 ROM:掩膜 ROM 是在制造过程中编程,编程是以掩膜工艺实现的。这种芯片的优点是电路结构简单,集成度高,在断电情况下数据不会丢失;缺点是存储的数据不能被修改。

(2)可编程 ROM(PROM):PROM 芯片出厂时并没有任何程序信息,由用户用独立的编程器写入。但 PROM 只能写入一次,写入内容后,就不能再修改。

(3)可擦除可编程 ROM(EPROM):EPROM 是用电信号编程,用紫外线擦除的只读存储器芯片。在芯片外壳的中间位置有一个圆形窗口,通过该窗口照射紫外线就可擦除原有的信息。使用编程器可将调试完毕的程序写入。

(4)电可擦除可编程 ROM(EEPROM):EEPROM 是一种用电信号编程,也用电信号擦除的 ROM 芯片。对 EEPROM 的读写操作与 RAM 存储器几乎没什么差别,只是写入的速度慢一些,但断电后仍能保存信息。其优点是不易挥发,可字节擦除,编程速度快(一般小于 10 ms)。

(5)Flash ROM:Flash ROM 简称闪存,是在 EPROM、EEPROM 的基础上发展起来的一种电可擦除型只读存储器。其特点是可快速在线修改其存储单元中的数据,改写次数可达 1 万次。其读写速度很快,存取时间仅需 70 ns,而成本却比普通 EEPROM 低得多,所以目前有取代 EEPROM 的趋势。

对于没有内部 ROM 的单片机或者当程序较长,片内 ROM 容量不够时,用户必须在单片机外部扩展程序存储器。

6.5.1 常用的 EPROM 芯片

EPROM(可擦除可编程 ROM)芯片可重复擦除和写入,解决了 PROM 芯片只能写入一次的弊端。EPROM 芯片有一个很明显的特征,在其正面的陶瓷封装上,开有一个玻璃窗口,透过该窗口,可以看到其内部的集成电路,紫外线透过该窗口照射内部芯片就可以擦除其中的数据。完成芯片擦除的操作要用到 EPROM 擦除器,EPROM 内资料的写入要用到专用的编程器。

1. 常用的 EPROM 扩展芯片

EPROM 的典型芯片是 27 系列产品,包括 2716(2KB×8)、2732(4KB×8)、2764(8KB×8)、27128(16KB×8)、27256(32KB×8)、27512(64KB×8)。型号名称"27"后面的数字表示其位存储容量,如果换算成字节容量,只需将该数字除以 8 即可。例如,"27128"中的"27"后面的数字为"128",128/8=16KB。除了 2716 和 2732 为 24 脚外,其余均为 28 脚。

随着大规模集成电路技术的发展,大容量存储器芯片的产量剧增,售价不断下降,其性价比明显增高。而且由于有些厂家已停止生产小容量的芯片,市场上某些小容量芯片的价格反而比大容量芯片还贵,所以,在扩展程序存储器时,应尽量采用大容量芯片。

27 系列 EPROM 芯片 2716 和 2764 的引脚如图 6.14 所示,主要性能如表 6.7 所示。

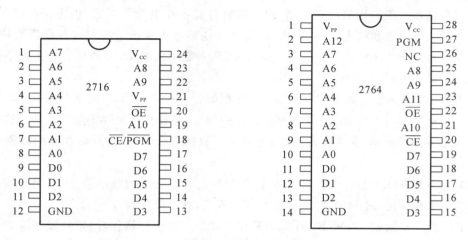

图 6.14 常用 EPROM 芯片的引脚

表 6.7 常用 EPROM 芯片的主要性能

性能 \ 型号	2716	2732	2764	27128	27256	27512
存储容量(字节)	2KB	4KB	8KB	16KB	32KB	64KB
地址线	11	12	13	14	15	16
读出时间	350ns	250ns	250ns	250ns	250ns	250ns
封装	DIP24	DIP24	DIP28	DIP28	DIP28	DIP28

EPROM 除 2716、2732 外均为 28 线双列直插式封装,各引脚功能如下。

A0~A15:地址输入线。其数目由芯片的存储容量决定,用于进行单元选择。

D0~D7:双向三态数据总线,读或编程校验时为数据输出线,编程时为数据输入线,其余时间呈高阻状态。

$\overline{CE}$:片选线,低电平有效。

$\overline{OE}$:读出选通线,低电平有效。

$\overline{PGM}$:编程脉冲输入线。

Vpp:编程电源线,其值因芯片生产厂商不同而有所不同。

Vcc:电源线,接+5V 电源。

NC:空。

GND:接地。

2. EPROM 芯片的工作方式

EPROM 一般有 5 种工作方式,由 $\overline{CE}$、$\overline{OE}$、$\overline{PGM}$ 各信号的组合状态确定。5 种工作方式如表 6.8 所示。

表 6.8　EPROM 的 5 种工作方式

方式 ＼ 引脚	$\overline{CE}$/PGM	$\overline{OE}$	Vpp	D0～D7
读出	低	低	＋5V	程序读出
未选中	高	X	＋5V	高阻
编程	正脉冲	高	＋25V(或＋12V)	程序写入
程序校验	低	低	＋25V(或＋12V)	程序读出
编程禁止	低	高	＋25V(或＋12V)	高阻

（1）读出方式。一般情况下,EPROM 工作在读出方式。该方式的条件是使片选控制线 $\overline{CE}$ 为低电平,同时让输出允许控制线 $\overline{OE}$ 为低电平,Vpp 为＋5V,就可将 EPROM 中的指定地址单元内容从数据引脚 D7～D0 上读出。

（2）未选中方式。当片选控制线 $\overline{CE}$ 为高电平时,芯片进入未选中方式,这时数据输出为高阻抗悬浮状态,不用占用数据总线。EPROM 处于低功耗的维持状态。

（3）编程方式。在 Vpp 端加上规定好的电压,$\overline{CE}$ 和 $\overline{OE}$ 端加上合适的电平(不同芯片要求不同),就能将数据线上的数据写入到指定的地址单元。此时,编程地址和编程数据分别由系统的 A15～A0 和 D7～D0 提供。

（4）编程校验防守。在 Vpp 端保持相应的编程电压(高压),再按读出方式操作,读出编程固化好的内容,以校验写入的内容是否正确。

（5）编程禁止方式。编程禁止方式输出呈高阻状态,不写入程序。

6.5.2　程序存储器的操作时序

1. 程序存储器的访问控制

51 单片机访问片外程序存储器时,所用的控制信号有以下 3 种：

ALE：用于低 8 位地址锁存控制。

$\overline{PSEN}$：片外程序存储器"读选通"控制信号,它接外扩 EPROM 的 $\overline{OE}$ 引脚。

$\overline{EA}$：片内片外程序存储器访问的控制信号。当 EA＝1 且单片机发出的地址小于片内存储器最大地址时,访问片内程序存储器；当 EA＝0 时,只访问片外程序存储器。

如果指令是从片外 EPROM 中读取的,除了 ALE 用于低 8 位地址锁存信号之外,控制信号还有 $\overline{PSEN}$,$\overline{PSEN}$ 接外扩 EPROM 的 $\overline{OE}$ 引脚。此外,还要用到 P0 口和 P2 口,P0 口分时用作低 8 位地址总线和数据总线,P2 口用作高 8 位地址线。

2. 操作时序

51 单片机对片外 ROM 的操作分两种,即执行非 MOVX 指令的时序和执行 MOVX 指令的时序,如图 6.15 所示。

1）51 单片机应用系统中无片外 RAM

51 单片机系统中无片外 RAM(I/O)时,不用执行 MOVX 指令。在执行非 MOVX 指令时,操作时序如图 6.15(a)所示。

　　P0 口作为地址/数据复用的双向总线,用于输入指令或输出程序存储器的低 8 位地址 PCL。P2 口专门用于输出程序存储器的高 8 位地址 PCH。P2 口具有输出锁存功能。

　　由于 P0 口是分时复用,故首先要用 ALE 将 P0 口输出的低 8 位地址 PCL 锁存在锁存器中,然后 P0 口再作为数据口。在每个机器周期中,允许地址锁存两次有效,ALE 在下降沿时,将 P0 口上的低 8 位地址 PCL 锁存在锁存器中。同时,$\overline{PSEN}$ 也是每个机器周期两次有效,用于选通片外程序存储器,将指令读入片内。

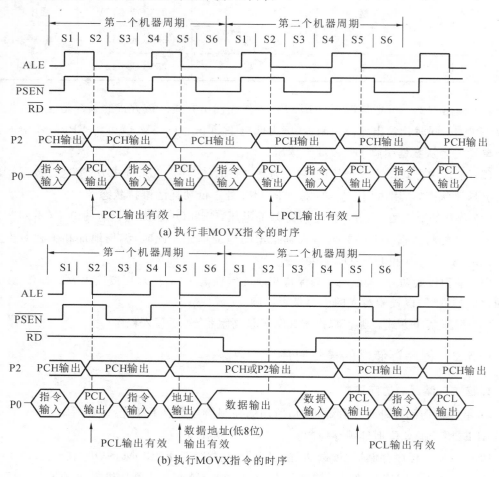

图 6.15　51 单片机执行非 MOVX 指令和执行 MOVX 指令的时序图

　　51 单片机系统无片外 RAM(I/O)时,ALE 有效信号以振荡器频率的 1/6 出现在引脚上,它可以用作外部时钟或定时脉冲信号。

　　2) 51 单片机应用系统中有片外 RAM

　　在执行访问片外 RAM(I/O)的 MOVX 指令时,程序存储器的操作时序有所变化。其主要原因在于执行 MOVX 指令时,16 位地址应转而指向数据存储器,操作时序如图 6.15(b)所示。

　　在指令输入前,P2 口输出的地址 PCH、PCL 指向程序存储器;在指令输入并被判定是 MOVX 指令后,ALE 在该机器周期 S5 状态锁存的是 P0 口发出的片外 RAM(I/O)低 8 位地址。

若执行的是"MOVX A,@DPTR"或"MOVX @DPTR,A"指令,则此地址就是 DPL(数据指针低 8 位);同时,在 P2 口上出现的是 DPH(数据指针的高 8 位)。

若执行的是"MOVX A,@Ri"或"MOVX @Ri,A"指令,则 Ri 的内容为低 8 位地址,而 P2 口线上将是 P2 口锁存器的内容。在同一机器周期中将不再出现 $\overline{PSEN}$ 有效取指信号,下一个机器周期 ALE 的有效锁存信号也不再出现;而当 RD/WR 有效时,P0 口将读/写数据存储器中的数据。

由图 6.15(b)可知:

(1) 将 ALE 用作定时脉冲输出时,执行一次 MOVX 指令就会丢失一个 ALE 脉冲;

(2) 只有执行 MOVX 指令时在第二个机器周期中,才对数据存储器(或 I/O)进行读/写,地址总线才由数据存储器使用。

6.5.3 51 单片机外扩程序存储器的接口电路设计

程序存储器的扩展问题实际上就是研究程序存储器与单片机的连线问题,程序存储器与单片机的连线主要是三总线,具体如下。

数据线:存储器的数据线 D0~D7 有 8 位,由单片机 P0 口的 P0.0~P0.7 提供。

地址线:地址线的根数决定了程序存储器的容量。程序存储器的 A7~A0 低 8 位地址线由 P0 口提供,程序存储器的 A15~A8 的高 8 位地址线由 P2 口提供,具体使用多少条地址线视扩展容量而定。

控制线:常用的有三根控制线。

程序存储器的读允许信号 $\overline{OE}$ 与单片机的读选通信号 $\overline{PSEN}$ 相连;程序存储器片选线 $\overline{CE}$ 的接法决定了程序存储器的地址范围,当只采用一片程序存储器芯片时,可以直接接地,当采用多片程序存储器芯片时,可使用可采用线选法或译码法来选中。

下面通过实例来介绍程序存储器的扩展。

1. 用线选法扩展一片程序存储器

线选法是指用一根线连接片选 $\overline{CE}$ 信号。此方法连接简单、成本低、容易掌握,缺点是存储器的地址不唯一。

例 6-3 在 51 单片机上用 27128A EPROM 芯片扩展程序存储器。

思路分析:

(1) 确定需要几根地址线。27128A EPROM 芯片是 16 KB×8 存储器,其中 16K=16×1024=$2^4×2^{10}=2^{14}$,因此,需要 14 根地址线,即 A0~A13。

(2) 确定三总线。

数据线:27128A 的数据线 D7~D0 直接接 51 单片机的 P0.7~P0.0。

地址线:27128A 的地址线低 8 位 A0~A7 通过锁存器 74LS373 与 P0 口连接,高 6 位 A8~A13 直接与 P2 口的 P2.0~P2.5 连接,P2 口本身有锁存功能。

控制线:CPU 对 27128A 的读操作控制都是通过控制线实现的。27128A 的控制线有:

① $\overline{CE}$ 片选线:直接接地。由于系统中只扩展了一片程序存储器芯片,因此,27128A 的片选端直接接地,表示 27128A 一直被选中,若同时扩展多片,需通过译码器来完成片选

工作。

② $\overline{OE}$读选通线:接51单片机的读选通信号$\overline{PSEN}$端。在访问片外程序存储器时,只要$\overline{PSEN}$端出现负脉冲,即可从27128A中读程序。

根据上述分析可画出51单片机扩展一片27128A的电路图,如图6.16所示。

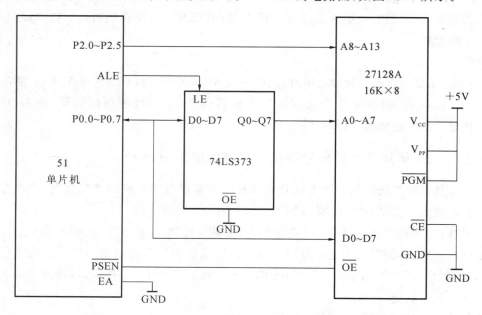

图 6.16 51 单片机外扩一片 27128A EPRONM 的电路图

(3) 27128A 程序存储器的地址范围的确定:

P2.7	P2.6	P2.5	P2.4	P2.3	P2.2	P2.1	P2.0	P0.7	P0.6	P0.5	P0.4	P0.3	P0.2	P0.1	P0.0
A15	A14	A13	A12	A11	A10	A9	A8	A7	A6	A5	A4	A3	A2	A1	A0
X	X	0	0	0	0	0	0	0	0	0	0	0	0	0	0

...   ...

| X | X | 1 | 1 | 1 | 1 | 1 | 1 | 1 | 1 | 1 | 1 | 1 | 1 | 1 | 1 |

其中,"X"表示与27128A管脚无关,数值可取0或1(地址范围不唯一),通常取0。因此,27128A程序存储器的地址范围为0000H～3FFFH("X"取0),共计16KB存储容量。

图6.16中,51单片机与地址无关的电路部分均未画出。由于扩展了一片EPROM,所以片选端$\overline{CE}$直接接地或接到某一高位地址线上(A15或A14)进行先选,当然也可接到某一地址译码器的输出端。

2. 用译码法扩展多片程序存储器

译码法又称全地址译码法,即所有的地址线都参与译码。下面用译码器74LS139进行多片程序存储器的扩展。

与单片EPROM扩展电路相比,多片EPROM的扩展除片选线$\overline{CE}$外,其他均与单片扩展电路相同。

如图6.17所示为利用4片27128 EPROM扩展成64KB程序存储器的方法。片选控制信号由译码器产生,请读者自己分析4片27128各自所占的地址空间。

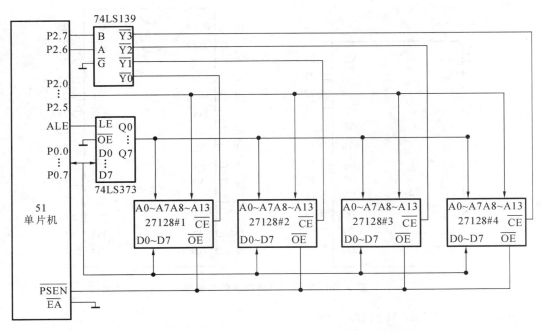

图 6.17　51 单片机扩展 4 片 27128 EPROM 的电路图

6.6　数据存储器的扩展

51 单片机内部只有 128B RAM,实际应用中若 RAM 容量不足,就必须在其外部进行数据存储器 RAM 的扩展。

51 单片机片外数据存储器 RAM 可扩展的最大容量为 64KB。RAM 分为动态存储器(DRAM)和静态存储器(SRAM),DRAM 需要定时刷新,一般用在微机中,单片机中不适用。在单片机应用系统中,外扩的数据存储器都采用静态数据存储器(SRAM),所以这里只讨论静态数据存储器与 51 单片机的接口电路。

51 单片机扩展的数据存储器空间地址由 P2 口提供高 8 位地址,P0 口分时提供低 8 位地址和 8 位双向数据总线。片外数据存储器 RAM 的读和写由 51 单片机的$\overline{RD}$(P3.7) 和$\overline{WR}$(P3.6) 信号控制,而片外程序存储器 EPROM 的使能输出端$\overline{OE}$由 51 单片机的读选通信号$\overline{PSEN}$控制。尽管与 EPROM 的地址空间范围相同,但由于控制信号不同,故不会发生总线冲突。

◆ 6.6.1　常用的数据存储器芯片

在单片机应用系统中,外扩的数据存储器都采用静态数据存储器(SRAM)。SRAM 具有存取速度快、使用方便和价格低等优点。但它的缺点是一旦掉电,内部所有数据信息都会丢失。

在单片机系统中,常用的 SRAM 芯片有 6116(2KB×8)、6264(8KB×8)、62128(16KB×8)、62256(32KB×8) 等。这些芯片都用＋5V 电源供电,采用双列直插封装,其中 6116 为 24 引脚封装,6264、62128、62256 为 28 引脚封装。6116 和 62256 芯片的引脚如图 6.18所示。

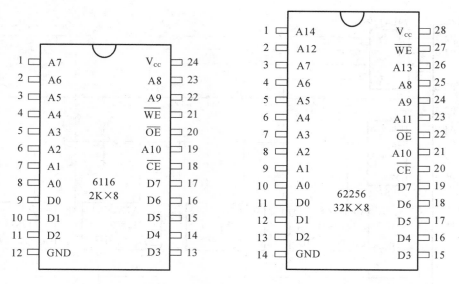

图 6.18　常用 SRAM 芯片的引脚图

图 6.18 中的各 SRAM 引脚功能如下。

A0～A15:地址输入线。

D0～D7:双向三态数据总线。

$\overline{CE}$:片选线,低电平有效。6264 的 26 脚(CS)必须接高电平,并且$\overline{CE}$为低电平时才选中该芯片。

$\overline{OE}$:读选通线,低电平有效。

$\overline{WE}$:写选通线,低电平有效。

V_{CC}:电源线,接＋5V 电源。

NC:空。

GND:接地。

RAM 存储器有读出、写入、维持 3 种工作方式,这些工作方式的控制如表 6.9 所示。

表 6.9　RAM 存储器 3 种工作方式的控制

信号 工作方式	$\overline{CE}$	$\overline{OE}$	$\overline{WE}$	D0～D7
读出	0	0	1	数据输出
写入	0	1	0	数据输入
维持	1	X	X	高阻态

注:对于静态 CMOS 的静态 RAM 电路,$\overline{CE}$为高电平,电路处于降耗状态。此时,V_{CC}电压可降至 3V 左右,内部所存储的数据也不会丢失。

6.6.2　外扩数据存储器的操作时序

51 单片机对片外 RAM 的访问有读和写两种操作时序,它们的基本过程是相同的。

1.读片外 RAM 的操作时序

51 单片机若外扩一片 RAM,应将其$\overline{WR}$引脚与 RAM 芯片的$\overline{WE}$引脚连接,$\overline{RD}$引脚与芯片$\overline{OE}$引脚连接。ALE 信号的作用是锁存低 8 位地址。

51 单片机读片外 RAM 的操作时序如图 6.19 所示。

在第一个机器周期的 S1 状态,ALE 信号由低变高,读 RAM 周期开始。在 S2 状态,CPU 把低 8 位地址送到 P0 口线上,把高 8 位地址送上 P2 口(只有执行"MOVX A,@DPTR"指令阶段才送高 8 位;若执行"MOVX A,@Ri"则不送高 8 位)。

ALE 的下降沿用来把低 8 位地址信息锁存到外部锁存器 74LS373 内。而高 8 位地址信息一直锁存在 P2 口锁存器中。

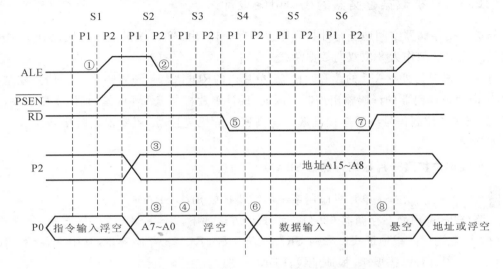

图 6.19 51 单片机读片外 RAM 操作时序图

在 S3 状态,P0 口总线变成高阻悬浮状态。在 S4 状态,$\overline{RD}$ 信号变为有效(在执行指令"MOVX A,@DPTR"后使 $\overline{RD}$ 信号有效),$\overline{RD}$ 信号使被寻址的片外 RAM 过片刻后把数据送上 P0 口总线,当 $\overline{RD}$ 回到高电平后,P0 总线变为悬浮状态。至此,读片外 RAM 周期结束。

2. 写片外 RAM 的操作时序

向片外 RAM 写数据是 51 单片机执行"MOVX @DPTR,A"指令后产生的动作。这条指令执行后,51 单片机的 $\overline{WR}$ 信号为低电平有效,此信号使 RAM 的 $\overline{WE}$ 端被选通。

51 单片机写片外 RAM 的操作时序如图 6.20 所示。

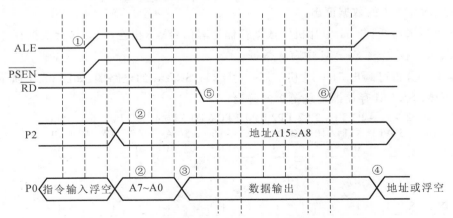

图 6.20 51 单片机写片外 RAM 操作时序图

开始的过程和读过程类似,但写的过程是 CPU 主动把数据送上 P0 口总线,故在时序上,CPU 先向 P0 总线上送完 8 位地址后,在 S3 状态就将数据送到 P0 口总线。此间,P0 总线上不会出现高阻悬浮现象。

在 S4 状态,写控制信号 $\overline{WR}$ 有效,选通片选 RAM,稍过片刻,P0 口上的数据就写到 RAM 内了,然后写控制信号 $\overline{WR}$ 变为无效。

6.6.3 外扩数据存储器的接口电路设计

外扩数据存储器空间地址与外扩程序存储器一样,由 P2 口提供高 8 位地址,P0 口分时提供低 8 位地址和作为 8 位双向数据总线。

51 单片机对片外 RAM 的读和写由 51 单片机的 $\overline{RD}$(P3.7)和 $\overline{WR}$(P3.6)信号控制,片选端 $\overline{CE}$ 由地址译码器的译码输出控制。因此,设计单片机与 RAM 的接口时,主要解决地址分配,数据线和控制信号线的连接问题。与高速单片机连接时,还要根据时序解决读/写速度匹配问题。

1. 用线选法扩展一片数据存储器 SRAM

例 6-4 在 51 单片机应用系统中需要扩展 8KB SRAM。

思路分析:选用静态存储器 6264 芯片,具体方法如下。

(1) 确定需要几根地址线。6264 SRAM 芯片是 8KB×8 存储容量,其中 $8K=8\times1024=2^3\times2^{10}=2^{13}$,因此,需要 13 根地址线,即 A0~A12。

(2) 确定三总线。

数据线:6264 SRAM 的数据线 D7~D0 直接与 51 单片机的 P0.7~P0.0 相接。

地址线:6264 SRAM 的地址线低 8 位 A7~A0 通过锁存器 74LS373 与 P0 口连接,高 7 位 A8~A12 直接与 P2 口的 P2.0~P2.4 连接,P2 口本身有锁存功能。

控制线:

① $\overline{CE}$ 片选线:直接接地。由于系统中只扩展了一片数据存储器芯片,因此,6264 SRAM 的片选端直接接地,表示 6264 SRAM 一直被选中。

② $\overline{OE}$ 读选通线:直接与 51 单片机的 $\overline{RD}$ 端相连,只要执行数据存储器读操作指令,就可以把 6264 SRAM 中的数据读出。

③ $\overline{WE}$ 写选通线:与 51 单片机的数据存储器写信号 $\overline{WR}$ 相连,只要执行数据存储器写操作指令,就可以往 6264 SRAM 中写入数据。

根据上述分析可画出 51 单片机扩展一片 6264 SRAM 的电路图,如图 6.21 所示。

(3) 6264 SRAM 存储器地址范围的确定。

P2.7	P2.6	P2.5	P2.4	P2.3	P2.2	P2.1	P2.0	P0.7	P0.6	P0.5	P0.4	P0.3	P0.2	P0.1	P0.0
A15	A14	A13	A12	A11	A10	A9	A8	A7	A6	A5	A4	A3	A2	A1	A0
X	X	X	0	0	0	0	0	0	0	0	0	0	0	0	0
…			…												
X	X	X	1	1	1	1	1	1	1	1	1	1	1	1	1

其中,"X"表示与 6264 管脚无关,数值可取 0 或 1(地址范围不唯一),通常取 0。因此,6264 SRAM 数据存储器的地址范围为 0000H~3FFFH("X"取 0),共计 8KB 存储容量。

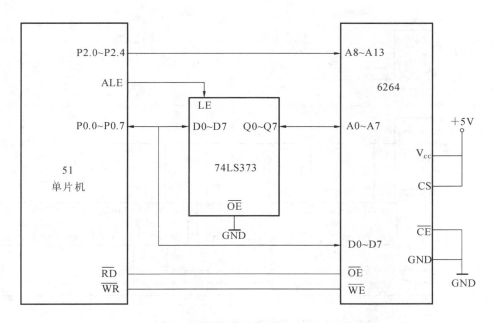

图 6.21　51 单片机扩展一片 6264 SRAM 的电路图

51 单片机读/写外部数据 SRAM 的操作使用 MOVX 指令,用 Ri(i＝0,1) 间接寻址或用 DPTR 间接寻址,指令如下:

```
MOVX    @ DPTR,A          ;64 KB 内写入数据
MOVX    A,@ DPTR          ;64 KB 内读取数据
```

对低 256 B 的读写指令:

```
MOVX    @ Ri,A            ;低 256 B 内写入数据
MOVX    A,@ Ri            ;低 256 B 内读取数据
```

例 6-5　把外部数据存储器 1000H 单元中的数据传送到外部数据存储器 1200H 单元中。

参考程序:

```
        ORG    0000H
        LJMP   MAIN
        ORG    0300H
MAIN:MOV  DPTR,# 1000H
        MOVX   A,@ DPTR         ;先将 1000H 单元的内容传送到累加器 A 中
        MOV  DPTR,# 1200H
        MOVX   @ DPTR,A         ;再将 A 中的内容传送到 1200H 单元中
        END
```

2. 用译码法扩展多片数据存储器

用译码法扩展外部数据存储器的接口电路如图 6.22 所示。

数据存储器选用 62128,该芯片地址线为 A0～A13,这样,51 单片机剩余地址线为两条,若采用 2-4 译码器可扩展 4 片 62128。62128 芯片的地址空间分配如表 6.10 所示,具体情况请读者自己分析。

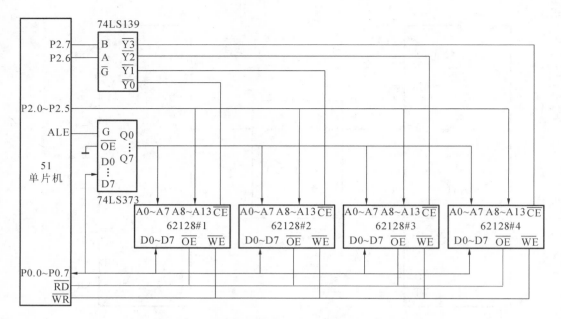

图 6.22　译码法扩展 4 片数据存储器 62128

表 6.10　　4 片 62128 芯片的地址空间分配

2-4 译码器输入 P2.7　P2.6		2-4 译码器 有效输出	选中芯片	地 址 范 围	存 储 容 量
0	0	Y0	♯1	0000H～3FFFH	16KB
0	1	Y1	♯2	4000H～7FFFH	16KB
1	0	Y2	♯3	8000H～BFFFH	16KB
1	1	Y3	♯4	C000H～FFFFH	16KB

6.7　闪速存储器 FlashROM 的扩展

　　Flash 存储器也称闪速存储器,是一种新型电擦除式只读存储器,它是在 EPROM 工艺的基础上增添了整体电擦除和可再编程改写的功能。正因为其有一般只读存储器所没有的可再编程改写的良好性能,现在已经被当作一种单独的存储器品种对待。

　　闪速存储器是在 EPROM 和 EEPROM 的技术基础上发展起来的一种可擦除、非易失性存储元件,最大特点是存取速度快且容量相当大。其内部数据在不加电的情况下能保持 10 年以上,信息擦除和重写速度一般是几十微秒。而擦除 EPROM 的内容需离线用专用的紫外线灯照射数分钟;EPROM 和 EEPROM 的写入速度均为毫秒级。

　　自 1984 年第一块闪速存储器问世以来,闪速存储器就以其兼具 EPROM 的可编程能力和 EEPROM 的电可擦除性能,以及在线电可改写特性而得到了广泛的应用和发展。随着制造工艺和材料的改进,闪速存储器跟 EPROM、EEPROM、SRAM 及 DRAM 等存储器相比,其优势越来越明显,取代 EPROM 和 EEPROM 甚至 RAM 芯片将成为技术发展的必然。

　　现在,生产 Flash 存储器的公司有很多,常见的有 Intel、Winbond、Sumsung 等公司。也有许多公司生产以 8051 为内核的单片机,在芯片内部大多集成了数量不等的 FlashROM。例如美国 Atmel 公司生产的与 51 系列单片机兼容的产品 AT89C2051、AT89C51、89C52 和 89C55,片内分别有 2KB、4KB、8KB 和 20KB 的 FlashROM,作为 EPROM 使用。这种类型的单片机芯片还会不断增多,Flash 存储器现在在计算机、通信、工业自动化及各种家用器件设备中都得到了广泛的应用。

Flash 存储器的片内有厂商和产品型号编码,其擦除和编程都是通过对内部寄存器写命令字进行读取和识别的,以确定编程算法。不同厂商的命令字不同,内部命令寄存器的地址也不同,编程时可查阅厂家提供的相关资料。

6.7.1 Flash 存储器的分类

Flash 存储器即可作数据存储器用,又可作程序存储器用,其主要性能特点为:

(1) 电可擦除、可改写,数据保持时间长。

(2) 可重复擦写/编程大于 1 万次。

(3) 有些芯片具有在系统可编程(ISP)功能。

(4) 读出时间为纳秒级,写入和擦除时间为毫秒级。

(5) 低功耗、单一电源供电、价格低、可靠性高,性能比 EEPROM 优越。

Flash 存储器按接口的不同可以分为 3 种类型:

(1) 标准并行接口的 FlashRAM。

这种芯片具有独立的地址线和数据线,在与 51 单片机连接时,基本上和一般的存储器相似,只要三类总线分别连接就可以。

(2) NAND(与非)型闪存。

NAND 型闪存也是一种并行接口芯片,但是其接口采用了引脚分时复用的方法,使得数据、地址和命令线分时复用 I/O 总线。这样,接口的引脚数可以减少很多。

(3) 串行接口的 Flash 存储器。

该产品只通过一个串行数据输入、一个串行数据输出和 CPU 处理器连接,因此 CPU 的连接非常简单。由于数据和地址都是由一条线来传输,因此,要用不同的命令来区分是地址操作还是数据操作。

6.7.2 常用的 Flash 存储器芯片

目前,Flash 存储器有很多型号,常用的有 29 系列和 28F 系列。29 系列有 29C256(32K×8)、29C512(64K×8)、29C010(128K×8)、29C020(256K×8)、29C040(512K×8) 等,28F 系列有 28F512(64K×8)、28F010(128K×8)、28F020(256K×8)、28F040(512K×8) 等。

常用的 29 系列 Flash 存储器芯片的引脚和封装如图 6.23 所示。

从这些芯片引脚的功能来看,Flash 存储器与 RAM 十分相似,如果只把 Flash 存储器当作数据存储器来用,Flash 存储器的扩展方法和 RAM 一样。

Flash 存储器芯片引脚功能如下。

A0～A17:地址输入线。80C51 系列单片机的地址总线为 16 根,只有 64K 的寻址能力,如果扩展的存储器寻址范围大于 64K,多余的 16 根地址线就需要通过 P1 口或逻辑电路来解决。

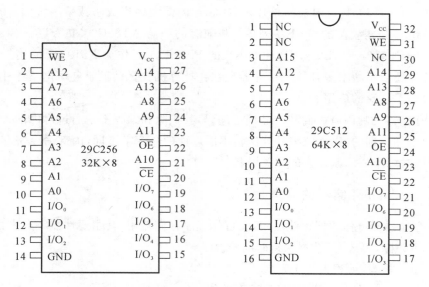

图 6.23　常用 Flash 存储器芯片的引脚及封装

$I/O_0 \sim I/O_7$：双向三态数据总线，有时也用 D0～D7 表示。

$\overline{CE}$：片选线，低电平有效。

$\overline{OE}$：读选通线，低电平有效。

$\overline{WE}$：写选通线，低电平有效。

V_{CC}：电源线，接＋5V 电源。

GND：接地。

NC：空。

◆ 6.7.3　外扩 Flash 存储器的接口电路设计

Flash 存储器的容量一般都较大（超过 64KB）。当 Flash 存储器用在 51 单片机系统中时，既可以作为程序存储器，也可以作为数据存储器。

1）51 单片机和 Flash 存储器的连接

Flash 存储器既可以作为程序存储器使用，又可以作为数据存储器使用。

传统方法是将程序存储器和数据存储器在 Flash 存储器内分开使用。将 Flash 存储器同时当作两种存储器使用，则连接时，必须保证无论是 $\overline{PSEN}$ 有效或者是 $\overline{RD}$、$\overline{WR}$ 有效，FLASH 存储器都可以被访问。

$\overline{PSEN}$ 有效时，作为 ROM 读出程序，$\overline{RD}$、$\overline{WR}$ 有效时，作为 RAM 可以读出或写入数据。

MCS-51 单片机正常的寻址范围只有 64KB，必须用适当的方法对 Flash 存储器中 64KB 以外的区域来寻址，否则 Flash 存储器就无法被充分利用。

2）51 单片机和 Flash 存储器的连接电路设计

一般 Flash 存储器容量较大，因此，当存储器的扩展选择 Flash 存储器时，根据设计需要选择一片 Flash 存储器就可以了。这时，Flash 存储器与 51 单片机的连接一般采用片选直接接地有效或线选法。下面的例子采用直接接地有效，表示该 Flash 存储器芯片一直被选中有效。

例 6-6　用 51 单片机扩展一片 29C256 Flash PEROM 存储器。

思路分析：

（1）确定需要几根地址线。29C256 Flash PEROM 芯片的存储容量是 32KB×8，其中 $32K = 32 \times 1024 = 2^5 \times 2^{10} = 2^{15}$，因此，需要 15 根地址线，即 A0～A14。

（2）确定三总线。

数据线：29C256 的数据线 D0～D7 直接接 51 单片机的 P0.0～P0.7。

地址线：29C256 的地址线低 8 位 A0～A7 通过锁存器 74LS373 与 P0 口连接，高 7 位 A8～A14 直接与 P2 口的 P2.0～P2.6 连接，P2 口本身有锁存功能。

控制线：51 单片机与 29C256 控制线的连接采用外部数据存储器空间和程序存储器空间合并的方法，使得 29C256 既可作为程序存储器使用，又可作为数据存储器使用。

① $\overline{CE}$ 片选线：直接接地。由于系统中只扩展了一片程序存储器芯片，因此，29C256 的片选端直接接地，表示 29C256 一直被选中。

② $\overline{OE}$ 读选通线：51 单片机的程序存储器读选通信号 $\overline{PSEN}$ 和数据存储器读信号 $\overline{RD}$ 经过"与"门后，接到 29C256 的读选通线 $\overline{OE}$ 上。因此，只要 $\overline{PSEN}$ 和 $\overline{RD}$ 中一个有效，就可以对 29C256 进行读操作。也就是说，对 29C256 既可以看作程序存储器取指令，也可以看作数据存储器读出数据。

③ $\overline{WE}$ 写选通线：与 51 单片机的数据存储器写信号 $\overline{WR}$ 相连，只要执行数据存储器写操作指令，就可以往 29C256 中写入数据。

根据上述分析可画出 51 单片机扩展一片 29C256 的电路图，如图 6.24 所示。

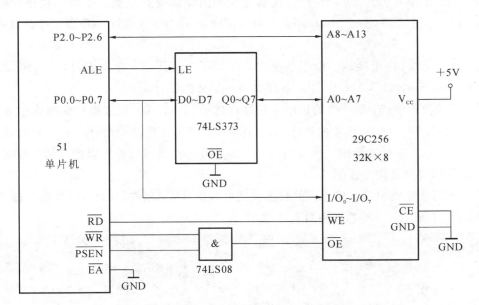

图 6.24　51 单片机扩展 Flash 存储器 29C256 的电路图

（3）29C256 存储器地址范围的确定。

P2.7 P2.6 P2.5 P2.4 P2.3 P2.2 P2.1 P2.0 P0.7 P0.6 P0.5 P0.4 P0.3 P0.2 P0.1 P0.0

A15 A14 A13 A12 A11 A10 A9 A8 A7 A6 A5 A4 A3 A2 A1 A0

X 0 0 0 0 0 0 0 0 0 0 0 0 0 0 0

··· ···

X 1 1 1 1 1 1 1 1 1 1 1 1 1 1 1

因此,29C256 存储器的地址范围为 0000H～7FFFH("X"取 0),共计 32KB 存储容量。

如此,29C256 的数据写入和读出与静态 RAM 完全相同,采用"MOVX A,@DPTR"和"MOVX @DPTR,A"指令来完成读写操作。

■ 例 6-7 用 51 单片机扩展一片 29C040 Flash PEROM 存储器,并编写程序将片外数据存储器中 10000H 单元内容读出送入 R0,将 R1 内容写入 20000H 单元。

思路分析:

(1) 确定需要几根地址线。29C040 Flash PEROM 芯片的存储容量是 512KB×8,其中 $512K = 512 \times 1024 = 2^9 \times 2^{10} = 2^{15}$,因此,需要 19 根地址线,即 A0～A18。

(2) 确定三总线。

数据线:29C040 的数据线 D0～D7 直接接 51 单片机的 P0.0～P0.7。

地址线:由于 29C040 的容量是 512KB,单片机需要有 19 条地址线才可充分使用全部的存储单元。因此,29C040 的地址线低 8 位 A0～A7 通过锁存器 74LS373 与 P0 口连接,A8～A15 直接与 P2 口连接,P2 口本身有锁存功能,再从 51 单片机的 P1 口分配 3 条线作高位地址线使用,这里用 P1.0～P1.2 作高 3 位,即 A16～A18 直接与 P1.0～P1.2 连接。

控制线:51 单片机与 29C040 控制线的连接采用外部数据存储器空间和程序存储器空间合并的方法,使得 29C040 Flash 存储器同时在该 51 单片机系统中用作程序存储器和数据存储器。

① $\overline{\text{CE}}$ 片选线:直接接地。由于系统中只扩展了一片 Flash 存储器芯片,因此,29C040 的片选端直接接地,表示 29C040 Flash 存储器一直被选中有效。

② $\overline{\text{OE}}$ 读选通线:51 单片机的程序存储器读选通信号 $\overline{\text{PSEN}}$ 和数据存储器读信号 $\overline{\text{RD}}$ 经过"与"门后,接到 29C040 芯片的读选通线 $\overline{\text{OE}}$ 上。因此,只要 $\overline{\text{PSEN}}$ 和 $\overline{\text{RD}}$ 中一个有效,就可以对 29C040 芯片进行读操作。也就是说,对 29C040 芯片既可以看作程序存储器取指令,也可以看作数据存储器读出数据。

③ $\overline{\text{WE}}$ 写选通线:与 51 单片机的数据存储器写信号 $\overline{\text{WR}}$ 相连,只要执行数据存储器写操作指令,就可以往 29C040 芯片中写入数据。

> **注意:**
> 依据上面地址线的连接方式,29C040 芯片的地址由两部分组成:页地址(A16～A18)和页内地址(A0～A15)。从而将 29C040 芯片的 512KB 的存储空间分成 8 页,每页 64KB。

这里系统约定程序存储器占用 0 页空间,剩余空间作为数据存储器,即当 $\overline{\text{PSEN}}$ 有效时,29C040 芯片的第 0 页空间作为程序存储器使用,地址从 0000H 开始,容量是 64KB;当 $\overline{\text{RD}}$ 有效时,29C040 芯片的第 1～7 页就当作数据存储器 RAM 使用,在使用时 RAM 地址必须从 10000H 开始,RAM 容量是 64KB×7=448KB。

根据上述分析可画出 51 单片机扩展一片 29C256 的电路图,如图 6.25 所示。

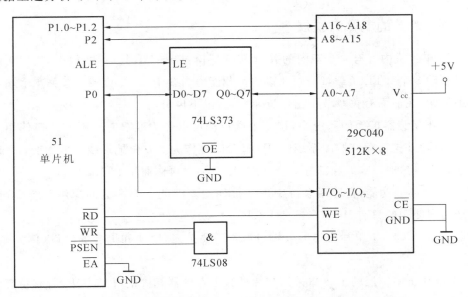

图 6.25 51 单片机扩展 Flash 存储器 29C040 的电路图

参考程序如下:

```
    MOV     P1,#01H         ;设置 Flash 页地址 01H
    MOV     DPTR,#0000H     ;设置 Flash 页内地址
    MOVX    A,@DPTR
    MOV     R0,A            ;读出 10000H 单内容送 R0
    MOV     P1,#02H         ;设置 Flash 页地址 02H
    MOV     DPTR,#0000H     ;设置 Flash 页内地址
    MOV     A,R1
    MOVX    @DPTR,A         ;将 R1 内容写入 20000H
```

当然,51 单片机也可以采用译码器来完成对 Flash 存储器高位地址的连接。这一点,请读者自行分析。

6.8 单片机 I/O 口的扩展

16 位地址总线起着唯一选中外部存储器某个单元或 I/O 接口中某个端口的作用。数据总线起着在 CPU 跟存储器或外设之间传递数据的作用。控制总线 $\overline{RD}$、$\overline{WR}$ 起着选定片外数据存储器和控制数据流动方向的作用。$\overline{PSEN}$ 起着选定程序存储器和数据流向的作用。

对于 I/O 口的扩展来说,输入接口的主要功能是解决数据输入的缓冲问题,所以简单输入接口的扩展部件应选用数据缓冲区(具有三态缓冲功能,这样才能直接与数据总线相连)。例如,想外扩 8 位输入接口,可以选用 74LS244 一类的三态缓冲器。输出接口的主要功能是进行数据保持(或数据锁存),所以简单输出接口的扩展部件应选用触发器或锁存器,如外扩 8 位纯输出接口可以选用 74LS273 之类的 8D 锁存器。想要扩展双向 I/O 口,既可以将缓冲器与锁存器搭配起来使用,也可以直接选用能双向传送的器件,如三态缓冲寄存器或总线收发器等。

6.8.1 简单的 I/O 口扩展

51 系列单片机内部有 4 个双向的并行 I/O 端口:P0～P3,共占 32 根引脚。P0 口的每一位可以驱动 8 个 TTL 负载,P1～P3 口的负载能力为 3 个 TTL 负载。有关 4 个端口的结构及详细说明,在前面有关章节中已做过介绍,这里不再赘述。

在无片外存储器扩展的系统中,这 4 个端口都可以作为准双向通用 I/O 口使用。我们知道,在具有片外扩展存储器的系统中,P0 口分时地作为低 8 位地址线和数据线,P2 口作为高 8 位地址线。这时,P0 口和部分或全部的 P2 口无法再作通用 I/O 口用。

P3 口具有第二功能,在应用系统中也常被使用。因此在大多数的应用系统中,真正能够提供给用户使用的只有 P1 口和部分 P2、P3 口。

综上所述,MCS-51 单片机的 I/O 端口通常需要扩充,以便和更多的外设(例如显示器、键盘)进行联系。

在 51 单片机中扩展的 I/O 口采用与片外数据存储器相同的寻址方法,所有扩展的 I/O 口,以及通过扩展 I/O 口连接的外设都与片外 RAM 统一编址,因此,对片外 I/O 口的输入/输出指令就是访问片外 RAM 的指令。

1. 扩展实例

简单的 I/O 口扩展通常采用 TTL 或 CMOS 电路锁存器、三态门等作为扩展芯片,通过 P0 口来实现扩展。它具有电路简单、成本低、配置灵活的特点。图 6.26 为采用 74LS244 作为扩展输入、74LS273 作为扩展输出的简单的 I/O 口扩展。

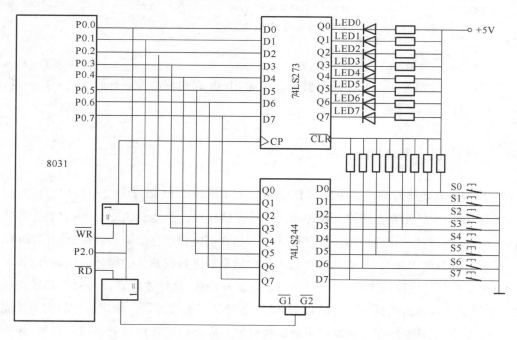

图 6.26 简单的 I/O 口扩展电路

2. 芯片及连线说明

图 6.26 的电路中采用的芯片为 TTL 电路 74LS244、74LS273。其中,74LS244 为 8 缓冲线驱动器(三态输出),为低电平有效的使能端。当二者之一为高电平时,输出为三态。74LS273 为 8D 触发器,为低电平有效的清除端。当相应位为 0 时,输出全为 0 且与其他输入端无关;CP 端是时钟信号,当 CP 由低电平向高电平跳变时,D 端输入数据传送到输出端 Q。P0 口作为双向 8 位数据线,既能够从 74LS244 输入数据,又能够从 74LS273 输出数据。输入控制信号由 P2.0 和相"或"后形成。当二者都为 0 时,74LS244 的控制端有效,选通 74LS244,外部的信息输入到 P0 数据总线上。当与 74LS244 相连的按键都没有按下时,输入全为 1,若按下某键,则所在线输入为 0。输出控制信号由 P2.0 和相"或"后形成。当二者都为 0 后,74LS273 的控制端有效,选通 74LS273,P0 上的数据锁存到 74LS273 的输出端,控制发光二极管 LED,当某线输出为 0 时,相应的 LED 发光。

3. I/O 口地址确定

因为 74LS244 和 74LS273 都是在 P2.0 为 0 时被选通的,所以二者的端口地址都为 FEFFH(这个地址不是唯一的,只要保证 P2.0=0,其他地址位无关)。但是由于分别由和控制,因而两个信号不可能同时为 0(执行输入指令,如"MOVX A,@DPTR"或"MOVX A,@Ri"时有效;执行输出指令,如"MOVX @DPTR,A"或"MOVX @Ri,A"时有效),所以逻辑上两者不会发生冲突。

◆ **6.8.2 开关量输出接口电路**

1. 驱动发光二极管

一个单片机 I/O 口只有高、低、高阻三种状态,显然仅靠 I/O 口这三种状态来实现控制是不够的,还需加辅助元器件。如图 6.27 所示,可增加一个三极管来增强驱动能力。当 P1.0 输出高电平时,T 截止,LED 不亮;当 P1.0 输出低电平时,T 导通,LED 发光。

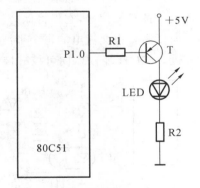

图 6.27 80C51 驱动 LED 电路

2. 驱动继电器

单片机一般不直接控制继电器,需外加三极管驱动,其他很多数字电路的逻辑芯片控制继电器都得加驱动。图 6.28(a)中继电器工作电压为 5V,图 6.28(b)中继电器工作电压为 12V。工作过程跟图 6.27 类似。

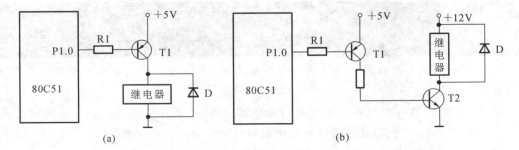

(a)   (b)

图 6.28 80C51 驱动继电器接口电路

3. 光电隔离接口

单个的光耦有 4 个引脚,其中两个是发光二极管的阴极和阳极,另外两个是接收侧,相当于三极管的发射极和集电极,若发光侧有正向电流流过,则受光侧光电感应管导通。如果单片机是输出状态,发光二极管接单片机的 I/O 引脚,另一侧接被控制端,这种接法是反相的,单片机输出高电平,另一侧是低电平。如果发光管接于电源和单片机 I/O 引脚之间,则单片机输出低电平,另一侧也是低电平。80C51 与光电耦合器接口电路如图 6.29 所示。

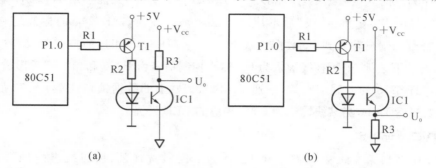

图 6.29　80C51 与光电耦合器接口电路

4. 驱动可控硅

在日常生活中,常常需要对灯光的亮度等进行调节。调光控制器可以通过单片机控制双向可控硅 BCR 的导通来实现白炽灯(纯阻负载)亮度的调整。双向可控硅的特点是导通后即使去掉触发信号,它仍将保持导通;当负载电流为零(交流电压过零点)时,它会自动关断。所以需要在交流电的每个半波期间都送出触发信号,触发信号的送出时间决定了灯泡的亮度。80C51 驱动双向可控硅接口电路如图 6.30 所示。

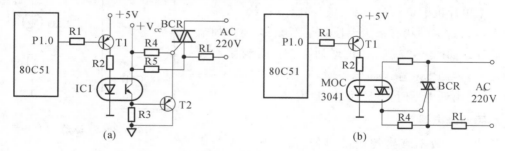

图 6.30　80C51 驱动双向可控硅接口电路

📝 本章小结

51 单片机的数据存储器和程序存储器不够用时,要进行扩展。本章主要讲述了 51 单片机存储器的扩展。

首先,讲述了 51 单片机存储器扩展的必要性。以 51 单片机的最小应用系统为起点,讲述其在实践中的应用,以及在实际工程中面临存储空间不足的问题。

其次,讲述了 51 单片机扩展存储器相关技术问题。包括 51 单片机的总线结构;存储器扩展时的地址分配;对常用锁存器的介绍;对线选法和译码法的介绍。

最后,介绍了以下内容。

扩展程序存储器,主要内容包括程序存储器的分类、常用的程序存储器芯片、外扩程序存储器的操作时序及接口电路设计等。

扩展数据存储器,主要内容包括数据存储器的分类、常用的数据存储器芯片、外扩程序存储器的操作时序分析及接口电路设计等。

扩展 Flash 存储器,主要内容包括 Flash 存储器的应用与分类、常用的 Flash 存储器及外扩 Flash 存储器的接口电路设计等。

扩展 I/O 口,主要内容包括 I/O 口扩展实例以及开关量输出接口电路应用实例。

习题6

1. 单片机存储器主要功能是存储_____和_____。

2. 如果用 8K×8 位的存储器芯片组成容量 64K×8 位的存储系统,那么需要_____片这样的芯片,共需_____根地址线进行寻址,其中字选地址线有_____根;片选地址线有_____根。

3. 在存储器的扩展中,线选法与译码法最终都为扩展芯片的片选端提供_____控制信号。

4. 起止范围为 0000H~3FFFH 的存储器容量是_____KB。

5. 在 C51 单片机中,PC 和 DPTR 都用于提供地址,但 PC 是为访问_____存储器提供地址,而 DPTR 是为访问_____存储器提供地址。

6. 11 条地址线可选_____个存储单元,16KB 存储单元需要_____条地址线。

7. 4KB RAM 存储器的首地址若为 0000H,则末地址为_____。

8. 区分 51 单片机片外程序存储器和片外数据存储器的最可靠的方法是( )。

A. 看其位于地址范围的低端还是高端

B. 看其离 AT89C51 单片机芯片的远近

C. 看其芯片的型号是 ROM 还是 RAM

D. 看其是与 $\overline{RD}$ 信号连接还是与 $\overline{PSEN}$ 信号连接

9. 51 单片机在做程序存储器和数据存储器扩展时,P0 口和 P2 口的作用是什么?

10. 在 51 单片机的扩展系统中,CPU 访问外部 ROM 要发送哪些信号?

11. 如何对 FIFO 进行深度扩展?如何对 FIFO 进行宽度扩展?

12. 存储器的片选方式有哪几种?各有什么特点?

13. 什么是双口 RAM?什么是 FIFO?它们有什么区别?

14. 当 51 单片机系统中数据存储器 RAM 的地址和程序存储器 EPROM 的地址重叠时,是否会发生数据冲突,为什么?

15. 简述双口 RAM 的读写数据过程。

16. 设计扩展 8KB RAM 和 8KB EPROM 的电路图。

17. 试编写一个程序(如将 05H 和 06H 拼为 56H),设原始数据放在片外数据区 2001H 单元和 2002H 单元中,按顺序拼装后的单字节数存放于 2002H。

18.编写程序,将外部数据存储器中的 4000H～40FFH 单元全部清 0。

19.在 51 单片机系统中,外接程序存储器和数据存储器共用 16 位地址线和 8 位数据线,为何不会发生冲突?

20.请写出图 6.17 中 4 片程序存储器 27128 各自多占的地址空间。

21.现有 51 单片机、74LS373 锁存器、1 片 2764 EPROM 和两片 6264 RAM,请用它们组成一个单片机应用系统,要求如下:

(1) 画出硬件电路连线图,并标注主要引脚;

(2) 指出该应用系统的程序存储器空间和数据存储器空间各自的地址范围。

第 **7** 章　常用的可编程接口芯片

主要内容及要点

　　(1) 并行接口芯片 8255;

　　(2) 定时/计数器芯片 8253;

　　(3) 多功能接口芯片 8155;

　　(4) 键盘及显示器接口芯片 8279。

7.1　可编程接口芯片概述

　　为拓展单片机的功能,使其广泛应用于不同领域,许多厂家相继推出各类可编程接口芯片,以满足单片机及外围应用电路的接口需要。目前主要有两类可编程接口芯片,一种是可编程通用并行接口芯片,包括 8155、8255、8253、8279 等;另一种是可编程串行接口芯片。

◆　7.1.1　并行总线扩展接口芯片的种类及特点

　　1) 可编程 RAM/IO 扩展接口芯片 8155

　　8155 是一种通用的多功能可编程 RAM/IO 扩展器,可编程是指其功能可由计算机的指令加以改变。8155 片内不仅有 3 个可编程并行 I/O 接口(A 口、B 口为 8 位,C 口为 6 位),还有 256B SRAM 和一个 14 位定时/计数器,常用作单片机的外部扩展接口,与键盘、显示器等外围设备连接。

　　2) 可编程并行 I/O 接口芯片 8255A

　　Intel 8255A 是一种可编程通用并行接口芯片,适用于多种微处理器的 8 位并行输入/输出。它具有两个 8 位(A 口和 B 口)和两个 4 位(C 口高/低 4 位)并行 I/O 端口,能适应 CPU 与 I/O 接口之间的多种数据传送方式的要求。芯片内部主要由控制寄存器、状态寄存器、数据寄存器组成,能独立编程,有 3 种工作方式。

　　3) 可编程定时/计数器扩展接口芯片 8253

　　8253 芯片是可编程定时/计数器接口芯片,具有 3 个独立的、结构完全相同的计数通道,分别称为计数器 0、计数器 1 和计数器 2,该芯片外形引脚都是兼容性的 8253,采用减 1 计数方式。在门控信号有效时,每输入 1 个计数脉冲,通道做 1 次计数操作。

　　4) 通用可编键盘/显示器接口芯片 8279

　　Intel 8279 是一种通用的可编程的键盘、显示器接口芯片,用于单片机在键盘及显示资源不足时的外围扩展。

7.1.2　串行总线扩展的种类及特点

串行扩展总线技术是新一代单片机技术发展的一个显著特点。与并行扩展总线相比，串行扩展总线有突出的优点：电路结构简单，程序编写方便，易于实现用户系统软硬件的模块化、标准化等。目前在新一代单片机中使用的串行扩展接口有 Motorola 的 SPI，NS 公司的 Microwire/Plus 和 Philips 公司的 I^2C 总线，其中 I^2C 总线具有标准与规范，以及众多带 I^2C 接口的外围器件，形成了较为完备的串行扩展总线。

1) I^2C 总线（两线制）

I^2C(IIC) 总线是 Philips 公司推出的芯片间串行传输总线。它用两根线实现了完善的全双工同步数据传送，可以极为方便地构成多机系统和外围器件扩展系统。I^2C 总线采用了器件地址的硬件设置方法，通过软件寻址完全避免了器件的片选线寻址方法，从而使硬件系统具有简单灵活的扩展方法。

2) one-wire（一线制）

one-wire 是 Dallas 公司研制开发的一种协议。它利用一根线实现双向通信，由一个总线主节点、一个或多个从节点组成系统，通过一根信号线对从芯片进行数据的读取。每一个符合 one-wire 总线协议的从芯片都有一个唯一的地址，包括 48 位的序列号、8 位的分类码和 8 位的 CRC 代码。主芯片对各个从芯片的寻找依据地址的不同来进行。

3) SPI（三线制）

SPI(serial peripheral interface，串行外设接口) 总线系统是 Motorola 公司提出的一种同步串行外设接口，允许 MCU 与各种外围设备以同步串行方式进行通信，其外围设备种类繁多，从最简单的 TTL 移位寄存器到复杂的 LCD 显示驱动器、网络控制器等，可谓应有尽有。SPI 总线提供了可直接与不同厂家生产的多种标准外围器件直接连接的接口，该接口一般使用 4 根线：串行时钟线 SCK、主机输入/从机输出数据线 MISO、主机输出/从机输入数据线 MOSI 和低电平有效的从机选择线 SS。SPI 系统总线只需 3 根公共的时钟数据线和若干位独立的从机选择线（依据从机数目而定），在 SPI 从设备较少而没有总线扩展能力的单片机系统中使用特别方便。即使在有总线扩展能力的系统中采用 SPI 设备，也可以简化电路设计，省掉很多常规电路中的接口器件，从而提高了设计的可靠性。

4) USB 串行扩展接口

USB 与其他传统接口相比的一个优势是即插即用的实现，即插即用(plug-and-play) 也叫作热插拔(hot plugging)。USB 接口的最高传输率可达 12Mbit/s。一个 USB 口理论上可以连接 127 个 USB 设备，连接的方式也十分灵活。

5) Microware 串行扩展接口

Microwire 串行通信接口是 NS 公司提出的串行同步双工通信接口，由一根数据输出线、一根数据输入线和一根时钟线组成。所有从器件的时钟线连接到同一根 SK 线上，主器件向 SK 线发送时钟脉冲信号，从器件在时钟信号的同步沿作用下输出/输入数据。主器件的数据输出线 DI 和所有从器件的数据输入线相接，从器件的数据输出线都接到主器件的数据输入线 DO 上。与 SPI 类似，每个从器件也都需要另外提供一条片选通线 CS。

6) CAN 总线

CAN 的全称为 Controller Area Network，即控制器局域网，是国际上应用最广泛的现场总线之一。最初,CAN 被设计作为汽车环境中的微控制器,在车载电子控制装置 ECU 之间交换信息,形成汽车电子控制网络。比如:发动机管理系统、变速箱控制器、仪表装备、电子主干系统中,均嵌入 CAN 控制装置。

一个由 CAN 总线构成的单一网络,理论上可以挂接无数个节点。实际应用中,节点数目受网络硬件的电气特性所限制。CAN 可提供高达 1Mbit/s 的数据传输速率,这使实时控制变得非常容易。另外,硬件的错误检定特性也增强了 CAN 的抗电磁干扰能力。

CAN 是一种多主方式的串行通信总线,基本设计规范要求有高的位速率,高抗电磁干扰性,而且能够检测出产生的任何错误。当信号传输距离达 10km 时,CAN 仍可提供高达 50Kbit/s 的数据传输速率。

7.2 多功能接口芯片 8155

可编程并行 I/O 接口芯片 8155 提供两个 8 位并行口 A、B 和 6 位并行口 C,并有 256 个字节的静态 RAM 和一个 14 位减 1 定时/计数器,可直接与单片机连接。

1. 8155 芯片的内部结构

8155 片内结构如图 7.1 所示。

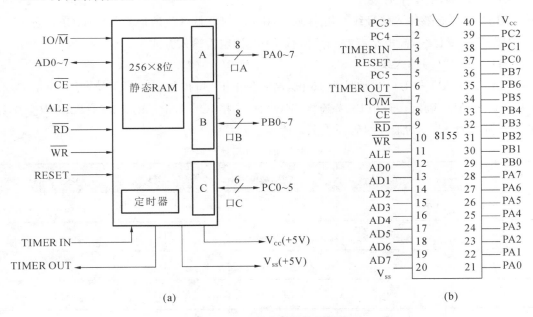

图 7.1　8155 的内部结构及管脚

8155 片内功能可分为 4 部分:

(1) A 口和 B 口为一般的 8 位并行 I/O 口,可设定为 8 位并行输入或输出。C 口只有 6 位,它有两个作用:一是设定为普通并行 I/O 口;另一是设定为控制状态口。PC2～PC0 作为 A 口的控制信号,PC5～PC3 作为 B 口的控制信号使用。

(2) 片内 256 个字节 RAM,CPU 对其操作、使用,相当于 8051 外扩的 256 个单元的 RAM,地址为 00H～FFH。

(3) 片内 14 位计数器,可对引脚 TIMER IN 输入脉冲进行减法计数,当由某一初值减为终值时,在 TIMER OUT 端输出事先规定的方波或脉冲。初值在 0002H～3FFFH 之间。可作为外部事件计数器、定时器和分频器使用。

（4）片内有一个工作方式寄存器,用来设定 A、B 和 C 口的工作方式等。还有一个状态寄存器,用来锁存 A、B 和定时器当前的状态,供 CPU 查询用。

应注意:两个寄存器共用一个地址。CPU 用指令写入的是工作方式字,而读出的是状态字。另外,8155 内部有一个 10 位锁存器,用来锁存地址及控制信号。因此,从 8051 P0 口送至 8155 的地址就不用再加地址锁存器了。

2. 8155 的引脚功能及地址编码

8155 芯片有 40 条引脚,下面分别予以介绍。

1） 8155 和 CPU 连接的引脚

AD7～AD0:地址/数据分时复用线。单片机和 8155 之间的地址、数据、命令和状态信息都是通过这 8 位总线传送的。A2～A0 决定 8155 内 I/O 口的地址选择。

IO/$\overline{M}$:8155 片内 I/O 和 RAM 选择线。当 IO/$\overline{M}$＝0 时,AD7～AD0 线上为 8155 内 RAM 地址,CPU 对其 RAM 进行读、写操作;当 IO/$\overline{M}$＝1 时,AD7～AD0 线上为 8155 的 I/O 口地址。

$\overline{CE}$:片选端,低电平有效。

ALE:锁存有效输入信号线。用来锁存 AD7～AD0 低 8 位地址及 IO/$\overline{M}$、$\overline{CE}$状态。

RESET:复位线,高电平有效。复位后,8155 设定为输入方式。

$\overline{RD}$、$\overline{WR}$:读、写输入线。

8155 的 RAM 和 I/O 口地址为 16 位,高 8 位由 P2 口控制$\overline{CE}$和 IO/$\overline{M}$,低 8 位由 P0 口连接 AD7～AD0 确定。若用 P2.7 连接$\overline{CE}$,P2.0 连接 IO/$\overline{M}$,未用的 P2.6～P2.1 取全 0,则 8051 单片机对 8155 的地址编码如表 7.1 所示。

表 7.1 8155 的 I/O 口地址编码

P2.7···P2.0	P0.7···P0.3	P0.2 P0.1 P0.0	I/O 口地址	选择 I/O 口
0···1	0···0	0　0　0	0100H	控制寄存器
0···1	0···0	0　0　1	0101H	A 口
0···1	0···0	0　1　0	0102H	B 口
0···1	0···0	0　1　1	0103H	C 口
0···1	0···0	1　0　0	0104H	定时器低 8 位
0···1	0···0	1　0　1	0105H	定时器高 8 位

2） 8155 与外部设备连接的引脚

PA7～PA0:A 口 I/O 线,可设定为输入或输出。

PB7～PB0:B 口 I/O 线,可设定为输入或输出。

PC5～PC0:C 口 6 位通用 I/O 线,或作为 A 口和 B 口的控制信号线使用。其中高 3 位 PC5～PC3 为 B 口服务,低 3 位为 A 口服务。

3. 8155 的工作方式

1）作为 256 个字节外部 RAM

这种工作状态要求 $IO/\overline{M}=0$，这时 8155 只能作为单片机外部 RAM 使用，地址为 0000H～00FFH，CPU 用 MOVX 指令对其进行读/写操作。

2）扩展为 I/O 口

这种工作方式要求 $IO/\overline{M}=1$，再由工作方式控制字来选择 8155 的 I/O 口的基本输入、输出工作方式。

4. 8155 的工作方式控制字

若对 8155 片内 I/O 口或定时器进行操作，必须向工作方式控制寄存器写入一个初始化命令字。8155 的工作方式控制字格式如图 7.2 所示。

图 7.2 中，D3～D0 规定 A、B、C 口的工作方式，当 C 口作为控制口时，D4、D5 设定 A 口和 B 口的中断允许或禁止。

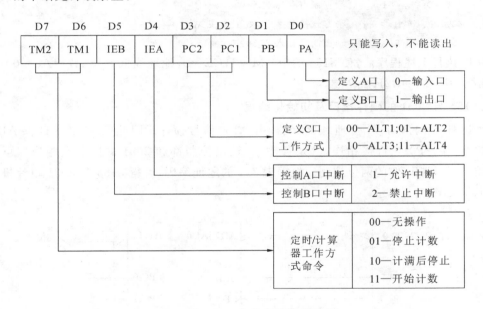

图 7.2　8155 工作方式控制字格式

最高两位 D7D6 控制定时器操作方式的说明如下。

D7D6＝00：无操作。此命令不影响原先的计数方式，只有当用户仅需改变 A、B、C 口的工作方式而不需要改变定时器原先规定的操作方式时，使用此命令。

D7D6＝01：停止计数。若计数器尚未启动，则不操作，维持原状态；若计数器正在运行时，此命令输入后，计数器立即停止计数工作。

D7D6＝10：计满后停止。若计数器正在计数，当计数初值减至终值时，停止计数；若此命令输入时计数器未启动，则计数器无操作。

D7D6＝11：开始计数。若计数器原先没有工作，则在 CPU 装入计数初值和此命令后，立即启动工作。若计数器正在运行，则在 CPU 输入新的计数初值和此命令后，计数器仍按原规定方式工作，直到计数器减至终值后，才按新的规定方式和计数初值工作。

图中 ALT1（A、B 口基本 I/O，C 口输入）、ALT2（A、B 口基本 I/O，C 口输出）方式使用较多,另两种方式可查有关资料。

应注意:8155 命令字和状态字用的是同一个地址。因此,工作方式控制字只能写入、不能读出。若用户一定要用 CPU 读出,则读出的不是工作方式字而是状态字。

例如:若用户要求 8155 的 A 口为基本输入口,B 口为基本输出口,C 口为输入口,并立即停止计数器工作。由图 7.2 可知,8155 工作在 ALT1,方式字的各控制位为

D7	D6	D5	D4	D3	D2	D1	D0
0	1	0	0	0	0	1	0
停止		禁止中断		ALT1		B 口输出	A 口输入

工作方式控制字为 42H,控制口地址为 0100H,则 CPU 写入 8155 片内的初始化程序为:

```
MOV   DPTR,#0100H    ;控制寄存器地址
MOV   A,#42H         ;方式控制字 8155 工作在 ALT1
MOVX  @DPTR,A        ;控制字写入 8155 中
```

CPU 执行上述程序后,使 8155 的 IO/$\overline{\text{M}}$=1,$\overline{\text{CE}}$=0,地址线低 8 位 A7～A0=00H,而后数据线 D7～D0=42H。

5. 8155 与 8031 的硬件接口及初始化编程

由于 8155 内部有 10 位地址锁存器,由 ALE 信号锁存。因此 8155 的 AD7～AD0 与 8031 的 P0.7～P0.0 直接相连,其余各输入、输出控制都和 8031 的同名端相连即可。而 IO/$\overline{\text{M}}$和$\overline{\text{CE}}$端可用 P2 的两位控制。根据表 7.1 的地址编码,可得 8155 和 8031 单片机硬件接口电路,如图 7.3 所示。

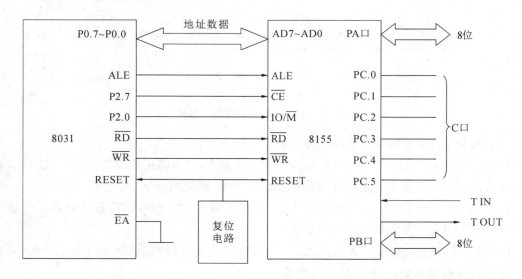

图 7.3　8155 与 8031 硬件接口电路

对于 8155 的 A、B、C 口,用户先用方式控制字确定这三个口的工作方式,若规定工作在基本的 I/O 状态,再用 MOVX 指令对这三个口进行输入或输出操作。

例 7-1 设定 8155 工作在基本 I/O 口 ALT1 方式,A 口输入,B 口输出,C 口输入。要求将 A 口输入的数据送进 8155 片内的 RAM 的 0000H 单元中,将 00FFH 单元的数据从 B 口输出。试设定工作方式控制字及编写程序。

解 根据要求,由图 7.3 得控制字为 0000 0010B=02H。

完成要求功能的程序为:

```
MOV  DPTR,#0100H    ;8155 控制口地址为 0100H
MOV  A,#02H         ;8155 设定为 ALT1 工作控制字
MOVX @DPTR,A        ;向 8155 输出控制字
MOV  DPTR,#0101H    ;设定 8155A 口地址为 0101H
MOVX A,@DPTR        ;读 8155A 口数据
MOV  DPTR,#0000H    ;8155 片内 RAM 首地址
MOVX @DPTR,A        ;将 A 口数据送入 8155 内 RAM 单元
MOV  DPTR,#00FFH    ;8155 内 RAM 地址 00FFH
MOVX A,@DPTR        ;读出 8155 内 RAM 的 00FFH 单元数据
MOV  DPTR,#0102H    ;设定 8155B 口地址为 0102H
MOVX @DPTR,A        ;将 8155 内 RAM 数据从 B 口输出
```

6. 8155 片内定时器的应用

8155 片内有一个 14 位减法计数器,可以对从 T IN 引脚输入的脉冲进行减 1 计数,当计满时,从 T OUT 端输出按预先设定的方波或脉冲。

对定时器的管理分两级控制。第一级由写入工作方式控制字 D7D6 位来确定定时器的启动、停止或装入计数初值后再启动。第二级由定时器高 8 位中的 D7D6(M1M0)决定 T OUT 引脚输出脉冲的 4 种不同方式。余下的 14 位计数器初值是 0002H～3FFFH 之间的任意值。

定时器本身占用两个 8 位寄存器地址:若 A2A1A0=100 为定时器低 8 位地址选中;A2A1A0=101 为定时器高 8 位地址选中,如表 7.1 所示。定时器的格式如图 7.4 所示。

图 7.4 中所谓输出方波(设计数初值是 8),指的是从启动计数器开始工作,在前半个周期计数 4 则 T OUT 端输出高电平,后半个周期计数 4 输出低电平。如果写入定时器的计数初值为奇数,则在 T OUT 端输出方波不对称。前半个周期高电平要比后半个周期低电平多一个数的时间,这也是计数初值最小是 2 的原因。8155 定时器 T OUT 端的输出方式及相应的波形关系如图 7.5 所示。

例 7-2 使 8155 作为 I/O 口和定时器使用,为基本 I/O 口 ALT2 方式。A、B、C 口均设定为输出方式,定时器作为连续方波发生器使用,对输入 T IN 端的脉冲进行 10 分频,即在 T OUT 端输出连续方波。试编制初始化程序。

解 实现上述要求的硬件电路见图 7.3。

(1) 工作方式控制字为:11000111B=C7H。

(2) 计数初值为 10。选 M1M0=01,则计数初值为 000AH,终值是 0。低 8 位是 0AH,高 8 位是 40H。

8155 I/O 口及定时器的地址见表 7.1。

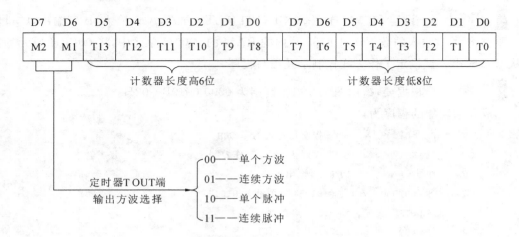

图 7.4　8155 定时器的格式

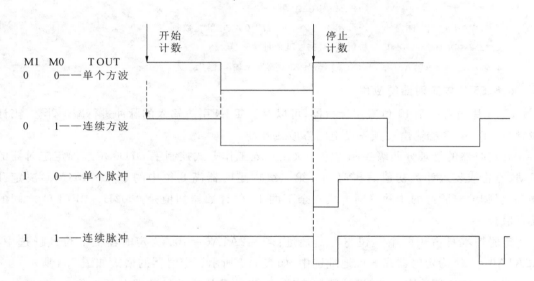

图 7.5　8155 定时器输出方式及对应波形

（3）实现上述要求功能的 8155 初始化程序段如下：

```
MOV    DPTR,#0104H    ;指向 8155 定时器低 8 位地址
MOV    A,#0AH         ;计数初值分频为 10
MOVX   @DPTR,A        ;装入计数初值低 8 位
INC    DPTR           ;指向定时器高 8 位地址
MOV    A,#04H         ;设定 TOUT 输出连续方波 M1M0= 01
MOVX   @DPTR,A        ;送入 8155 定时器高 8 位
MOV    DPTR,#0100H    ;指向 8155 控制寄存器地址
MOV    A,#0C7H        ;设定 8155 工作在 ALT2,起动定时器
MOVX   @DPTR,A        ;控制字装入 8155 内,起动定时器
```

CPU 执行上述程序后,将在 8155 的 T OUT 端输出高、低电平各为 5 个输入脉冲宽度的连续方波。

在单片机扩展 8155 的应用系统中,8155 的 I/O 口可能外接打印机,BCD 码拨盘开关,

LED 显示器，A/D、D/A 转换器以及作为控制的输入、输出口，同时还为单片机外扩 256 个字节的 RAM 和一个 14 位定时器。所以 8155 是单片机应用系统中最常用的接口芯片之一。除了 8155 之外，还有 8755A，它是将 EPROM 和 I/O 口组合在一起的扩展接口芯片。8755A 内含 2K 8 位 EPROM，还有两个 8 位并行 I/O 口，可分别设定为输入或输出。只要我们掌握了并行接口的基本结构、连接方法以及初始化的设定，参考有关使用说明手册，就可以选择很多教材之外的接口芯片。

7.3 可编程并行接口芯片 8255A

8255A 具有三个 8 位并行 I/O 口，称为 PA 口、PB 口和 PC 口。其中 PC 口又分为高 4 位和低 4 位口，通过 8255A 方式控制字的设定可以选择该芯片的三种工作方式：

(1) 基本输入/输出；

(2) 选通输入/输出；

(3) PA 口为双向总线。8255A 与单片机和外设连接时，根据不同的初始化编程可用于无条件传送、查询或中断传送，以完成单片机和外设的信息交换。

1. 8255A 的内部结构

8255A 的内部结构如图 7.6 所示。

8255A 的三个 8 位并行数据端口都有各自的特点。

A 口：具有一个 8 位数据输出锁存/缓冲器和一个数据输入锁存器。在数据输入或输出时，数据均受到锁存。可对 PA7～PA0 设定三种工作方式，8 位输入、输出或双向。

B 口：具有一个 8 位数据输出锁存/缓冲器和一个数据输入缓冲器。可设定两种工作方式，8 位输入或输出。

C 口：除了单独作为 8 位输入、输出口使用外，还可以按控制命令被分成两个 4 位端口使用，分别作为 A 口和 B 口的输出控制信号和输入状态信号。

A 组控制和 B 组控制：这两组控制电路由工作方式控制字来设定两组端口的工作方式和读/写操作。

A 组的控制电路管理 A 口和 C 口的高 4 位（PC7～PC4）的工作方式和读/写操作。

B 组的控制电路管理 B 口和 C 口的低 4 位（PC3～PC0）的工作方式和读/写操作。

2. 8255A 的引脚功能

8255A 为双列直插式芯片，有 40 条引脚，如图 7.7 所示，除了电源 V_{cc} 和地线 GND 以外，其他引脚信号可分为两组。

(1) 和外部设备相连接的：PA7～PA0 为 A 组数据信号线；PB7～PB0 为 B 组数据信号线。

上述两组信号线根据用户选择 8255A 的工作方式与外部设备的对应端连接。

(2) 和单片机相连接的：D7～D0 为双向数据总线；$\overline{CS}$ 为片选端，低电平有效；$\overline{RD}$ 和 $\overline{WR}$ 为读/写有效控制端。当 $\overline{CS}=0$ 时，$\overline{RD}$ 和 $\overline{WR}$ 才对 8255A 有效。

A1、A0 为端口地址选择端，确定 8255A 内部 3 个数据口和一个控制寄存器的地址，如表 7.2 所示。RESET 为复位端，高电平有效。当 RESET＝1 时，8255A 复位，内部控制寄存器被清除。所有端口被设定为输入。

表 7.2　端口地址选择

A1	A0	选中端口地址
0	0	A 端口
0	1	B 端口
1	0	C 端口
1	1	控制寄存器地址

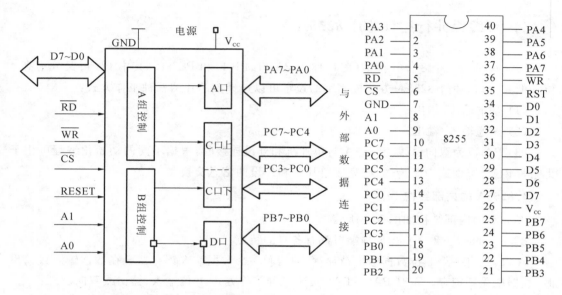

图 7.6　8255A 的内部结构　　　　图 7.7　8255A 芯片引脚图

上述控制引脚中:$\overline{CS}$、A1、A0 可决定 8255A 的 4 个端口寄存器地址。$\overline{RD}$、$\overline{WR}$ 可以决定 CPU 对 8255A 的读/写操作方式。

3. 8255A 的三种工作方式

用户可以通过 CPU 对 8255A 方式控制字的设定来选择三种不同的工作方式。这三种方式的硬件示意图如图 7.8 所示。

(1) 方式 0:基本输入/输出方式。

这种方式不需要选通信号。PA、PB 和 PC 中任何一个端口都可以通过方式控制字设定为输入或输出。用于无条件数据传送或查询方式数据传送。

(2) 方式 1:选通输入/输出方式。

三个口被分成两组。A 组包括 A 口和 PC7～PC4,A 口可设定为输入或输出口;PC7～PC4 作为输入/输出操作的选通信号和应答信号。B 组包括 B 口和 PC3～PC0,这时 C 口为 8255A 和外设或 CPU 之间传送某些状态信息及中断请求信号。这些联络信号与 C 口的数位之间有着固定关系,不是由用户设定的。

(3) 方式 2:双向传送。

只有 A 口可以选择方式 2。此时,A 口为 8 位双向传送数据口,C 口的高 5 位 PC7～PC3 用作指定的 A 口输入/输出的控制联络线。如果一个并行外设既可作为输入设备又可作为输出设备,那么,将这个外设和 8255A 的 A 口相连并工作在方式 2 是合适的。

A 口工作在方式 2 时,B 口可作为方式 0 或者方式 1 工作,PC2～PC0 用作 I/O 线。

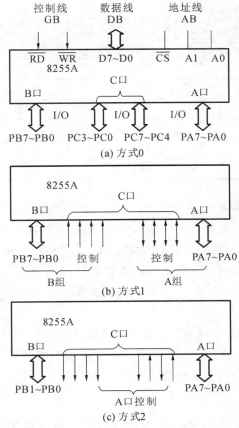

图 7.8　8255A 的三种工作方式示意图

C 口设定为方式 1 或 2 时,各引脚分配的固定功能如表 7.3 所示。

表 7.3 中 I/O 表示 C 口未用的这些线可以设定为一般的输入/输出线使用。表中各联络线用于输入时含义如下:

(1) $\overline{STB}$(strobe):选通信号输入端,低电平有效。它由外设输入,当 $\overline{STB}$=0 时,8255A 接收外设送来的 8 位数据。

(2) IBF(input buffer full):输入缓冲器满信号,高电平有效。当 IBF=1 时,表示当前有一个新数据在输入缓冲器中,可作为状态信号供 CPU 查询用。

(3) INTR(interrupt request):8255A 送往 CPU 的中断请求信号,高电平有效。在 $\overline{STB}$=IBF=1 时,INTR=1。也就是说,当选通信号 $\overline{STB}$ 结束,已将一个数据送入输入缓冲器中,并且输入缓冲器满信号 IBF 已经为高电平时,8255A 会向 CPU 发出中断请求信号,INTR=1。在 CPU 响应中断后,读取缓冲器的数据时,由单片机 $\overline{RD}$ 的下降沿将 INTR 降为 0,使 IBF 无效,通知外设再一次输入数据。

表 7.3　8255A 的 C 口联络控制信号线

C 口 的 位	方式 1(A 口、B 口)		方式 2(仅用于 A 口)	
	输入	输出	输入	输出
PC0	$INTR_B$	$INTR_B$	I/O	I/O
PC1	IBF_B	$\overline{OBF_B}$	I/O	I/O

续表

C 口 的 位	方式 1(A 口、B 口)		方式 2(仅用于 A 口)	
	输入	输出	输入	输出
PC2	$\overline{STB_B}$	$\overline{ACK_B}$	I/O	I/O
PC3	$INTR_A$	$INTR_A$	$INTR_A$	$INTR_A$
PC4	$\overline{STB_A}$	I/O	$\overline{STB_A}$	×
PC5	IBF_A	I/O	IBF_A	×
PC6	I/O	$\overline{ACK_A}$	×	$\overline{ACK_A}$
PC7	I/O	$\overline{OBF_A}$	×	$\overline{OBF_A}$

表 7.3 中输出情况下联络信号的含义：

（1）$\overline{ACK}$(acknowledge)：外设响应输入信号，低电平有效。它是由外设送给 8255A 的，当 $\overline{ACK}=0$ 时，表明外设已经取走并且处理完 CPU 通过 8255A 输出的数据。

（2）$\overline{OBF}$(output buffer full)：输出缓冲器满信号，低电平有效。这是 8255A 送给外设的一个控制信号，当 $\overline{OBF}=0$ 时，表示 CPU 已经把数据写入 8255A 指定的端口，通知外设可以把数据取走。

（3）INTR：中断请求信号，高电平有效。当外设已经接收了 CPU 通过 8255A 输出的数据后，INTR=1，向 CPU 申请中断，要求 CPU 继续输出数据，CPU 在中断程序中把数据写入 8255A，写入后使 $\overline{OBF}$ 有效，启动外设工作。

4. 8255A 的控制字

8255A 共有 2 个控制字，方式选择控制字和端口 C 置 1/置 0 控制字。

1）方式选择控制字

8255A 的三个端口工作在什么方式，是输入还是输出，都是由方式选择控制字设定。控制字的格式如图 7.9 所示。

在图 7.9 中：D2～D0 控制 B 口和 PC7～PC4；D6～D3 控制 A 口和 PC7～PC4。

另外，在用户选择方式 1 或 2 时，对 C 口的定义无论是输入还是输出，都不影响 C 口作为控制联络线使用的各位的功能，但未用于控制联络线的各位，仍用 D0、D3 定义。

2）端口 C 置 1/置 0 控制字

由于 C 口常作为联络控制位使用，应使 C 口中的各位可以用置 1/置 0 控制字单独设置，以实现用户要求的控制功能。格式如图 7.10 所示。

在图 7.10 中，对 C 口的某一位 PCi 进行置 1 或置 0 操作由 D0 设定，选择 C 口的哪一位进行操作则是由 D3D2D1 来设定，每次设定只能对 C 口的一位置 1 或清 0。

D7=0 是这个控制字的特征位，CPU 靠这个位来区别共用一个地址（A1A0＝11）的两个字。

对 8255A 进行初始化程序设计。例如：要求 A 口工作在方式 0，输入；B 口工作在方式 1，输出；C 口高 4 位 PC7～PC4 为输入；C 口低 4 位 PC3～PC0 为输出。则由图 7.9 所得 8255A 对应的方式选择控制字为：10011100B＝9CH。实现上述要求的初始化程序为：

```
MOV    R1,#03H    ;03H 为 8255A 控制寄存器地址
MOV    A,#9CH     ;8255A 工作方式字为 9CH
MOVX   @R1,A      ;(R1)←A,方式字送入 8255A 控制口
```

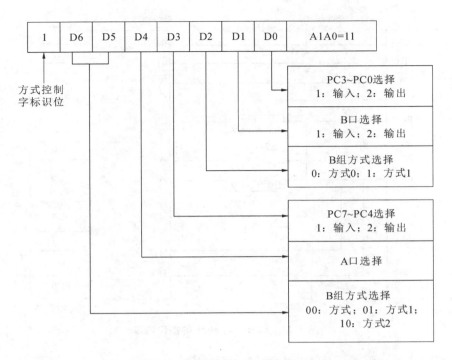

图 7.9　8255A 的工作方式选择控制字

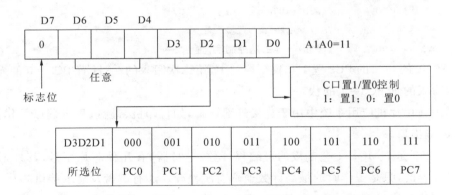

图 7.10　8255A 端口 C 置 1/置 0 控制字

5. 8255A 和 8031 的硬件接口

8255A 与 8031 的硬件接口电路如图 7.11 所示。

在图 7.11 中连接的 A1、A0 和 $\overline{CS}$ 线,按表 7.3 所示,8255A 的 A、B、C 口和控制寄存器的地址依次为 00H、01H、02H 和 03H。

8255A 的 C 口具有位操作功能,把一个置 1/置 0 控制字送入 8255A 的控制口,就能把 C 口的某一位置 1 或清 0 而不影响其他位的状态。这个功能主要用于控制。

如果用户需要将 C 口的 PC3 位置 1,而将 PC5 位置 0,则需要分两次写入置 1/置 0 控制字。由图 7.10 可知,将 PC3 置 1 的控制字为 00000111B＝07H;将 PC5 置 0 的控制字为 00001010B＝0AH。根据图 7.11 的电路,可编程如下:

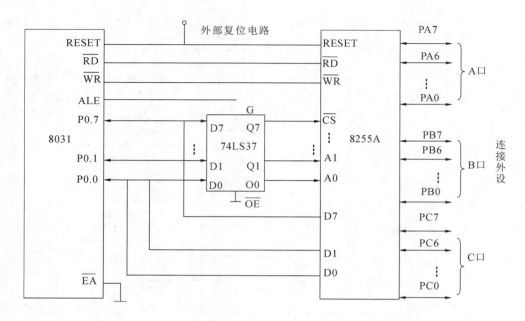

图 7.11　8255A 与 8031 的接口电路

```
MOV    R0,#03H    ;R0←03H,8255A 控制口地址
MOV    A,#07H     ;A←07H,将 PC3 置 1 控制字
MOVX   @R0,A      ;(03H)←07H,送控制字,置 PC3=1
MOV    A,#0AH     ;A←0AH,将 PC5 置 0 控制字
MOVX   @R0,A      ;(03H)←0AH,送控制字,置 PC5=0
```

在 8255A 的 C 口的 PC3 置 1 和置 0 控制中,第二次写入的 0AH 置 PC5=0 的操作不影响第一次写入的置 PC3=1 的状态。

8255A 在单片机应用系统中用于连接外部设备,如打印机、键盘、显示器以及作为控制、状态输入/输出口。

Intel 8253 是 NMOS 工艺制成的可编程计数/定时器,有几种芯片型号,其外形引脚及功能都是兼容的,只是工作时的最高计数速率有所差异。还有键盘及显示接口芯片 8279,这两种接口芯片在这里不再讲述,大家可以通过文献或者网络资源深入学习。

7.4　I²C 串行总线接口

单片机应用系统正向小型化、高可靠性、低功耗等方向发展。在一些设计功能较多的系统中,常需扩展多个外围接口器件。若采用传统的并行扩展方式,将占用较多的系统资源,且硬件电路复杂,成本高、功耗大、可靠性差。为此,Philips 公司推出了一种高效、可靠、方便的串行扩展总线——I²C 总线。单片机系统采用 I²C 总线后,将大大简化电路结构,增加硬件的灵活性,缩短产品开发周期,降低成本,提高系统可靠性。

I²C 总线是 Philips 公司推出的芯片间的串行传输总线。它以两根连线实现了完善的全双工同步数据传送,可以方便地构成多机系统和外围器件扩展系统。

7.4.1 I²C 总线器件应用概述

1. I²C 总线器件

目前许多单片机厂商引进了 Philips 公司的 I²C 总线技术,推出了许多带有 I²C 总线接口的单片机。Philips 公司除了生产具有 I²C 总线接口的单片机外,还推出了许多具备 I²C 总线的外部接口芯片,如 24XX 系列的 EEPROM、128 字节的静态 RAM 芯片 PCF8571、日历时钟芯片 PCF8563、4 位 LED 驱动芯片 SAA1064、160 段 LCD 驱动芯片 PCF8576 等多种类、多系列的接口芯片。

2. I²C 总线工作原理

I²C 总线系统的结构如图 7.12 所示。其中,SCL 是时钟线,SDA 是数据线。总线上的各器件都采用漏极开路结构与总线相连,因此,SCL、SDA 均需接上拉电阻,总线在空闲状态下均保持高电平。

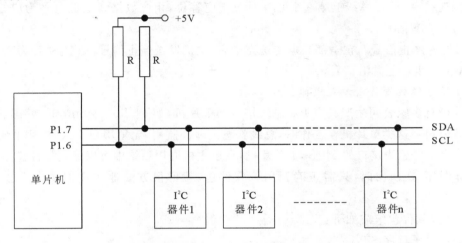

图 7.12 I²C 总线系统结构图

I²C 总线支持多主和主从两种工作方式,通常为主从工作方式。在主从工作方式下,系统中只有一个主器件(单片机),总线上其他器件都是具有 I²C 总线的外围从器件。在主从工作方式下,主器件启动数据的发送(发出启动信号),产生时钟信号,发出停止信号。为了实现通信,每个从器件均有唯一一个器件地址,具体地址由 I²C 总线委员会分配。

1) I²C 总线工作方式

I²C 总线上进行一次数据传输的通信格式如图 7.13 所示。

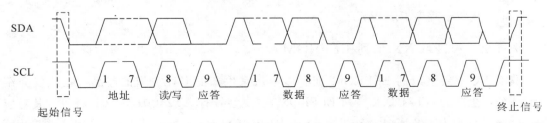

图 7.13 I²C 总线上进行一次数据传输的通信格式

(1) 发送启动(开始)信号。在利用 I²C 总线进行一次数据传输时,首先由主机发出启动信号,启动 I^2C 总线。在 SCL 为高电平期间,SDA 出现下升沿则为启动信号(SDA 由高电平向低电平跳变)。此时具有 I^2C 总线接口的从器件会检测到该信号。

(2)主机发送启动信号后,再发出寻址信号。器件地址有 7 位和 10 位两种,这里只介绍 7 位地址寻址方式。寻址信号由一个字节构成,高 7 位为地址位,最低位为方向位,用以表明主机与从器件的数据传送方向。方向位为"0",表明主机对从器件的写操作;方向位为"1",表明主机对从器件的读操作。

(3) I^2C 总线协议规定,每传送一个字节数据(含地址及命令字)后,都要有一个应答信号,以确定数据传送是否正确。应答信号由接收设备产生,在 SCL 信号为高电平期间,接收设备将 SDA 拉为低电平,表示数据传输正确,产生应答。

(4)数据传输。主机发送寻址信号并得到从器件应答后,便可进行数据传输,每次一个字节,但每次都应在得到应答信号后再进行下一字节传送。

(5)非应答信号。当主机为接收设备时,主机对最后一个字节不应答,以向发送设备表示数据传送结束。I^2C 总线上第 9 个时钟对应于应答位,相应数据线上低电平为应答信号,高电平为非应答信号。

(6)发送停止信号。在全部数据传送完毕后,主机发送停止信号,即在 SCL 为高电平期间,SDA 上产生一上升沿信号。

2)I^2C 总线数据传输方式模拟

目前已有多家公司生产具有 I^2C 总线接口的单片机,如 Philips、Motorola、韩国三星、日本三菱等公司。这类单片机在工作时,总线状态由硬件监测,无须用户介入,应用非常方便。对于不具有 I^2C 总线接口的 MCS-51 单片机,在单主机应用系统中可以通过软件模拟 I^2C 总线的工作时序,在使用时,只需正确调用该软件包,就可很方便地实现扩展 I^2C 总线接口器件。

I^2C 总线软件包组成如下:

启动信号子程序 STA;

停止信号子程序 STOP;

发送应答位子程序 MACK;

发送非应答位子程序 MNACK;

应答位检查子程序 CACK;

单字节发送子程序 WRBYT;

单字节接收子程序 RDBYT;

n 字节发送子程序 WRNBYT;

n 字节接收子程序 RDNBYT。

◆ 7.4.2　AT24CXX 系列 EEPROM

具有 I^2C 总线接口的 EEPROM 拥有多个厂家生产的多种类型的产品。在此仅介绍 Atmel 公司生产的 AT24CXX 系列 EEPROM,主要型号有 AT24C01/02/04/08/16,其对应的存储容量分别为 128 B×8、256 B×8、512 B×8、1024 B×8、2048 B×8。采用这类芯片可解决掉电数据保护问题,所存数据可保存 100 年,并可多次擦写,擦写次数可达 10 万次。

在一些应用系统的设计中,有时需要对工作数据进行掉电保护,如电子式电能表等智能化产品。若采用普通存储器,在掉电时需要备用电池供电,并需要在硬件上增加掉电检测电路,存在电池不可靠及扩展存储芯片占用单片机过多端口的缺点。此时采用具有 I^{2}C 总线接口的串行 EEPROM 器件可很好地解决掉电数据保持问题,且硬件电路简单。

1. AT24C02 的结构及功能

1) AT24C02 的引脚功能

AT24C02 芯片常用的封装形式有直插式和贴片式两种,其中直插式引脚图如图 7.14 所示。

各引脚功能如下:

1 脚、2 脚、3 脚(A0、A1、A2):可编程地址输入端。

4 脚(V$_{ss}$):电源地。

5 脚(SDA):串行数据输入/输出端。

6 脚(SCL):串行时钟输入端。

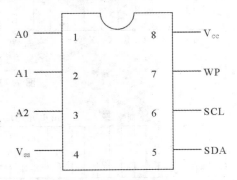

图 7.14　AT24C02 直插式引脚图

7 脚(WP):写保护输入端,用于硬件数据保护,当其为低电平时,可以对整个存储器进行正常的读/写操作;当其为高电平时,存储器具有写保护功能,但读操作不受影响。

8 脚(V$_{cc}$):电源正端。

2) AT24C02 的存储结构与寻址

AT24C02 的存储容量为 256B,内部分成 32 页,每页 8B。操作时有两种寻址方式:芯片寻址和片内地址寻址。AT24C02 的芯片地址为 1010,其地址控制字格式为 1010A2A1A0D0,其中 A2、A1、A0 为可编程地址选择位。A2、A1、A0 引脚接高、低电平后得到确定的 3 位编码,与 1010 形成 7 位编码,即为该器件的地址码。D0 为芯片读写控制位,该位为 0,表示对芯片进行写操作;该位为 1,表示对芯片进行读操作。片内地址寻址可对内部 256B 中的任一个地址进行读/写操作,其寻址范围为 00H~0FFH,共 256 个寻址单元。

3) AT24C02 的读/写操作时序

串行 EEPROM 一般有两种写入方式:一种是字节写入方式,另一种是页写入方式。页写入方式允许在一个写周期内(10 ms 左右)对一个字节到一页的若干字节进行编程写入,AT24C02 的页面大小为 8B。采用页写入方式可提高写入效率,但也容易发生事故。AT24C02 系列片内地址在接收到每一个数据字节后自动加 1,故装载一页以内的数据字节时,只需输入首地址。如果写到此页的最后一个字节,主器件继续发送数据,数据将重新从该页的首地址写入,进而造成原来的数据丢失,这就是页地址空间的"上卷"现象。解决"上卷"的方法:在第 8 个数据后将地址强制加 1,或是将下一页的首地址重新赋给寄存器。

(1) 字节写入方式:单片机在一次数据帧中只访问 EEPROM 一个单元。在这种方式下,单片机先发送启动信号,然后送一个字节的控制字,再送一个字节的存储器单元子地址,上述几个字节都得到 EEPROM 响应后,再发送 8 位数据,最后发送 1 位停止信号。字节写入时序如图 7.15 所示。

(2) 页写入方式:单片机在一个数据写周期内可以连续访问 1 页(8 个)EEPROM 存储单元。在该方式中,单片机先发送启动信号,接着送一个字节的控制字,再送 1 个字节的存储单元地址,上述几个字节都得到 EEPROM 应答后,就可以送最多 1 页的数据,并顺序存放在指定起始地址的相继单元中,最后以停止信号结束,页写入时序如图 7.16 所示。

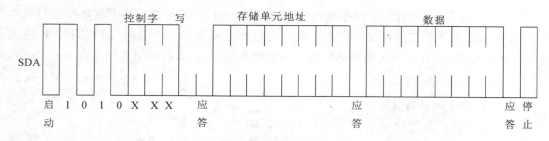

图 7.15 字节写入时序图

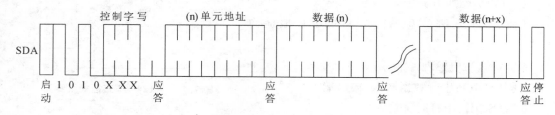

图 7.16 页写入时序图

(3) 指定地址读操作:读指定地址单元的数据。单片机在启动信号后先发送含有片选地址的写操作控制字,EEPROM(2KB 以内的 EEPROM)应答后再发送 1 个字节的指定单元的地址,EEPROM 应答后再发送 1 个含有片选地址的读操作控制字,此时如果 EEPROM 做出应答,被访问单元的数据就会按 SCL 信号同步出现在串行数据/地址线 SDA 上。这种读操作的数据时序如图 7.17 所示。

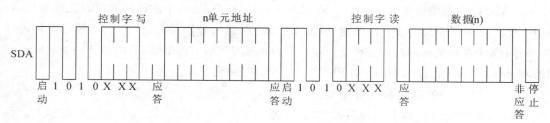

图 7.17 指定地址字节读时序图

(4) 连续地址读操作:此种方式的地址控制与前面的指定地址读操作相同。单片机接收到每个字节数据后应做出应答,只要 EEPROM 检测到应答信号,其内部的地址寄存器就自动加 1 并指向下一单元,并顺序将指向单元的数据送到 SDA 串行数据线上。当需要结束读操作时,单片机接收到数据后,在需要应答时发送一个非应答信号,再发送一个停止信号即可。这种读操作的数据时序如图 7.18 所示。

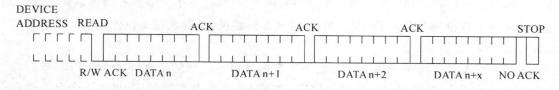

图 7.18 连续地址读时序图

2. AT24C××系列 IC 卡简介

1）IC 卡标准及其触点定义

IC 卡及其触点如图 7.19 所示。

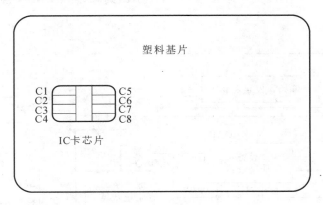

图 7.19　IC 卡示意图

国际标准化组织（ISO）专门为 IC 卡制定了国际标准：ISO/IEC7816，为 IC 卡在全世界范围内的推广和应用创造了规范化的前提和条件，使 IC 卡技术得到了飞速发展。根据国际标准 ISO 7816 对接触式 IC 卡的规定，在 IC 卡的左上角封装有 IC 芯片，其上覆盖有 6 或 8 个触点和外部设备进行通信，见图 7.19。部分触点及其定义如表 7.4 所示。

表 7.4　IC 卡触点的定义

芯 片 触 点	触 点 定 义	功　　能
C1	V_{CC}	工作电压
C2	NC	空脚
C3	SCL(CLK)	串行时钟
C4	NC	空脚
C5	GND	地
C6	NC	空脚
C7	SDA(I/O)	串行数据（输入输出）
C8	NC	空脚

2）AT24C××系列 IC 卡型号与容量

Atmel 公司生产的 AT24C××系列 IC 卡采用低功耗 CMOS 工艺制造，芯片型号规格比较齐全，工作电压选择多样化，操作方式标准化，因而使用方便，是目前应用较多的一种存储卡。这种卡实质就是前面介绍的 AT24C 系列存储器。AT24C××系列 IC 卡型号与容量如表 7.5 所示。

表 7.5　AT24C××系列 IC 卡型号与容量

型　　号	容量/K	内 部 组 态	随机寻址地址位
AT24C01	1	128 个 8 位字节	7
AT24C02	2	256 个 8 位字节	8
AT24C04	4	2 块 256 个 8 位字节	9
AT24C08	8	4 块 256 个 8 位字节	10
AT24C16	16	8 块 256 个 8 位字节	11
AT24C32	32	32 块 128 个 8 位字节	12

3. AT24C××系列 IC 卡工作原理

AT24C××系列 IC 卡的内部逻辑结构如图 7.20 所示。其中 A2、A1、A0 为器件/页地址输入端,在 IC 卡芯片中,将此三端接地,并且不引出到触点上(如图中虚线所示)。

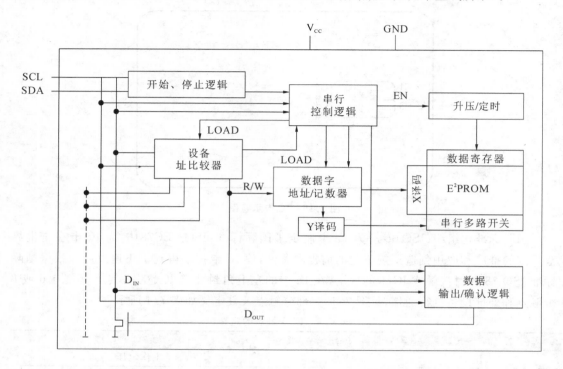

图 7.20 IC 卡内部逻辑结构

1) 内部逻辑单元功能

(1) 芯片信号线:SCL 时钟信号线和 SDA 数据信号线。数据传输采用 I^2C 总线协议,当 SCL 为高电平期间,SDA 上的数据信号有效;当 SCL 为低电平期间,允许 SDA 上的数据信号变化。

(2) 启动与停止逻辑单元。当 SCL 为高电平期间,SDA 从低电平上升为高电平的跳变信号,作为 I^2C 总线的停止信号;当 SCL 为高电平期间,SDA 从高电平下降为低电平的跳变信号,作为 I^2C 总线的启动信号。

(3) 串行控制逻辑单元:芯片正常工作的核心控制单元。该单元根据输入信号产生各种控制信号。在寻址操作时,它控制地址计数器加 1 并启动地址比较器工作;在进行写操作时,它控制升压/定时电路,为 EEPROM 提供编程高压;在进行读操作时,它对输出/确认逻辑单元进行控制。

(4) 地址/计数器单元。根据读/写控制信号及串行逻辑控制信号产生 EEPROM 单元地址,并分别送到 X 译码器进行字选(字长 8 位),送到 Y 译码器进行位选。

(5) 升压定时单元。该单元为片内升压电路,在芯片采用单一电源供电情况下,它可将电源电压提升到 12～21.5V,以供作 EEPROM 编程高压。

（6）EEPROM 存储单元。该单元为 IC 卡芯片的存储模块,其存储单元的多少决定了卡片的存储容量。

2）芯片寻址方式

（1）器件地址与页面选择。IC 卡芯片的器件地址为 8 位,即 7 位地址码、1 位读/写控制码。如图 7.20 可见,与普通 24×× 系列 EEPROM 集成电路相比,IC 卡芯片的 A2、A1、A0 端均已在卡片内部接地,而没有引到外部触点上,在使用时,不同型号 IC 卡的器件地址码如表 7.6 所示。

表 7.6　IC 卡的器件地址码

IC 卡型号	容量/K	B7	B6	B5	B4	B3	B2	B1	B0
AT24C01	1	1	0	1	0	0	0	0	$R/\overline{W}$
AT24C02	2	1	0	1	0	0	0	0	$R/\overline{W}$
AT24C04	4	1	0	1	0	0	0	P0	$R/\overline{W}$
AT24C08	8	1	0	1	0	0	P1	P0	$R/\overline{W}$
AT24C16	16	1	0	1	0	P2	P1	P0	$R/\overline{W}$
AT24C32	32	1	0	1	0	0	0	0	$R/\overline{W}$

对于容量为 1K、2K 的卡片,其器件地址是唯一的,无须进行页面选择。

对于容量为 4K、8K、16K 的卡片,利用 P2、P1、P0 进行页面地址选择。不同容量的芯片,页面数不同,如 AT24C08 根据 P1、P0 的取值不同,有 0、1、2、3 四个页面,每个页面有 256 个字节存储单元。

对于容量为 32K 的卡片,没有采用页面寻址方式,而是采用直接寻址方式。

（2）字节寻址。在器件地址码后面,发送字节地址码。对于容量小于 32K 的卡片,字节地址码长度为一个字节(8 位)。对于容量为 32K 的卡片,采用 2 个 8 位数据字作为寻址码。第一个地址字只有低 4 位有效,此低 4 位与第二个字节的 8 位一起组成 12 位长的地址码,对 4096 个字节进行寻址。

3）读、写操作

对 AT24C×× 系列 IC 卡的读、写操作实质上就是对普通 AT24C 系列 EEPROM 的读、写,其操作方式完全一样。

7.4.3　AT24C02 的单片机应用实例

例 7-3　如图 7.21 所示,该电路实现的功能是开机次数统计。数码管初始显示"0",复位后,数码管将无数字显示。当再次按下开机,CPU 会从 AT24C02 里面调出保存的开机次数,加 1 后显示在数码管上,如此反复。

解　程序如下:

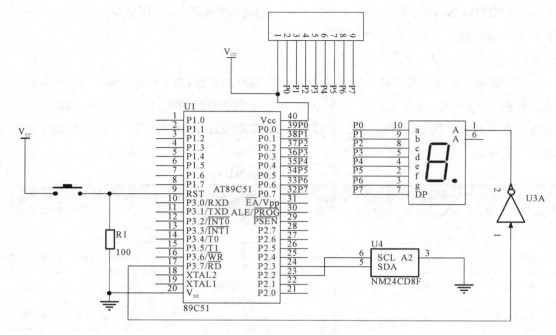

图 7.21　AT24C02 的单片机应用

```c
#include < reg52.h>
#include < intrins.h>
#define uchar unsigned char
#define uint unsigned int
#define OP_WRITE 0xA0            // 器件地址以及写入操作
#define OP_READ   0xA1            // 器件地址以及读取操作
uchar code display[ ]={
    0xC0,0xF9,0xA4,0xB0,0x99,0x92,0x82,0xF8,0x80,0x90 };
sbit SDA= P2^3;
sbit SCL= P2^2;
sbit SMG= P3^7;                 //定义数码管选择引脚
void start();
void stop();
uchar shin();
bit shout(uchar write_data);
void write_byte( uchar addr,uchar write_data);
//void fill_byte(uchar fill_size,uchar fill_data);
void delay ms(uintms);
uchar read_current();
uchar read_random(uchar random_addr);
#define delayNOP();{_nop_();_nop_();_nop_();_nop_();};
/****************************** /
main(void)
{
  uchar i=1;
```

```c
    SMG=0;                  //选数码管
    SDA=1;
    SCL=1;
    i=read_random(1);       //从 AT24C02 移出数据送到 i 暂存
    if(i>=9)
    i=0;
    else
    i++;
    write_byte(1,i);        //写入新的数据到 EEPROM
    P0=display[i];          //显示
    while(1);               //停止等下一次开机或复位
}
/********************************** /
void start()
//开始位
{
    SDA=1;
    SCL=1;
    delayNOP();
    SDA=0;
    delayNOP();
    SCL=0;
}
/********************************** /
void stop()
// 停止位
{
    SDA=0;
    delayNOP();
    SCL=1;
    delayNOP();
    SDA=1;
}
/********************************** /
uchar shin()
// 从 AT24C02 移出数据到 MCU
{
    uchar i,read_data;
    for(i=0;i<8;i++)
    {
    SCL=1;
    read_data<<=1;
    read_data|=SDA;
```

```c
      SCL=0;
     }
    return(read_data);
}
/******************************* /
bit shout(uchar write_data)
// 从 MCU 移出数据到 AT24C02
{
  uchar i;
  bit ack_bit;
  for(i=0;i < 8;i++)              // 循环移入 8个位
   {
  SDA= (bit)(write_data & 0x80);
  _nop_();
  SCL=1;
  delayNOP();
  SCL=0;
  write_data < < =1;
   }
  SDA=1;                          // 读取应答
  delayNOP();
  SCL=1;
  delayNOP();
  ack_bit=SDA;
  SCL=0;
  return ack_bit;                 // 返回 AT24C02 应答位
}
/******************************* /
void write_byte(uchar addr,uchar write_data)
// 在指定地址 addr 处写入数据 write_data
{
  start();
  shout(OP_WRITE);
  shout(addr);
  shout(write_data);
  stop();
  delay ms(10);                   // 写入周期
}
/******************************* /
/*
void fill_byte(uchar fill_size,uchar fill_data)
// 填充数据 fill_data 到 EEPROM 内 fill_size 字节
{
  uchar i;
```

```
    for(i=0;i < fill_size;i++)
    {
    write_byte(i,fill_data);
    }
    }
* /
/******************************** /
uchar read_current()
// 在当前地址读取
{
  uchar read_data;
  start();
  shout(OP_READ);
  read_data= shin();
  stop();
  return read_data;
}
/******************************** /
uchar read_random(uchar random_addr)
// 在指定地址读取
{
  start();
  shout(OP_WRITE);
  shout(random_addr);
  return(read_current());
}
/******************************** /
void delay ms(uintms)
// 延时子程序
{
  uchar k;
  while( ms--)
  {
    for(k=0;k < 120;k++);
  }
}
```

7.5 SPI 串行总线

◆ 7.5.1 SPI 接口

SPI(serial peripheral interface)总线系统是一种同步串行外设接口,它可以使 MCU 与各种外围设备以串行方式进行通信以交换信息。SPI 有三个寄存器,分别为控制寄存器 SPCR、状态寄存器 SPSR、数据寄存器 SPDR,其外围设备有 FlashRAM、网络控制器、LCD 显示驱动器、A/D 转换器和 MCU 等。SPI 总线系统提供了可直接与各个厂家生产的多种标准外围器件连接的接口,该接口一般使用 4 条线:串行时钟线(SCLK)、主机输入/从机输出数据线 MISO、主机输出/从机输入数据线 MOSI 和低电平有效的从机选择线 CS(有的 SPI 接口芯片带有中断信号线 INT,有的 SPI 接口芯片没有主机输出/从机输入数据线 MOSI)。

SPI 接口在 CPU 和外围低速器件之间进行同步串行数据传输,在主器件的移位脉冲下,数据按位传输,高位在前,低位在后,为全双工通信,数据传输速度总体来说比 I^2C 总线要快。

SPI 串行扩展如图 7.22 所示,接口包括以下四种信号。

(1) MOSI:主器件数据输出,从器件数据输入;

(2) MISO:主器件数据输入,从器件数据输出;

(3) SCLK:时钟信号,由主器件产生;

(4) $\overline{CS}$:从器件使能信号,由主器件控制。

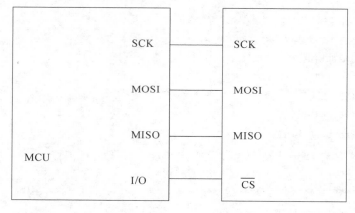

图 7.22　SPI 串行扩展示意图

在点对点的通信中,SPI 接口不需要进行寻址操作,且为全双工通信,显得简单高效。在多个从器件组成的系统中,每个从器件需要独立的使能信号,硬件上比 I^2C 系统要稍微复杂一些。SPI 接口的内部硬件实际上是两个简单的移位寄存器,传输的数据为 8 位,在主器件产生的从器件使能信号和移位脉冲下,按位传输,高位在前,低位在后。

SPI 接口为了和外设进行数据交换,根据外设的工作要求,其输出的串行同步时钟的极性和相位可以进行配置。时钟极性(CPOL)对传输协议没有太大影响。如果 CPOL=0,串行同步时钟的空闲状态为低电平;如果 CPOL=1,串行同步时钟的空闲状态为高电平。时钟相位(CPHA)能够用于选择两种不同的传输协议进行数据传输。如果 CPHA=0,在串行同步时钟的第一个跳变沿(上升或下降)数据被采样;如果 CPHA=1,在串行同步时钟的第二个跳变沿(上升或下降)数据被采样。SPI 主模块和与之通信的外设间的时钟相位和极性应该一致。SPI 串行通信如图 7.23 所示。

优点:由于 SPI 总线系统一共只需 3～4 位数据线和控制线即可实现与具有 SPI 总线接口功能的各种 I/O 器件进行连接,而扩展并行总线需要 8 根数据线、8～16 位地址线、2～3

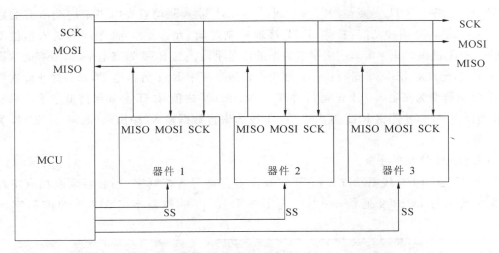

图 7.23　SPI 串行通信示意图

位控制线,因此,采用 SPI 总线接口可以简化电路设计,节省很多常规电路中的接口器件和 I/O 口线,提高设计的可靠性。

缺点:没有指定的流控制,没有应答机制以确认是否接收到数据。

应用:在 MCS-51 系列等不具有 SPI 接口的单片机组成的智能仪器和工业测控系统中,当传输速度要求不是太高时,使用 SPI 总线可以增加应用系统接口器件的种类,提高应用系统的性能。

7.5.2　DS1302 简述

现在流行的串行时钟芯片有很多,如 DS1302、DS1307、PCF8485 等,这些芯片的接口简单、价格低廉、使用方便,被广泛地采用。实时时钟芯片 DS1302 具有涓细电流充电能力的时钟电路,主要特点是采用串行数据传输,可为掉电保护电源提供可编程的充电功能,并且可以关闭充电功能。其采用普通 32.768kHz 晶振。

1. DS1302 的结构及工作原理

DS1302 是美国 Dallas 公司推出的一种高性能、低功耗、带 RAM 的实时时钟芯片。它可以对年、月、日、周日、时、分、秒进行计时,具有闰年补偿功能,工作电压为 2.5～5.5 V,采用三线接口与 CPU 进行同步通信,并可采用突发方式一次传送多个字节的时钟信号或 RAM 数据。DS1302 内部有一个 31×8 的用于临时存放数据的 RAM 寄存器。DS1302 是 DS1202 的升级产品,与 DS1202 兼容,但增加了主电源/后备电源双电源引脚,同时提供了对后备电源进行涓细电流充电的能力。

1) DS1302 的引脚功能

DS1302 的引脚排列如图 7.24 所示,其中 Vcc1 为后备电源,Vcc2 为主电源。在主电源关闭的情况下,也能保持时钟的连续运行。DS1302 由 Vcc1 或 Vcc2 两者中的较大者供电。当 Vcc2 大于 Vcc1 0.2V 时,Vcc2 给 DS1302 供电;当 Vcc2 小于 Vcc1 时,DS1302 由 Vcc1 供电。X1 和 X2 是振荡源,外接

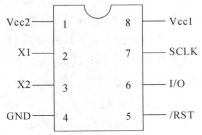

图 7.24　DS1302 的引脚排列图

32.768kHz 晶振。RST 是复位/片选线,通过把 RST 输入驱动置高电平来启动所有的数据传送。RST 输入有两种功能:首先,RST 接通控制逻辑,允许地址/命令序列送入移位寄存器;其次,RST 提供终止单字节或多字节数据的传送手段。当 RST 为高电平时,所有的数据传送被初始化,允许对 DS1302 进行操作。如果在传送过程中 RST 置低电平,则会终止此次数据传送,I/O 引脚变为高阻态。上电运行时,在 Vcc>2.0V 之前,RST 必须保持低电平。只有在 SCLK 为低电平时,才能将 RST 置高电平。I/O 为串行数据输入/输出端(双向)。SCLK 为时钟输入端。

2) DS1302 的控制字节

DS1302 是 SPI 总线驱动方式,它不仅要向寄存器写入控制字,还需要读取相应寄存器的数据。要想与 DS1302 通信,首先要先了解 DS1302 的控制字,DS1302 的控制字格式如下:

7	6	5	4	3	2	1	0
1	RAM $\overline{\text{CK}}$	A4	A3	A2	A1	A0	RD $\overline{\text{WR}}$

位 7:控制字的最高有效位,必须是逻辑 1;如果为 0,则不能把数据写入 DS1302 中。

位 6:如果为 0,则表示存取日历时钟数据;如果为 1,则表示存取 RAM 数据。

位 5~位 1:指示操作单元的地址。

位 0:最低有效位,为 0 表示进行写操作,为 1 表示进行读操作。

需要注意的是,控制字节总是从最低位开始输出。

3) 数据输入/输出

在控制指令字输入后的下一个 SCLK 时钟的上升沿,数据被写入 DS1302,数据输入从低位即位 0 开始。同样,在紧跟 8 位的控制指令字后的下一个 SCLK 脉冲的下降沿,读出 DS1302 的数据,读出数据的顺序为从低位 0 到高位 7。

DS1302 的数据读写是通过 I/O 串行进行的,进行一次读写操作最少得读写两个字节:第一个字节是控制字节,就是一个命令,告诉 DS1302 是读操作还是写操作,是对 RAM 还是对 CLOCK 寄存器的操作以及操作地址;第二个字节就是要读或写的数据了。

单字节写:在进行操作之前先将 CE(也可说是 RST)置高电平,然后单片机将控制字的位 0 放 I/O 上,当 I/O 的数据稳定后,将 SCLK 置高电平,DS1302 检测到 SCLK 的上升沿后就读取 I/O 上的数据,然后单片机将 SCLK 置低电平,再将控制字的位 1 放到 I/O 上。如此反复,将一个字节控制字的 8 个位传给 DS1302,接下来就是传一个字节的数据给 DS1302,当传完数据后,单片机将 CE 置低电平,操作结束。

单字节读:操作一开始的写控制字的过程和上面的单字节写操作一样,不同的是,单字节读操作在写控制字的最后一个位 SCLK 还在高电平时,DS1302 就将数据放到 I/O 上,单片机将 SCLK 置低电平后数据锁存,单片机就可以读取 I/O 上的数据。如此反复,将一个字节的数据读入单片机。

读与写操作的不同:写操作是在 SCLK 低电平时,单片机将数据放到 I/O 上,当 SCLK 为上升沿时 DS1302 读取;而读操作是在 SCLK 高电平时,DS1302 将数据放到 I/O 上,

SCLK 置低电平后,单片机就可从 I/O 上读取数据。

4) DS1302 的寄存器

(1) 实时时钟/日历(12 个字节)。

DS1302 有关日历、时间的寄存器共有 12 个,其中 7 个寄存器(读时 81h~8Dh,写时 80h~8Ch)存放的数据格式为 BCD 码形式,如表 7.7 所示。

此外,DS1302 还有年份寄存器、控制寄存器、充电寄存器、时钟突发寄存器及与 RAM 相关的寄存器等。时钟突发寄存器可一次性顺序读写除充电寄存器外的所有寄存器的内容。

小时寄存器(85h,84h)的位 7 用于定义 DS1302 是运行于 12 小时模式还是 24 小时模式。当为高电平时,选择 12 小时模式。在 12 小时模式时,位 5 是 AM/PM 选择位,为 1 时表示 PM。在 24 小时模式时,位 5 是第二个 10 小时位。

秒寄存器(81h,80h)的位 7 定义为时钟暂停标志(CH)。当该位置为 1 时,时钟振荡器停止,DS1302 处于低功耗状态;当该位置为 0 时,时钟开始运行。

表 7.7 实时时钟/日历的数据格式

读寄存器	写寄存器	BIT7	BIT6	BIT5	BIT4	BIT3	BIT2	BIT1	BIT0	范围
81h	80h	CH		10 秒			秒			00~59
83h	82h			10 分			分			00~59
85h	84h	$12/\overline{24}$	0	10 AM/PM	时		时			1~12/0~23
87h	86h	0	0	10 日			日			1~31
89h	88h	0	0	0	10 月		月			1~12
8Bh	8Ah	0	0	0	0	0	周日			1~7
8Dh	8Ch			10 年			年			00~99
8Fh	8Eh	WP	0	0	0	0	0	0	0	—

控制寄存器(8Fh、8Eh)的位 7 是写保护位(WP),其他 7 位均置为 0。在对时钟和 RAM 执行任何写操作之前,WP 位必须为 0。当 WP 位为 1 时,写保护位阻止对任一寄存器的写操作。

(2) 静态 RAM(31 个字节)。

DS1302 与 RAM 相关的寄存器分为两类:一类是单个 RAM 单元,共 31 个,每个单元组态为一个 8 位的字节,其命令控制字为 C0H~FDH,其中奇数为读操作,偶数为写操作;另一类为突发方式下的 RAM 寄存器,此方式下可一次性读写所有的 RAM 的 31 个字节,命令控制字为 FEH(写)、FFH(读)。

DS1302 中附加 31 字节静态 RAM 的地址如表 7.8 所示。

表 7.8 DS1302 静态 RAM 地址

读 地 址	写 地 址	数 据 范 围
C1H	C0H	00~FFH
C3H	C2H	00~FFH
C5H	C4H	00~FFH

读 地 址	写 地 址	数 据 范 围
...	...	...
FDH	FCH	00~FFH

2. DS1302 实时显示时间的软硬件

DS1302 与 CPU 的连接需要三条线，即 SCLK(7)、I/O(6)、RST(5)。实际上，在调试程序时可以不加电容器，只加一个 32.768kHz 的晶振即可。另外，还可以在电路中加入 DS18B20，同时显示实时温度，只要占用 CPU 一个端口即可。LCD 可以换成 LED，还可以使用 10 位多功能 8 段液晶显示模块 LCM101，内含看门狗(WDT)/时钟发生器及两种频率的蜂鸣器驱动电路，并有内置显示 RAM，可显示任意字段笔画，具有 3~4 线串行接口，可与任何单片机、IC 接口。功耗低，显示状态时电流为 $2\mu A$（典型值），省电模式时小于 $1\mu A$，工作电压为 2.4~3.3V，显示清晰。

3. 调试中问题说明

DS1302 与微处理器进行数据交换时，首先由微处理器向电路发送命令字节，命令字节最高位 D7 必须为逻辑 1，如果 D7＝0，则禁止写 DS1302，即写保护。D6＝0，指定时钟数据；D6＝1，指定 RAM 数据。D5~D1 指定输入或输出的特定寄存器。最低位 D0 为逻辑 0，指定写操作（输入），D0＝1，指定读操作（输出）。

在 DS1302 的时钟/日历或 RAM 进行数据传送时，DS1302 必须首先发送命令字节。若进行单字节传送，8 位命令字节传送结束之后，在下 2 个 SCLK 周期的上升沿输入数据字节，或在下 8 个 SCLK 周期的下降沿输出数据字节。DS1302 与 RAM 相关的寄存器分为两类：一类是单个 RAM 单元，共 31 个，每个单元组态为一个 8 位的字节，其命令控制字为 C0H~FDH，其中奇数为读操作，偶数为写操作；另一类为突发方式下的 RAM 寄存器，在此方式下可一次性读、写所有 RAM 的 31 个字节。

要特别说明的是备用电源 Vcc1，可以用电池或者超级电容器（0.1F 以上）。虽然 DS1302 在主电源掉电后的耗电很小，但是，如果要长时间保证时钟正常，最好选用小型充电电池，可以用老式电脑主板上的 3.6V 充电电池。如果断电时间较短（几小时或几天），就可以用漏电较小的普通电解电容器代替。$100\mu F$ 就可以保证 1 小时的正常走时。DS1302 在第一次加电后，必须进行初始化操作。初始化后就可以按正常方法调整时间。

4. 特点及其应用

DS1302 存在时钟精度不高、易受环境影响而出现时钟混乱等缺点。DS1302 可以用于数据记录，特别是对某些具有特殊意义的数据点，能实现数据与出现该数据的时间的同时记录。这种记录对长时间的连续测控系统结果的分析及对异常数据出现原因的查找具有重要意义。传统的数据记录方式是隔时采样或定时采样，没有具体的时间记录，因此，只能记录数据而无法准确记录其出现的时间。若采用单片机计时，一方面需要采用计数器，占用硬件资源，另一方面需要设置中断、查询等，同样耗费单片机的资源，而且，某些测控系统可能不允许。但是，如果在系统中采用时钟芯片 DS1302，则能很好地解决这个问题。

7.5.3　DS1302 的单片机应用实例

例 7-4　如图 7.25 所示,该电路实现万年历功能。每隔 5s,交替显示年月日或时分秒。

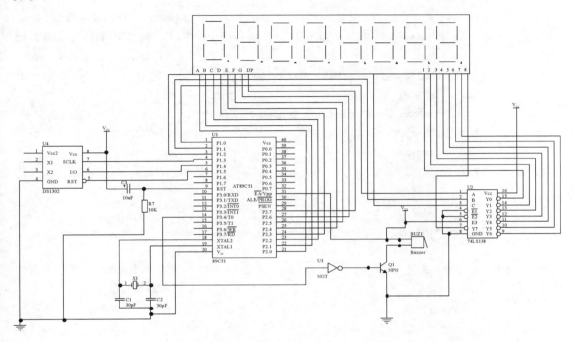

图 7.25　DS1302 与单片机应用实例

分析:(1)首先要通过 8EH 将写保护去掉,将日期、时间的初值写入各个寄存器;

(2)然后就可以对 80H、82H、84H、86H、88H、8AH、8CH 进行初值的写入,同时通过秒寄存器将位 7 的 CH 值改成 0,这样 DS1302 就开始运行了;

(3)将写保护寄存器再写为 80H,防止误改写寄存器的值;

(4)不断读取 80H～8CH 的值,并将它们显示到数码管上。

程序如下:

```
/* 本程序采用外元件 DS1302 时钟 IC,使用此 IC 不增加系统资源,要时钟时直接去读取就可以了*/
# include < reg51.h>
# include < intrins.h>
sbit SCL2=P1^3;        //SCL2 定义为 P1 口的第 3 位脚,连接 DS1302SCL 和 ADC0831SCL 脚
sbit SDA2=P1^4;        //SDA2 定义为 P1 口的第 4 位脚,连接 DS1302SCL 和 ADC0831SDA 脚
//sbit CS2=P1^6;       //CS2 定义为 P1 口的第 4 位脚,连接 ADC0831CS 脚
sbit RST=P1^5;         // DS1302 片选脚
unsigned char l_tmpdate[8]=
{0x00,0x20,0x0a,0x1c,0x03,0x06,0x9,0};
unsigned char l_tmpdisplay[8]={0x40,0x40,0x40,0x40,0x40,0x40,0x40,0};
code unsigned char write_rtc_address[7]={0x80,0x82,0x84,0x86,0x88,0x8a,0x8c};
code unsigned char read_rtc_address[7]={0x81,0x83,0x85,0x87,0x89,0x8b,0x8d};
```

```
code unsigned char table[]=
{0x3f,0x06,0x5b,0x4f,0x66,
0x6d,0x7d,0x07,0x7f,0x6f,
0x40,0x00};
//共阴数码管 0-9  '-' '熄灭'表
void delay();                                    //延时子函数,5个空指令
void display(unsigned char * lp,unsigned char lc);  //数字的显示函数;lp为指向数
                                                 //组的地址,lc为显示的个数
void Write_Ds1302_byte(unsigned char temp);
void Write_Ds1302( unsigned char address,unsigned char dat );
unsigned char Read_Ds1302( unsigned char address );
void Read_RTC(void);                             //read RTC
void Set_RTC(void);                              //set RTC
void main(void)                                  //入口函数
{
    Set_RTC();
    while(1) {
        Read_RTC();
        switch (l_tmpdate[0]/5)                   //设计每个5秒交替显示:年月日
                                                 //-时分秒

        {
        case 0:
        case 2:
        case 4:
        case 6:
        case 8:
        case 10:
            l_tmpdisplay[0]=l_tmpdate[2]/16;      //数据的转换,因我们采用数码管 0
                                                 //- 9的显示,将数据分开

            l_tmpdisplay[1]=l_tmpdate[2]&0x0f;
            l_tmpdisplay[2]=10;                   //加入"-"
            l_tmpdisplay[3]=l_tmpdate[1]/16;
            l_tmpdisplay[4]=l_tmpdate[1]&0x0f;
            l_tmpdisplay[5]=10;
            l_tmpdisplay[6]=l_tmpdate[0]/16;
            l_tmpdisplay[7]=l_tmpdate[0]&0x0f;
        break;
        case 1:
        case 3:
        case 5:
        case 7:
        case 9:
        case 11:
```

```c
            l_tmpdisplay[0]=l_tmpdate[6]/16;
            l_tmpdisplay[1]=l_tmpdate[6]&0x0f;
            l_tmpdisplay[2]=10;
            l_tmpdisplay[3]=l_tmpdate[4]/16;
            l_tmpdisplay[4]=l_tmpdate[4]&0x0f;
            l_tmpdisplay[5]=10;
            l_tmpdisplay[6]=l_tmpdate[3]/16;
            l_tmpdisplay[7]=l_tmpdate[3]&0x0f;
            break;
        default:
            break;
        }
        display(l_tmpdisplay,8);
    }
}
void display(unsigned char * lp,unsigned char lc)   //显示
{
    unsigned char i;                                //定义变量
    P2=0;                                           //端口 2 为输出
    P1=P1&0xF8;                                      //将 P1 口的前 3 位输出 0,对应 138
                                                    //  译门输入脚,全 0 为第一位数码管

    for(i=0;i< lc;i++){                             //循环显示
    P2=table[lp[i]];                                //查表法得到要显示数字的数码段
    delay();                                        //延时
    P2=0;                                           //清 0 端口,准备显示下位
    if(i==7)                                        //检测显示完 8 位否,完成直接退
                                                    //  出,不让 P1 口再加 1,否则进位影
                                                    //  响到第四位数据

        break;                                      //下一位数码管
    P1++;
    }
}
void delay(void)                                    //空 5 个指令
{
    unsigned char i=10;
    while(i)
      i--;
}
void Write_Ds1302_Byte(unsigned  char temp)
{
unsigned char i;
for (i=0;i< 8;i++)                                  //循环 8 次写入数据
  {
    SCL2=0;
```

```
        SDA2=temp&0x01;                    //每次传输低字节
        temp> > =1;                        //右移一位
        SCL2=1;
    }
}
/********************************* /
void Write_Ds1302( unsigned char address,unsigned char dat )
{
    RST=0;
    _nop_();
    SCL2=0;
    _nop_();
    RST=1;
    _nop_();                            //启动
    Write_Ds1302_Byte(address);         //发送地址
    Write_Ds1302_Byte(dat);             //发送数据
    RST=0;                              //恢复
}
********************************** /
unsigned char Read_Ds1302( unsigned char address )
{
    unsigned char i,temp=0x00;
    RST=0;
    _nop_();
    SCL2=0;
    _nop_();
    RST=1;
    _nop_();
    Write_Ds1302_Byte(address);
    for (i=0;i< 8;i++)                   //循环 8 次读取数据
    {
        SCL2=1;
        _nop_();
        if(SDA2)
        temp|=0x80;                      //每次传输低字节
        SCL2=0;
        temp> > =1;                       //右移一位
    }
    RST=0;
    _nop_();
    SCL2=1;
    SDA2=0;
    return (temp);                       //返回
}
```

```
/********************************* /
void Read_RTC(void)                    //读取日历
{
unsigned char i,* p;
p=read_rtc_address;                    //地址传递
for(i=0;i< 7;i++)                      //分 7 次读取年月日时分秒星期
{
l_tmpdate[i]=Read_Ds1302(* p);
p++;
}
}
/********************************* /
void Set_RTC(void)                     //设定日历
{
    unsigned char i,* p,tmp;
    for(i=0;i< 7;i++){
        tmp=l_tmpdate[i]/10;
        l_tmpdate[i]=l_tmpdate[i]%10;
        l_tmpdate[i]=l_tmpdate[i]+tmp* 16;
    }
    Write_Ds1302(0x8E,0x00);
    p=write_rtc_address;          //传地址
    for(i=0;i< 7;i++)             //7 次写入年月日时分秒星期
    {
        Write_Ds1302(* p,l_tmpdate[i]);
            p++;
    }
    Write_Ds1302(0x8E,0x80);
}
```

 本章小结

  I^{2}C 总线是芯片间的串行传输总线。它用两根线实现了全双工同步数据传送,可方便地构成多机系统和外围器件扩展系统。I^{2}C 总线简单,结构紧凑,易于实现模块化和标准化。

  模拟 I^{2}C 总线的应用程序可使没有 I^{2}C 总线接口的单片机也能使用 I^{2}C 总线技术,大大扩展了 I^{2}C 总线器件的适用范围,使这些器件的使用不受系统中的单片机必须带有 I^{2}C 总线接口的限制。

  本章重点讲解了 AT24C02、DS1302 这两种芯片,分别作为 I^{2}C、SPI 这两种串行扩展的典型代表,及其与单片机的实际应用。本章介绍的例题应用非常广泛,请读者下功夫掌握。

习题7

1. 并行总线扩展接口有哪些种类？其特点是什么？

2. 串行总线扩展接口有哪些种类？其特点是什么？

3. 8155 并行接口的 PA、PB、PC 口有几种工作方式？它们的工作方式由什么决定？

4. 请简述 8255A 接口芯片的结构特点及工作方式。

5. 串行扩展有哪些种类？请简要说明。

6. I^2C 总线的启动条件是什么？停止条件是什么？

7. I^2C 总线的数据传输方向如何控制？

8. 简述 I^2C 总线的数据传输方法。

9. 单片机如何对 I^2C 总线中的器件进行寻址？

10. 简述 DS1302 的结构及工作原理。

11. 简述 SPI 的特点及应用。

12. 简述万年历 DS1302 的实时时钟/日历寄存器的控制字。

第8章 单片机外围模拟通道接口

主要内容及要点

本章主要内容为 A/D 转换器和 D/A 转换器及其相应的技术指标,同时讲述了 ADC 和 DAC 跟单片机的接口,介绍了一些典型的 DAC 和 ADC 接口芯片的实际使用。

8.1 基本概念

1. A/D 与 D/A 转换

当计算机用于数据采集和过程控制的时候,采集对象往往是连续变化的物理量(如温度、压力、声波等),但计算机处理的是离散的数字量,因此需要对连续变化的物理量(模拟量)进行采样、保持,再把模拟量转换为数字量交给计算机处理、保存。计算机输出的数字量有时需要转换为模拟量去控制某些执行元件(如声卡播放音乐等)。A/D 转换器完成模拟量到数字量的转换,D/A 转换器完成数字量到模拟量的转换。

2. 模拟量、数字量和开关量

输入输出接口电路与外部设备之间交换的信号通常有数字量、模拟量和开关量 3 种类型。

模拟量是指变量在一定范围内连续变化的量,也就是在一定范围(定义域)内可以取任意值(在值域内)。一般用数学函数连续表达模拟量的变化。

数字量是指二进制形式的数据或经过编码的二进制形式的数据,如键盘输入和显示器输出的 ASCII 码。

开关量是指"开"和"闭"两种状态,如继电器的通与断,按键的闭合与松开,指示灯的亮与灭。

开关量可以用布尔量来描述,在计算机内只要一位二进制数就可以表示。对于字长为 8 位的微型计算机,执行一条读端口或写端口的指令即可一次输入或输出 8 个开关量。因此,通常将多个同样性质的开关量组合在一起,构成一个数字量。

8.2 A/D 转换

◆ 8.2.1 A/D 转换简介

1. A/D 转换的基本概念

从模拟信号到数字信号的转换称为模数转换,或称为 A/D(analog to digital)转换。把实现 A/D 转换的电路称为 A/D 转换器(analog-digital converter ADC)。

A/D 转换的功能是把模拟量电压转换为 n 位数字量。

设 D 为 n 位二进制数字量,U_i 为电压模拟量,U_{ref} 为参考电压,无论 A/D 或 D/A,其转换关系为

$$U_i = D \times U_{ref} / 2^n (其中:D = D_0 \times 2^0 + D_1 \times 2^1 + \cdots + Dn - 1 \times 2^{n-1})$$

2. A/D 转换器的基本原理

由于模拟量在时间和数值上是连续的,而数字量在时间和数值上都是离散的,所以转换时要对模拟信号在时间上离散化(采样),还要在数值上离散化(量化),一般步骤为:

采样 → 保持 → 量化 → 编码

1) 采样定理

取样频率 f_s 大于等于被采集模拟信号包含的最高频率 f_{max} 的两倍,即:$f_s \geqslant 2f_{max}$。采样原理图及波形如图 8.1 所示。

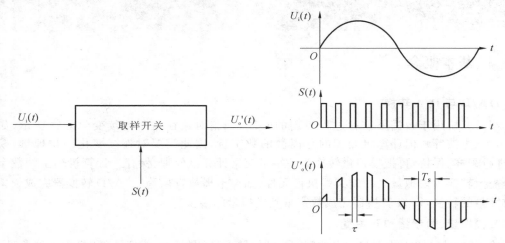

图 8.1　采样原理图及波形

2) 量化和编码

量化:将采样电压转化为数字量最小数量单位的整数倍的过程。

编码:将量化结果用代码表示出来。

3) 采样保持电路

采样保持电路及采样输出波形如图 8.2 所示。

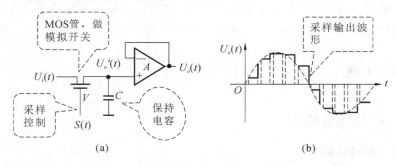

图 8.2　采样保持电路及采样输出波形

3. A/D 转换器的主要性能指标

（1）分辨率：A/D 转换器可转换成数字量的最小电压，反映 A/D 转换器对最小模拟输入值的敏感度。分辨率通常用 A/D 的位数来表示，比如 8 位、10 位、12 位等，所以，A/D 转换器的输出数字量越多，其分辨率越高。

如：8 位 ADC 满程程为 5V，则分辨率为 $5000 \text{ mV}/256 = 20 \text{ mV}$。也就是说，当模拟电压小于 20 mV 时，ADC 就不能转换了，所以 n 位 ADC 分辨率一般表示式为

$$\text{分辨率} = V_{ref}/2^n（单极性）或分辨率 = (V_{+ref} - V_{-ref})/2^n（双极性）$$

（2）转换时间：从启动转换信号到转换结束并得到稳定的数字量所需的时间。一般转换速度越快越好（特别是动态信号采集），常见的有超高速（转换时间 <1ns）、高速（转换时间 $<1\mu s$）、中速（转换时间 <1 ms）、低速（转换时间 <1s）等。如果采集对象是动态连续信号，要求 $f_s \geq 2f_{max}$，也就是说，必须在信号的一个周期内采集 2 个以上的数据，才能保证信号形态被还原（避免出现"假频"），这就是最小采样原理。若 $f_i = 20 \text{ KHz}$，则 $f_s \geq 40 \text{ KHz}$，要求其转换时间 $\leq 25\mu s$。

（3）精度：可分为绝对精度和相对精度。

绝对精度是指输入满刻度数字量时，输出的模拟量接近理论值的程度。它和标准电源的精度、权电阻的精度有关。

相对转换精度是在满刻度已经校准的前提下，刻度范围内任意数字对应的模拟量的输出与它的理论值之差。它反映了 DAC 的线性度。通常，相对转换精度比绝对转换精度实用性更强。

相对精度一般用绝对转换精度相对于满量程输出的百分数来表示，有时也用最低位（LSB）的几分之几表示。例如，设 V_{FS} 为满量程输出电压 5V，n 位 DAC 的相对转换精度为 $\pm 0.1\%$，则最大误差为 $\pm 0.1\% V_{FS} = \pm 5 \text{ mV}$；若相对转换精度为 $\pm 1/2$LSB，LSB $= 1/2^n$，则最大相对误差为 $\pm 1/2^{n+1} V_{FS}$。

（4）线性度：当模拟量变化时，A/D 转换器输出的数字量按比例变化的程度。

（5）量程：能够转换的电压的范围，有 0～5V，0～10V 等。

4. A/D 转换器分类

A/D 转换器按转换原理形式可分为逐次逼近式、双积分式和 V/F 变换式；按信号传输形式可分为并行 A/D 和串行 A/D。

◆ **8.2.2　ADC0809 芯片的结构原理**

1. 芯片结构

ADC0809 采用 CMOS 工艺，是逐次逼近式 8 位 A/D 转换器芯片，共有 28 个引脚。其采用双列直插式封装，片内除 A/D 转换部分外，还有多路模拟开关部分。ADC0809 及其接口电路如图 8.3 所示。

2. 功能特点

（1）采用 8 路模拟量分时输入（模拟开关）。

（2）共用一个 A/D 转换器进行模/数转换。

（3）内部主要由四大部分组成。

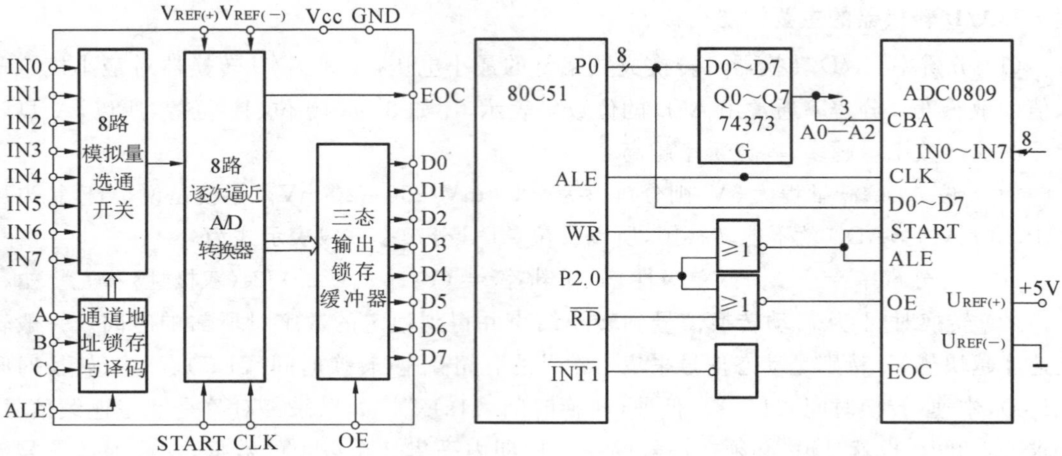

图 8.3　ADC0809 及其接口电路

3. 引脚功能描述

（1）IN0～IN7：8 路模拟信号输入端。

（2）D0～D7：8 位数字量输出端。

（3）START：A/D 转换启动信号输入端。加上正脉冲后，A/D 转换才开始进行。在正脉冲的上升沿，所有内部寄存器清 0；在正脉冲的下降沿，开始进行 A/D 转换。在此期间 START 应保持低电平。

（4）ALE：地址锁存信号输入端。高电平时把 3 个地址信号 A、B、C 送入地址锁存器，并经过译码器得到地址输出，以选择相应的模拟输入通道，如表 8.1 所示。

（5）CLK：时钟信号输入端。ADC 内部没有时钟电路，故需外加时钟信号。其最大允许值为 640 KHz，在实际运用中，需将主机的脉冲信号降频后接入，通常由 80C51 的 ALE 端直接或分频后与 ADC0809 的 CLK 端连接。

（6）EOC：转换结束信号输出端。在 START 下降沿后 $10\mu s$ 左右，EOC 为低电平，表示正在进行转换；转换结束时，EOC 返回高电平，表示转换结束。EOC 常用于 A/D 转换状态的查询或用作中断请求信号。

（7）A、B、C：转换通道的地址（8 位模拟通道的地址）信号输入端。一般与单片机低 8 位地址中 A0～A2 连接。

表 8.1　选通表

ALE	C	B	A	选 择 通 道
1	0	0	0	IN0
1	0	0	1	IN1
1	0	1	0	IN2
1	0	1	1	IN3
1	1	0	0	IN4
1	1	0	1	IN5
1	1	1	0	IN6
1	1	1	1	IN7

（8）OE：输出允许控制输入端。OE 直接控制三态输出锁存器输出数字信息。OE 输入

0,数字输出口为高阻态;OE 输入 1,允许输出转换后结果。

(9) $V_{REF(+)}$ 和 $V_{REF(-)}$:A/D 转换器的参考电压输入端。

(10) Vcc:芯片的电源电压输入端。因为 ADC0809 是 CMOS 芯片,所以允许的电压范围可以从+5V~+15V。

(11) GND:接地端。

4. 单片机与 ADC0809 的接口及编程

由图 8.3 可知,ADC0809 的时钟信号 CLK 由单片机的地址锁存允许信号 ALE 提供,若单片机晶振频率为 12 MHz,则 ALE 信号经分频输出为 500 KHz,满足 CLK 信号低于 640 KHz 的要求。当 P2.0 和 $\overline{WR}$ 同时有效时,以线选方式启动 A/D 转换,同时使 ALE 有效,P0 口输出的地址 A2、A1 和 A0 经锁存器 74LS373 的 Q2、Q1、Q0 输出到 ADL0809 的 C、B 和 A,选定转换通道 IN0~IN7 中的一个进行转换,IN0~IN7 通道地址为 FEF8H~FEFFH。置 START 为高电平,启动转换,此时 EOC 变为低电平,当 EOC 再次变成高电平后,说明 A/D 转换结束,此时若 P2.0 和 $\overline{RD}$ 有效,那么 OE 就有效,输出缓冲器打开,单片机可以接收转换数据。其中对 A/D 转换数据的读取一般有三种方式:

(1) 延时方式:EOC 可以悬空,一般 A/D 转换是有时间限制的,通常一次转换时间为 $100\mu s$,所以在启动转换后延时 $100\mu s$ 后就可以读取并存入转换结果。

(2) 查询方式:EOC 接单片机 I/O 口线,查询到 EOC 为高电平,读取并存入转换结果。

(3) 中断方式:EOC 经非门接单片机的中断请求端,转换结束信号作为中断请求信号向单片机提出中断请求,在中断服务中读取并存入转换结果。

接下来通过举例介绍这三种方式的编程设计。

例 8-1 对于如图 8.3 所示的接口电路,采用中断方式巡回采样从 IN0~IN7 输入的 8 路模拟电压信号,监测数据依次存放在 60H 开始的内存单元中。

参考程序如下:

主程序:

```
        ORG   0000H
        LJMP  MAIN
    ORG 0013H                    ;INT1中断入口地址
        LJMP INT1PRO
        ORG 0030H
    MAIN:MOV  R1,#60H            ;设置数据存储区首址
        MOV R7,#08H             ;设置八路数据采集初值
        SETB  IT1               ;设置边延触发中断
        SETB  EA                ;开 CPU 中断
        SETB  EX1               ;开放外部中断 1
        MOV   DPTR,#FEF8H        ;指向 0809 通道 0
    RD: MOVX  @DPTR,A            ;启动 A/D 转换,A 中的值没有意义
                                ;该指令使 P2.0 和("WR")同时变低有效,产生 START
                                ;所需要上升沿信号
    HERE:SJMP HERE              ;等待中断
        ORG   0200H             ;中断服务子程序首地址
```

```
INT1PRO:PUSH    ACC              ;保护现场,需要添加
        PUSH    PSW              ;保护现场,需要添加
        MOVX    A,@DPTR          ;读 A/D 值
        MOV     @R1,A            ;存 A/D 值
        INC     DPTR             ;修正通道地址,指向下一模拟通道
        INC     R1               ;修正数据区地址,指向数据存储器下一单元
        MOVX    @DPTR,A          ;启动下一通道 A/D 转换
        DJNZ    R7,NEXT          ;判 8 路采集完否? 未完继续
        CLR     EX1              ;8 路采集已完,关中断
NEXT:   POP     PSW              ;恢复现场
        POP     ACC;
        RETI
        END
```

例 8-2 如图 8.4 中,用 P1.0 直接与 ADC0809 的 EOC 端相连,试用查询方式编制程序,对 8 路模拟信号依次进行一次 A/D 转换,并把结果存入以 40H 为首址的片内 RAM 中。

分析:IN0～IN7 通道地址为 FEF8H～FEFFH,EOC 信号直接跟 P1.0 连接。可以直接通过查询 P1.0 的状态来读取数据。

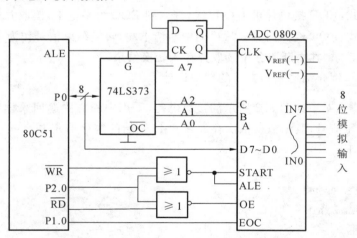

图 8.4 80C51 与 ADC0809 连接图(查询方式)

解 参考程序如下:

```
        ORG0000H
        LJMP    MAIN
        ORG     0200H
MAIN:MOV R1,#40H                 ;设置数据区首址
        MOV     R7,#8            ;设置通道数
        CLR P1.0                 ;对 P1.0 初始状态清零
        MOV     DPTR,#0FEF8H     ;置 0809 通道 0 地址
LOOP:MOVX @DPTR,A                ;启动 A/D
        JNB     P1.0,$           ;查询 A/D 转换结束否? 未完继续查询等待
        MOVX    A,@DPTR          ;A/D 已结束,读 A/D 值
```

MOV	@R1,A	;存 A/D 值
INC	DPTR	;修改通道地址
INC	R1	;修改数据区地址
DJNZ	R7,LOOP	;判 8 路采集完否? 未完继续
END		;8 路采集完毕,结束

例 8-3 图 8.4 中,ADC0809 的 EOC 端断开,fosc＝6 MHz,试用延时等待方式编制程序,对 8 路模拟信号依次进行一次 A/D 转换,并把结果存入以 50H 为首址的内 RAM 中。

解 编程如下:

MAIN:MOV	R1,#50H	;设置数据区首址
MOV	R7,#8	;设置通道数
MOV	DPTR,#0FEF8H	;设置 0809 通道 0 地址
LOOP:MOVX	@DPTR,A	;启动 A/D
MOV	R6,#30;	
DJNZ	R6,$	;延时 120μS:2 机器周期×30＝60 机器周期,2μS×60＝120μS
MOVX	A,@DPTR	;读 A/D 值
MOV	@R1,A	;存 A/D 值
INC	DPTR	;修正通道地址
INC	R1	;修正数据区地址
DJNZ	R7,LOOP	;判 8 路采集完否? 未完继续
RET		;8 路采集完毕,返回

8.2.3 串行 A/D 转换器 ADC0832

ADC0832 是一种 8 位分辨率、双通道的串行 A/D 转换器。其由于体积小、兼容性好、性价比高而深受单片机爱好者及企业欢迎,目前已经有很高的普及率。ADC0832 与 80C51 接口电路如图 8.5 所示。该转换器具有转换速度较高(250 KHz 时转换时间 32s)、单电源供电、功耗低(15mw)的特点。

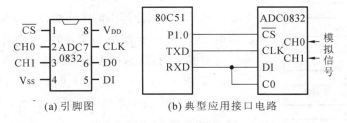

(a) 引脚图   (b) 典型应用接口电路

图 8.5 ADC0832 与 80C51 接口电路

1. 引脚功能

V_{DD}、V_{SS}:电源端及接地端,V_{DD} 同时兼任 U_{REF}。

$\overline{CS}$:片选端,低电平有效。

DI:数据信号输入端,选择通道控制。

DO:数据信号输出端,转换数据输出。

CLK:时钟信号输入端,要求低于 600 KHz。

CH0、CH1:模拟信号输入端(双通道)。

2. 典型应用电路

(1) P1.0 片选$\overline{CS}$;

(2) TXD 发送时钟信号,输入 ADC0832 的 CLK;

(3) RXD 与 DI、DO 端连接在一起。

3. 工作原理

正常情况下,ADC0832 与单片机的接口有 4 条数据线,分别是$\overline{CS}$、CLK、DO、DI。但由于 DO 端与 DI 端在通信时并不是同时有效,且与单片机相连的 I/O 接口是双向的,所以电路设计时可以将 DO 和 DI 并联在一根数据线上使用。当 ADC0832 未工作时,其$\overline{CS}$输入端应为高电平,此时芯片禁用,CLK 和 DO/DI 为任意电平。当要进行 A/D 转换时,须先将$\overline{CS}$使能端置于低电平,并且保持低电平直到转换完全结束。此时芯片开始转换工作,同时由处理器向芯片时钟输入端 CLK 输入时钟脉冲,DO/DI 端则使用 DI 端输入通道功能选择的数据信号。在第 1 个时钟脉冲的下降沿之前,DI 端必须是高电平,表示起始信号;在第 2、3 个脉冲下沉之前,DI 端应输入 2 位数据用于选择通道功能。

当 2 位数据为"1""0"时,只对 CH0 进行单通道转换。当 2 位数据为"1""1"时,只对 CH1 进行单通道转换。当 2 位数据为"0""0"时,将 CH0 作为正输入端 IN+,CH1 作为负输入端 IN-,进行差分输入。当 2 位数据为"0""1"时,将 CH0 作为负输入端 IN-,CH1 作为正输入端 IN+,进行差分输入。到第 3 个脉冲的下降沿之后,DI 端的输入电平就失去输入作用,此后 DO/DI 端开始利用数据输出 DO 进行转换数据的读取。从第 4 个脉冲下降沿开始,由 DO 端输出转换数据最高位 DATA7,随后每一个脉冲下降沿 DO 端输出下一位数据。直到第 11 个脉冲时发出最低位数据 DATA0,一个字节的数据输出完成。也正是从此位开始输出下一个相反字节的数据,即从第 11 个字节的下降沿输出 DATA0。随后输出 8 位数据,到第 19 个脉冲时数据输出完成,也标志着一次 A/D 转换的结束。最后将$\overline{CS}$置高电平,禁用芯片,直接将转换后的数据进行处理就可以了。

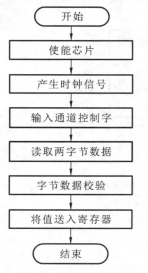

图 8.6　ADC0832 数据读取流程图

作为单通道模拟信号输入时,ADC0832 的输入电压是 0~5V 且 8 位分辨率的电压精度为 19.53 mV。如果作为由 IN+ 与 IN- 组成的输入时,可将电压值设定在某个较大范围之内,从而提高转换的宽度。但值得注意的是,在进行 IN+ 与 IN- 的输入时,如果 IN- 的电压大于 IN+ 的电压,则转换后的数据结果始终为 00H。ADC0832 数据读取流程如图 8.6 所示。

4. 工作时序

串行 A/D 转换器 ADC0832 的工作时序如图 8.7 所示。

工作时序分为两个阶段:

(1) 起始和通道配置,由 CPU 发送,从 ADC0832 的 DI 端输入;

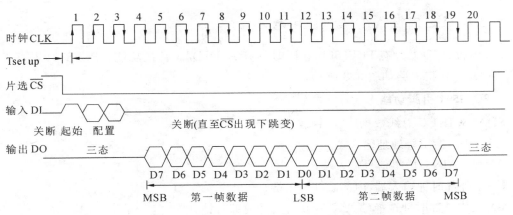

图 8.7 串行 A/D 转换器 ADC0832 工作时序

（2）A/D 转换数据串行输出，由 ADC0832 从 DO 端输出，CPU 接收。

5. 软件编程

例 8-4 按图 8.5 所示电路，试编制程序，将 CH0、CH1 通道输入的模拟信号进行 A/D 转换，分别存入 30H、31H 中。

解

```
AD0832:MOV   SCON,#00H      ;置串口方式 0,禁止接收
       CLR   ES             ;串口禁止中断
       MOV   R0,#30H        ;置 A/D 数据存储区首址
       CLR   P1.0           ;片选有效,选中 ADC0832
       MOV   A,#06H         ;设置 CH0 通道配置
ADC0:  MOV   SBUF,A         ;启动 A/D
ADC1:  JNB   TI,ADC1        ;串行发送启动及通道配置信号
       CLR   TI             ;清发送中断标志
       SETB  REN            ;允许(启动)串行接收
ADC2:  JNB   RI,ADC2        ;接收第一字节
       CLR   RI             ;清接收中断标志,同时启动接收第二字节
       MOV   A,SBUF         ;读第一字节数据
       MOV   B,A;暂存
ADC3:  JNB   RI,ADC3        ;接收第二字节
       CLR   RI             ;清接收中断标志
       MOV   A,SBUF         ;读第二字节数据
       ANL   A,#0FH         ;第二字节屏蔽高 4 位
       ANL   B,#0F0H        ;第一字节屏蔽低 4 位
       ORL   A,B            ;组合
       SWAP  A              ;高低 4 位互换,组成正确的 A/D 数据
       MOV   @R0,A          ;存 A/D 数据
       INC   R0             ;指向下一存储单元
       MOV   A,#0EH         ;置 CH1 通道配置
       CJNE  R0,#32H,ADC0   ;判两通道 A/D 完毕否? 未完继续
       CLR   REN            ;两通道 A/D 完毕,禁止接收
       SETB  P1.0           ;清 0832 片选
       RET
```

8.2.4 I²C 串行 A/D 典型应用电路

I²C 串行 A/D 芯片有 PCF8591,它同时具有 A/D、D/A 转换功能。PCF8591 与 80C51 虚拟 I²C 总线接口电路如图 8.8 所示。

1. PCF8591 引脚功能

SDA、SCL:I²C 总线数据线、时钟线;

A2、A1、A0:引脚地址输入端;

AIN0～AIN3:模拟信号输入端;

OSC:外部时钟输入端,内部时钟输出端;

EXT:内外部时钟选择端,EXT＝0 时选择内部时钟;

V_{DD}、V_{SS}:电源、接地端;

AGND:模拟信号地;

UREF:基准电压输入端;

AOUT:D/A 转换模拟量输出端;

2. 硬件电路设计

PCF8591 芯片既可用于 A/D 转换(模拟信号从 AIN0～AIN3 输入),又可用于 D/A 转换(模拟量从 AOUT 输出),器件地址为 1001,若 A2、A1、A0 接地,D/A 转换写寻址字节 SLAW＝90H,A/D 转换读寻址字节 SLAR＝91H。

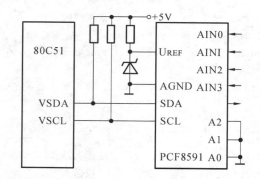

图 8.8　PCF8591 与 80C51 虚拟 I²C 总线接口电路

3. 片内可编程功能

PCF8591 内部有一个控制寄存器,用来存放控制命令,其格式如下:

COM	D7	D6	D5	D4	D3	D2	D1	D0

D1、D0:A/D 通道编号。

00:通道 0;01:通道 1;10:通道 2;11:通道 3。

D2:自动增量选择,当 D2＝1 时,A/D 转换将按通道 0～3 依次自动转换。

D3、D7:必须为 0。

D5、D4:模拟量输入方式选择位。

00:输入方式 0(四路单端输入);

01:输入方式 1(三路差分输入);

10:输入方式 2(二路单端一路差分输入);

11:输入方式 3(二路差分输入)。

D6:模拟输出允许,D6＝1,模拟量输出有效。

(1) 输入方式 0(四路单端输入):

ANI0——通道 0(单端输入);

ANI1——通道 1(单端输入);

ANI2——通道 2(单端输入);

ANI3——通道 3(单端输入)。

(2) 输入方式 1(三路差分输入)如图 8.9 所示。

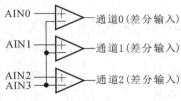

图 8.9 输入方式 1

(3) 输入方式 2(二路单端,一路差分输入)如图 8.10 所示。

图 8.10 输入方式 2

(4) 输入方式 3(二路差分输入)如图 8.11 所示。

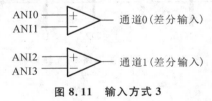

图 8.11 输入方式 3

4. 软件编程

例 8-5 按图 8.8 编程,将 AIN0～AIN3 4 个通道的模拟信号进行 A/D 转换后,依次存入以 50H 为首址的片内 RAM 中。设 VIIC 软件包已装入 ROM,VSDA、VSCL、SLA、NUMB、MTD、MRD 均已按要求在软件包协议中定义。

解

```
VADC:MOV    SLA,#90H          ;置发送寻址字节
     MOV    MTD,#00000100B    ;置 A/D 转换控制命令,通道自动增量
     MOV    NUMB,#1           ;置发送字节数
     LCALL  WRNB              ;发送控制命令字
     MOV    R0,#50H           ;置 A/D 数据区首址
VADC0MOV    SLA,#91H          ;置接收寻址字节
     MOV    NUMB,#2           ;置接收字节数
     LCALL  RDNB              ;读 A/D 转换数据
```

```
    MOV    @R0,41H          ;存 A/D 转换数据(存在 50H~53H)
    INC    R0               ;修改 A/D 数据区地址
    CJNE   R0,#54H,VADC0    ;判 4 通道 A/D 完成否？未完继续
    RET
```

8.3 D/A 转换

8.3.1 D/A 转换简介

1. D/A 转换的基本概念

从数字信号到模拟信号的转换称为数模转换，或称为 D/A(digital to analog)转换，把实现 D/A 转换的电路称为 D/A 转换器(digital-analog converter DAC)。

2. D/A 转换器工作原理

T 型电阻网络 D/A 转换器如图 8.12 所示。

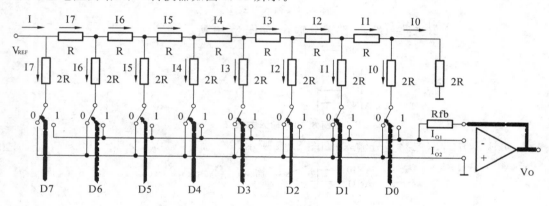

图 8.12　T 型电阻网络 D/A 转换器

$I = V_{REF}/R$；

$I7 = I/2^1$、$I6 = I/2^2$、$I5 = I/2^3$、$I4 = I/2^4$、$I3 = I/2^5$、$I2 = I/2^6$、$I1 = I/2^7$、$I0 = I/2^8$；

当输入数据 D7~D0 为 11111111B 时：

$I_{O1} = I7 + I6 + I5 + I4 + I3 + I2 + I1 + I0 = (I/2^8) \times (2^7 + 2^6 + 2^5 + 2^4 + 2^3 + 2^2 + 2^1 + 2^0)$

$I_{O2} = 0$

若 Rfb=R，则：

$V_O = -I_{O1} \times R_{fb} = -I_{O1} \times R = -[(V_{REF}/R)/2^8] \times (2^7 + 2^6 + 2^5 + 2^4 + 2^3 + 2^2 + 2^1 + 2^0) \times R = -(V_{REF}/2^8) \times (2^7 + 2^6 + 2^5 + 2^4 + 2^3 + 2^2 + 2^1 + 2^0)$

输出电压的大小与数字量具有对应的关系。除 T 型电阻网络 D/A 转换器外，还有权电阻型 D/A 转换器和倒 T 型电阻网络 D/A 转换器，希望大家能在课外学习。

D/A 转换的基本原理是应用电阻解码网络，将 N 位数字量逐位转换为模拟量并求和，从而实现将 N 位数字量转换为相应的模拟量。

设 D 为 n 位二进制数字量，U_A 为电压模拟量，U_{REF} 为参考电压，无论 A/D 或 D/A，其转换关系为

$$U_A = D \times U_{REF} / 2^n$$

其中：$D = D^0 \times 2^0 + D^1 \times 2^1 + \cdots + D^n - 1 \times 2^{n-1}$

3. D/A 转换器的主要性能指标

（1）分辨率：该参数描述 D/A 转换对输入变量变化的敏感程度,具体指 D/A 转换器能分辨的最小电压值。

分辨率的表示有两种：最小输出电压与最大输出电压之比,或用输入端待进行转换的二进制数的位数来表示,位数越多,分辨率越高。

分辨率的表示式为：

$$分辨率 = V_{ref}/2^n \ 或分辨率 = (V_{+ref} + V_{-ref})/2^n$$

若 $V_{ref} = 5V$,8 位的 D/A 转换器分辨率为 $5/256 = 20 \ mV$。

（2）转换时间：数字量输入到模拟量输出达到稳定所需的时间。一般电流型 D/A 转换器的转换时间在几秒到几百微秒之内；而电压型 D/A 转换器转换速度较慢,取决于运算放大器的响应时间。

（3）转换精度：D/A 转换器实际输出与理论值之间的误差,一般采用数字量的最低有效位作为衡量单位,如：$\pm 1/2$LSB 表示,D/A 分辨率为 20 mV,则精度为 ± 10 mV。

（4）线性度：当数字量变化时,D/A 转换器输出的模拟量按比例变化的程度。

（5）线性误差：模拟量输出值与理想输出值之间偏离的最大值。

8.3.2 DAC0832 及其接口电路

DAC0832 由美国国家半导体公司生产,是目前国内应用最广的 8 位 D/A 芯片(请特别注意 ADC0832 与 DAC0832 的区别)。

1. 功能特点

（1）分辨率为 8 位。

（2）只需在满量程下调整其线性度。

（3）可与所有的单片机或微处理器直接对接,也可单独使用。

（4）电流稳定时间 1 ms。

（5）可以双缓冲(速度快)、单缓冲或直接数据输入。

（6）低功耗,200mW。

（7）逻辑电平输入与 TTL 兼容。

（8）单电源供电(+5V 或 +15V)。

2. 结构和引脚功能

DAC0832 的引脚及内部结构如图 8.13 所示。

（1）DI0～DI7：8 位数据输入端。

（2）ILE：输入数据允许锁存信号,高电平有效。

（3）$\overline{CS}$：片选端,低电平有效。

（4）$\overline{WR1}$：输入寄存器写选通信号,低电平有效。

$\overline{WR2}$：DAC 寄存器写选通信号,低电平有效。

（5）$\overline{XFER}$：数据传送信号,低电平有效。

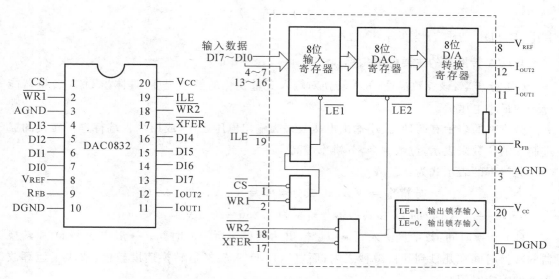

图 8.13　DAC0832 引脚及内部结构

（6）I_{OUT1}、I_{OUT2}：电流输出端。

（7）R_{FB}：反馈电流输入端。

（8）V_{REF}：基准电压输入端。

（9）V_{CC}：正电源端；AGND：模拟地；DGND：数字地。

3. 工作方式

用软件指令控制 ILE、$\overline{CS}$、$\overline{WR1}$、$\overline{WR2}$、$\overline{XFER}$这 5 个控制端，可实现三种工作方式：

（1）直通工作方式：5 个控制端均有效，直接 D/A；

（2）单缓冲工作方式：5 个控制端一次选通；

（3）双缓冲工作方式：5 个控制端分二次选通。

4. 应用实例

1）单缓冲方式

DAC0832 单缓冲工作方式接口电路如图 8.14 所示。

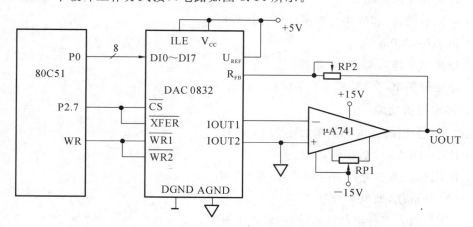

图 8.14　DAC0832 单缓冲工作方式接口电路

例 8-6　按图 8.12 所示电路,要求输出锯齿波如图 8.15(a)所示,幅度为 $U_{REF}/2$ ＝2.5V。

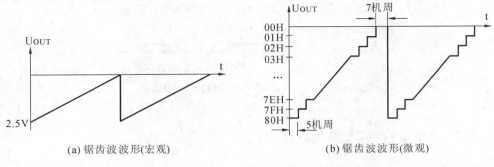

(a) 锯齿波波形(宏观)　　　　　　　(b) 锯齿波波形(微观)

图 8.15　产生的锯齿波形

解　参考程序如下:

```
START:MOV    DPTR,#7FFFH    ;置 DAC0832 地址
LOOP1:MOV    R7,#80H        ;置锯齿波幅值      1机周
LOOP2:MOV    A,R7           ;读输出值          1机周
      MOVX   @DPTR,A        ;输出    2机周
      DJNZ   R7,LOOP2       ;判周期结束否?       2机周
      SJMP   LOOP1          ;循环输出    2机周
```

2) 双缓冲方式

DAC0832 双缓冲方式接口电路如图 8.16 所示。

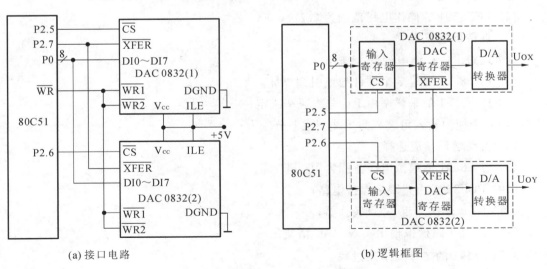

(a) 接口电路　　　　　　　　　　　(b) 逻辑框图

图 8.16　DAC0832 双缓冲工作方式接口电路

例 8-7　按图 8.13(a)编程,DAC0832(1)和(2)输出端接运算放大器后,分别接图形显示器 X 轴和 Y 轴,偏转放大器输入端,实现同步输出,更新图形显示器光点位置。已知 X 轴信号和 Y 轴信号已分别存于 30H、31H 中。

解　参考程序如下:

```
DOUT:MOV      DPTR,#0DFFFH      ;置 DAC0832(1) 输入寄存器地址
     MOV      A,30H             ;取 X 轴信号
     MOVX     @DPTR,A           ;X 轴信号→0832(1) 输入寄存器
     MOV      DPTR,#0BFFFH      ;置 DAC0832(2) 输入寄存器地址
     MOV      A,31H             ;取 Y 轴信号
     MOVX     @DPTR,A           ;Y 轴信号→0832(2) 输入寄存器
     MOV      DPTR,#7FFFH       ;置 0832(1)、(2) DAC 寄存器地址
     MOVX     @DPTR,A           ;同步 D/A,输出 X、Y 轴信号
     RET
```

8.3.3 I^2C 串行 D/A 典型应用电路

1. PCF8591 的基本介绍

PCF8591 是一个单片集成、单独供电、低功耗、8-bit CMOS 数据获取器件。PCF8591 具有 4 个模拟输入、1 个模拟输出和 1 个串行 I^2C 总线接口。PCF8591 的 3 个地址引脚 A0、A1 和 A2 可用于硬件地址编程,允许在同个 I^2C 总线上接入 8 个 PCF8591 器件,而无须额外的硬件。在 PCF8591 器件上输入输出的地址、控制和数据信号都是通过双线双向 I^2C 总线以串行的方式进行传输。

2. PCF8591 的功能特性

PCF8591 的功能包括多路模拟输入、内置跟踪保持、8-bit 模数转换和 8-bit 数模转换。PCF8591 的最大转化速率由 I^2C 总线的最大速率决定。其主要特性如下:

(1) 单独供电;

(2) PCF8591 的操作电压范围为 2.5~6 V;

(3) 低待机电流;

(4) 通过 I^2C 总线串行输入/输出;

(5) PCF8591 通过 3 个硬件地址引脚寻址;

(6) PCF8591 的采样率由 I^2C 总线速率决定;

(7) 4 个模拟输入可编程为单端型或差分输入;

(8) 自动增量频道选择;

(9) PCF8591 的模拟电压范围为 V_{SS} 到 V_{DD};

(10) PCF8591 内置跟踪保持电路;

(11) 8-bit 逐次逼近 A/D 转换器;

(12) 通过 1 路模拟输出实现 DAC 增益。

3. PCF8591 的工作原理及过程

PCF8591 采用典型的 I^2C 总线接口器件寻址方法,即总线地址由器件地址、引脚地址和方向位组成。PCF8591 的器件地址为 1001,引脚地址由 A2、A1 和 A0 设定。对于 8×C552 这样具有 I^2C 总线的接口的单片机,可利用 PCF8591 进行 A/D 和 D/A 的串行扩展,构成一个数据转换与数据采集系统。由于 PCF8591 有三位引脚地址,所以一个系统最多可扩展 8 片 PCF8591。

PCF8591 片内有控制寄存器,单片机通过向该寄存器写入控制字来控制 A/D 和 D/A

转换,为此在转换之前要进行写控制字传送。其 A/D 转换部分读数据的操作格式为:

S	SLA+W/R	A	控制字	A	读数据 0	A
读数据 1	A		……		读数据 n	NA

即寻址后要首先写控制字,以进行模拟通道选择、通道增量位和模拟信号输入形式(单端输入和差分输入)等设置。操作过程中,在 PCF8591 接收到的每个应答信号的后沿触发 A/D 转换,随后就是读出转换结果,但读出的是前一次的转换结果。所以"读数据 0"是一次无效的操作。

PCF8591 有一个控制寄存器,通过单片机编程用于实现器件的各种功能,如模拟信号由哪几个通道输入等。控制字节存放在控制寄存器中,总线操作时为主控器发送的第二字节。其格式为:

D7	D6	D5	D4	D3	D2	D1	D0

D1、D0 两位是 A/D 通道编号:00 通道 0,01 通道 1,10 通道 2,11 通道 3 。

D5、D4 是模拟量输入选择:00 为四路单输入,01 为三路差分输入,10 为单端和差分配合输入,11 为模拟输出有效。

当系统为 A/D 转换时,模拟输出允许为 0,模拟量输入选择位取值由输入方式决定,四路单输入时取 00;三路差分输入时取 01;单端与差分输入时取 10;二路差分输入时取 11。最低两位是通道编号位,当对 0 通道的模拟信号进行 A/D 转换时取 00,当对 1 通道的模拟信号进行 A/D 转换时取 01,当对 2 通道的模拟信号进行 A/D 转换时取 10,当对 3 通道的模拟信号进行 A/D 转换时取 11。

在进行数据操作时,首先是主控器发出起始信号,然后发出读寻址字节,被控器做出应答后,主控器从被控器读出第一个数据字节,接收器发出应答,主控器从被控器件读出第二个数据字节,一直到主控器从被控器中读出第 n 个数据字节,接收器发出非应答信号,最后主控器发出停止信号(启动和停止信号只能由主控器件发出)。

I^2C 总线上的数据传输按位进行,高位在前,低位在后,每传输一个数据字节通过应答信号进行一次联络,传送的字节数不受限制。

启动信号由主控器件发出,在发出启动信号前,主控器件要通过检测 SCL 和 SDA 来了解总线情况。若总线处于空闲状态,即可发出启动信号,启动数据传输。在启动信号之后发出的必定是寻址字节,寻址字节由 7 位从地址和 1 个方向位组成。其中从地址用于寻址从器件,而方向位用于规定数据传输方向。寻址字节通常写为 SLA+R/W,其中 R 代表读,W 代表写。R/W=1 时,表示主控器件读(接收)数据;R/W=0 时,表示主控器件写(发送)数据。所以通过寻址字节即可知道要寻哪个器件以及进行哪个方向的数据传输。

当主控器件发出寻址字节后,其他各器件都接收到了总线上的寻址字节,并与自己的从地址进行比较,当某器件比较相等确认自己被寻址后,该器件就返回应答信号,以作为被寻址的响应。此时,进行数据传输的主从双方以及传输方向就确定了下来,然后进行数据传输。

数据传输同样以字节为单位,数据字节传输需要通过应答信号进行确认。所以每传输一个字节就有一个应答信号,直到数据传输完毕,主控器件发出停止信号。结束数据传输,释放总线。

串行数据传输的开始和结束由总线的启动信号和停止信号控制,启动信号和停止信号只能由主控器件发出,它们对应的是 SCL 的高电平与 SDA 的跳变。当 SCL 线为高电平时,主控器件在 SDA 线上产生一个电平负跳变时,这便是启动信号,总线启动后,即可进行数据传输。当 SCL 线为高电平时,主控器件在 SDA 上产生一个电平正跳变,这便是总线的停止信号。

4. 典型应用连接电路

PCF8591 与单片机的典型应用接口电路如图 8.17 所示。

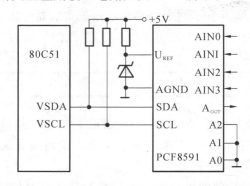

图 8.17 PCF8591 与单片机的接口电路

5. 软件编程

例 8-8 按图 8.17 设计一个 D/A 转换子程序,已知 D/A 转换数据已存入片内 RAM 50H 中。设 VIIC 软件包已装入 ROM,VSDA、VSCL、SLA、NUMB、MTD、MRD 均已按书中软件包小结中协议定义。详细编程请阅读 I^2C 串行总线及 PCF8591 芯片详细资料。

解

```
VDSA:MOV    SLA,# 90H       ;置发送寻址字节
     MOV    MTD,# 40H       ;置 D/A 转换控制命令
     MOV    31H,50H         ;D/A 转换数据装入 MTD+ 1 单元
     MOV    NUMB,# 2        ;置发送数据字节数
     LCALL  WRNB            ;调用 I²C 总线发送 N 字节数据子程序
     RET
```

 本章小结

本章主要讲述了 A/D 转换和 D/A 转换的工作原理和转换性能指标,并介绍了常用 A/D 转换器和 D/A 转换器的内部结构和特点。介绍了常用 A/D、D/A 转换芯片及其特点、编程方法和具体应用案例。

习题8

1.D/A 转换器的作用是什么,在什么场合下使用? A/D 转换器的作用是什么,在什么场合下使用?

2.决定 ADC0809 模拟电压输入路数的引脚有哪几条?

3.现设计电路如图 8.18 所示。编程实现从 A/D 转换芯片 ADC0809 的 IN0 路采集模拟信号,并从 D/A 转换芯片 DAC0832 输出的 AT89C51 单片机的接口电路。

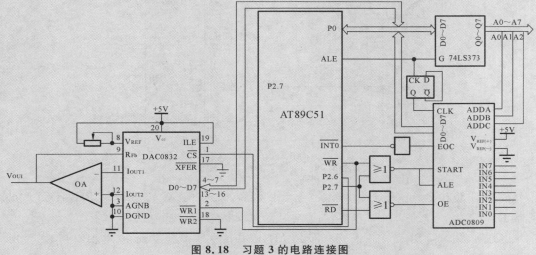

图 8.18　习题 3 的电路连接图

4.利用 DAC0832 输出周期性的方波、负向锯齿波、三角波、梯形波、正弦波,画出原理图并编写相应的程序。

5.如图 8.19 所示,如果满量程为 5 V,采用单缓冲方式,按照以下要求编程输出相应波形:

(1)幅度为 3 V 周期不限定的三角波。

(2)幅度为 4 V,周期为 2 ms 的方波。

(3)周期为 5 ms 的阶梯波,阶梯电压幅度分别为 0 V,1 V,2 V,3 V,4 V,5 V,每一阶梯为 1 ms。

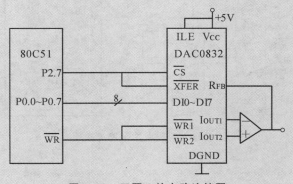

图 8.19　习题 5 的电路连接图

6.如图 8.19 所示电路,采用单缓冲方式,将内部 RAM 的 20H～2FH 单元的数据转换成模拟电压,每隔 1 ms 输出一个数据。

7.如图 8.20 所示,写出 8 个通道地址,并编写分别对 8 路模拟信号轮流采样一次,并依次把结果存储到外部 RAM 40H 为首地址单元的采样转换程序。

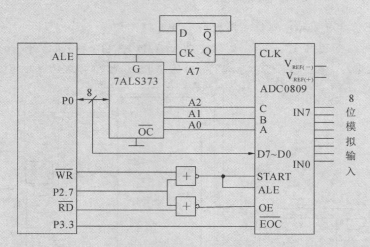

图 8.20　习题 7 的电路连接图

8.如图 8.20 所示,采集 2 通道 10 个数据,存入内部 RAM 的 50H～59H 单元,画出电路图,并按照以下方式编写程序:(1) 延时方式;(2) 查询方式;(3) 中断方式。

9.已知 8051 单片机的晶振频率为 12 MHz,采用中断工作方式,电路图如图 8.21 所示,要求对 8 路模拟信号不断循环 A/D 转换,转换结果存入以 30H 为首地址的内部 RAM 中。请:(1) 写出 8 个模拟通道的端口地址;(2) 编写程序。

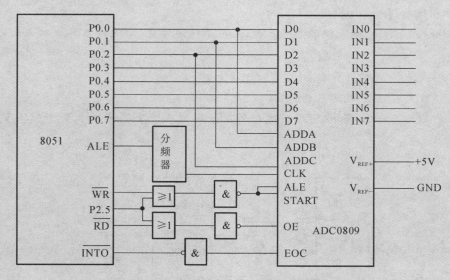

图 8.21　习题 9 的电路连接图

第 **9** 章　单片机应用系统设计

主要内容及要点

　　本章主要介绍单片机应用系统的设计方法、步骤及具体要求,并结合具体案例对应用系统的具体设计、编程进行了详细阐述。

9.1　单片机应用概述

　　由于单片机具有体积小、功耗低、功能强、可靠性高、使用方便、性能价格比高、易于推广应用等特点,因此,单片机在自动化装置、智能仪表、家用电器、工业控制、汽车电子、机器人等领域得到了日益广泛的应用。

9.2　单片机产品的设计方法和步骤

1. 项目总体规划

1) 明确设计任务

认真进行目标分析,根据应用场合、工作环境、具体用途,考虑系统的可靠性、通用性、可维护性、先进性,以及成本等,提出合理的、详尽的功能技术指标。

2) 做好设计规划

根据任务要求,规划出合理的软、硬件方案。包括单片机最小系统构建、I/O端口的使用等。

2. 系统设计

1) 硬件系统设计

根据总体规划,设计出硬件原理图,并进行硬件设计和电路实验,制作印刷电路板,组装成硬件产品。主要从性能指标如字长,主频,寻址能力,指令系统,内部寄存器状况,存储器容量,有无 A/D、D/A 通道,功耗,价能比等方面进行选择。对于一般的测控系统,选择 8 位机即能满足要求。

外围器件应符合系统的精度、速度和可靠性、功耗、抗干扰等方面的要求,还应考虑功耗、电压、温度、价格、封装形式等其他方面的指标,尽可能选择标准化、模块化、功能强、集成度高的典型电路。

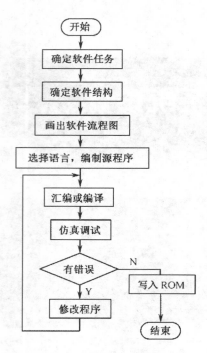

图 9.1　软件设计流程图

2）软件系统设计

根据设计规划，画软件设计流程图，并设计出具体程序。软件设计流程图如图 9.1 所示。

3）系统设计应考虑的问题

系统设计就是根据设计任务、指标要求和给定条件，设计出符合现场条件的软、硬件方案，并进行方案优化。应划分硬件、软件任务，画出系统结构框图。要合理分配系统内部的硬件、软件资源，应从以下几个方面考虑：

（1）从系统功能需求出发设计功能模块，包括显示器、键盘、数据采集、检测、通信、控制、驱动、供电方式等。

（2）从系统应用需求分配元器件资源，包括定时器/计数器、中断系统、串行口、I/O 接口、A/D、D/A、信号调理模块、时钟发生器等。

（3）从开发条件与市场情况出发选择元器件，包括仿真器、编程器、元器件、语言、程序设计的简易等。

（4）从系统可靠性需求确定系统设计工艺，包括去耦、光隔、屏蔽、印制板、低功耗、散热、传输距离/速度、节电方式、掉电保护、软件措施等。

3. 仿真调试

（1）软件调试。

（2）硬、软件仿真调试。

4. 产品成型

（1）程序烧入。

（2）结构和工艺成型。

9.3　单片机硬件系统设计原则

1. 硬件电路设计的一般原则

（1）采用新技术，注意通用性，选择典型电路。

（2）向片上系统（SOC）方向发展，扩展接口尽可能采用 PSD 等器件。

（3）注重标准化、模块化。

（4）满足应用系统的功能要求，并留有适当余地，以便进行二次开发。

（5）工艺设计时要考虑安装、调试、维修的方便。

2. 硬件电路各模块设计的原则

单片机应用系统的一般结构如图 9.2 所示。各模块电路设计时应考虑以下几个方面：

（1）存储器的扩展：类型、容量、速度和接口，尽量减少芯片的数量。

（2）I/O 接口的扩展：体积、价格、负载能力、功能以及合适的地址译码方法。

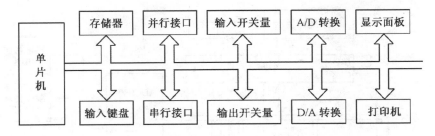

图 9.2　单片机应用系统一般结构

（3）输入通道的设计：开关量（接口形式、电压等级、隔离方式、扩展接口等），模拟输入通道（信号检测、信号传输、隔离、信号处理、A/D、扩展接口、速度、精度和价格等）。

（4）输出通道的设计：开关量（功率、控制方式等），模拟量输出通道（输出信号的形式、D/A、隔离方式、扩展接口等）。

（5）人机界面的设计：键盘、开关、拨码盘、启/停操作、复位、显示器、打印、指示、报警、扩展接口等。

（6）通信电路的设计：根据需要选择 RS-232C、RS-485、红外收发等通信标准。

（7）印刷电路板的设计与制作：专业设计软件（Protel，OrCAD 等）、设计、专业化制作厂家、安装元件、调试等。

（8）负载容限：总线驱动。

（9）信号逻辑电平兼容性：电平兼容和转换。

（10）电源系统的配置：电源的组数、输出功率、抗干扰。

（11）抗干扰的实施：芯片、器件选择、去耦滤波、印刷电路板布线、通道隔离等。

9.4　单片机应用系统举例

9.4.1　单片机在控制系统中的应用

单片机的一个广泛应用领域就是控制系统。

1. 设计思想

通过传感电路不断循环检测室内温度、湿度、有害气体（如煤气）浓度等环境参数，然后与由控制键盘预置的参数临界值相比较，从而做出开/关窗、启/停换气扇、升/降温（湿）等判断。再结合窗状态检测电路所检测到的窗状态，发出一系列的控制命令，完成下雨则自动关窗、室内有害气体超标则自动开窗、开/启换气扇、恒温（湿）等自动控制功能。用户还可通过控制键盘，直接控制窗户的开/关、换气扇的启/停、温（湿）度的升/降，选择所显示参数的种类等。

2. 系统组成和部分电路设计

控制系统主要由控制器、数据检测传感电路、A/D 转换器、窗驱动控制接口电路、窗驱动电路等组成。其系统原理图如图 9.3 所示。

图 9.3 中，控制器采用美国 Atmel 公司的 AT89C51 单片机，利用 89C51 的 P0 口采集数据，完成控制信息的采集和控制功能，利用 P1.0～P1.3 作为窗状态检测端口，完成对窗状态（即窗是否移到边框）的检测。

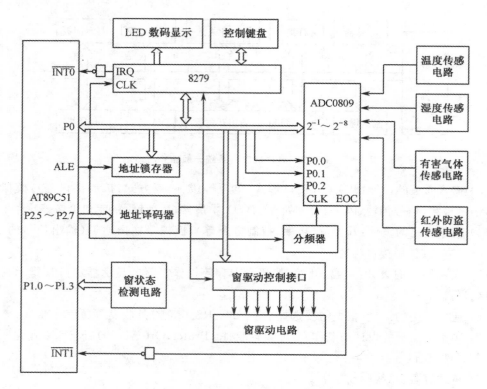

图 9.3　单片机控制系统原理图

　　数据检测传感电路由温度传感电路、湿度传感电路、有害气体传感电路、红外防盗传感电路四个部分组成。在此以温度传感电路为例进行设计。

　　根据温度检测的要求，温度的检测选用集成温度传感器 AD590（测温范围为 $-55 \sim +150℃$）。温度检测电路如图 9.4 所示。

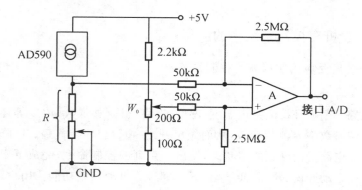

图 9.4　温度检测电路

◆ 9.4.2　单片机在里程及速度计量中的应用

1.设计要求

利用单片机实现的自行车里程/速度计，能自动显示自行车行驶的总里程数及行驶速度。其具有超速信号提醒、里程数据自动记忆的功能，也可应用于电动自行车、摩托车、汽车等机动车仪表上。

2. 总体设计

控制器采用 AT 89C52 单片机,速度及里程传感器采用霍尔元件,显示器通过 AT 89C52 的 P0口和 P2 口扩展。外部存储器采用 EEPROM 存储器 AT 24C01,用于存储里程和速度等数据。用控制器来控制里程/速度指示灯,里程指示灯亮时,显示里程;速度指示灯亮时,显示速度。超速报警采用扬声器,用一个发光二极管来配合扬声器,扬声器响时,二极管亮,表明超速。

3. 硬件电路设计

基于单片机的自行车里程/速度计电路原理图如图 9.5 所示。P0 口和 P2 口用于七段LED 显示器的段码及扫描输出。在显示里程时,第三位小数点用 P3.7 口控制点亮。P1.0口和 P1.1 口分别用于显示里程状态和速度状态。P1.2,P1.3,P1.6 和 P1.7 口分别用于设置轮圈的大小。P3.0 口的开关用于确定显示的方式,开关闭合时,显示速度;断开时,显示里程。外中断用于对轮子圈数的计数输入,轮子每转一圈,霍尔传感器输出一个低电平脉冲。外中断用于控制定时器 T1 的启停,当输入为 0 时关闭定时器。此控制信号是将轮子圈数的计数脉冲经二分频后形成的,这样,每次定时器 T1 的开启时间正好为轮子转一圈的时间,根据轮子的周长就可以计算出自动车的速度。P1.4 口和 P1.5 口用于 EEPROM 存储器AT24C01 的存取控制。11 脚(TXD)用于速度超速时的报警输出。

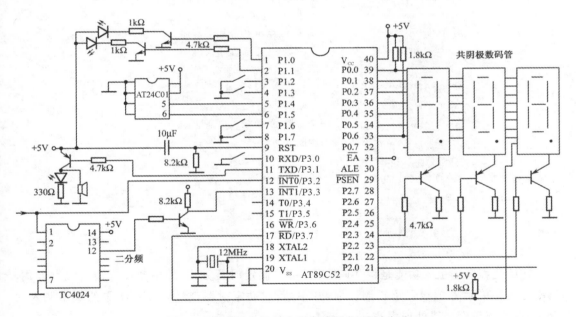

图 9.5 基于单片机的自行车里程/速度计电路

4. 软件设计

软件主要包括:主程序、初始化程序、里程计数子程序、数据处理子程序、计数器中断服务程序、EEPROM 存取程序、显示子程序。

1) 主程序

根据 P0 口的开关状态切换显示状态,即选择里程显示和速度显示。其流程图如图 9.6所示。

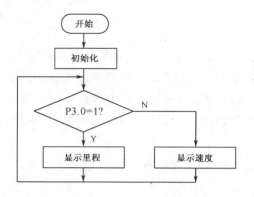

图 9.6　主程序流程图

程序如下：

```
        ORG   0000H
        LJMP START            ;跳至主程序
        ORG   0003H           ;外中断 0 中断程序入口
        LJMP  INTEX0          ;跳至 INTEX0 中断服务程序
        ORG   000BH           ;定时器 T0 中断程序入口
        RETT1                 ;中断返回
        ORG     0013H         ;外中断 1 中断入口
        LJMP  INTEX1          ;跳至 INTEX1 中断服务程序
        ORG   001BH           ;定时器 T1 中断程序入口
        LJMP  INTT1           ;跳至 INTT1 中断服务程序
        ORG   0023H           ;串口中断入口地址
        RET1                  ;中断返回
        ORG   002BH           ;定时器 T2 中断入口地址
        RET1                  ;中断返回
        ORG     0050H
START:  LCALL  CLEARMEN       ;上电初始化
START1: JB  P3.0,DISPLAYS     ;P3.0=1,则显示里程
        LCALL   DISPLAYV      ;P3.0=0,显示速度
START2: SJMP   START          ;转 START 循环
```

2）初始化程序

初始化程序的主要功能是将 T1 设为外部控制定时器方式，外中断设为边沿触发方式，将部分内存单元清 0，设置车轮周长值，开中断、启动定时器，将 AT24C01 中的数据调入内存中，设置车轮圈出错处理程序。

程序如下：

```
CLEARMEN:MOV    TMOD,#90     ;T1 为 16 位外部控制定时器
        MOV    SP,#75H       ;堆栈在 75H 开始
        SETB   PX0           ;外中断 0 优先级为 1
        SETB    IT0          ;外中断 0 用边沿触发
        SETB    IT1          ;外中断 1 用边沿触发
        MOV    A,#00H        ;清 A
        MOV    20H,A         ;清内存中特定单元
```

```
        MOV     6CH,A
        MOV     6DH,A
        MOV     70H,A
        MOV     71H,A
        MOV     72H,A
        MOV     73H,A
        MOV     60H,A
        MOV     61H,A
        MOV     62H,A
        MOV     63H,A          ;清内存中特定单元
        DEC     A              ;A 为#0FFH
        MOV     68H,A          ;内存置数据#0FFH
        MOV     69H,A          ;内存置数据#0FFH
        MOV     6AH,A          ;内存置数据#0FFH
        MOV     6BH,A          ;内存置数据#0FFH
        MOV     P1,A           ;P1 口置 1
CLEAR1: JB      P1.2,KEY1      ;根据 P1.2,P1.3,P1.6,P1.7 设置状态
                               ;在 21H 地址单元设置自行车周长值
        MOV     21H,#0FH       ;22 英寸自行车周长系数
        LJMP    CLEAR2         ;转 CLEAR2
KEY1:   JB      P1.3,KEY2
        MOV     21H,#12H       ;24 英寸自行车周长系数
        LJMP    CLEAR2         ;转 CLEAR2
KEY2:   JB      P1.6,KEY3
        MOV     21H,#14H       ;26 英寸自行车周长系数
        LJMP    CLEAR2         ;转 CLEAR2
        KEY3:JB P1.7,ERR
        MOV     21H,#19H       ;28 英寸自行车周长系数
CLEAR2: SETB    TR1            ;开定时器开关 T1
        SETB    EA             ;开中断允许
        SETB    EX0            ;开外中断
        SETB    ET1            ;开定时中断 T1
        SETB    P3.1           ;关报警器
        LCALL   VIICREAD       ;将 EEPROM 中原里程数据调入内存
        RET                    ;子程序返回
ERR:    CLP     P3.1           ;轮周长设置出错,LED 灯闪烁提醒
        LCALL   DLSS5          ;延时
        LJMP    CLEAR1         ;重新初始化,等待轮周长设置开关合上
```

3）里程计数子程序

外中断INT0服务程序用于对输入的车轮圈数脉冲进行计数,为十六进制计数,用片内 RAM 的 60H 单元存储计数值的低位,62H 存储高位,计数一次后,对里程数据进行一次存储。

程序如下：

```
        INTEX0:PUSH   ACC              ;累加器堆栈保护
               PUSH   PSW              ;状态字堆栈保护
               INC    60H              ;圈加 1
               MOV    A,#00H           ;清 A
               CJNE   A,60H,IN0OUT     ;计数没溢出转 IN0OUT
               INC    61H              ;溢出进位(61H 加 1)
               CJNE   A,61H,IN0OUT     ;计数没溢出转 IN0OUT
               INC    62H              ;溢出进位(62H 加 1)
        IN0OUT:LCALL  VIICWRITE        ;里程数据存入 EEPROM
               SETB   EX1              ;开外中断 1
               POP    PSW              ;状态字恢复
               POP    ACC              ;累加器恢复
               RET1
```

4）数据处理子程序

外中断服务程序用于处理轮子转动一圈后的计时数据，当标志位(00H)为 1 时，说明计数器溢出，放入最大值 0FFH；当标志位为 0 时，将计数单元(TL1,TH1,6CH,60H)的值放入 68H～6BH 单元。

程序如下：

```
        INTEX1:  PUSH  ACC            ;累加器堆栈保护
                 PUSH  PSW            ;状态字堆栈保护
                 CLR   EX1            ;关外中断 1
                 JNB   00H,INTEX11    ;溢出标志为 0 转 INTEX11
                 MOV   TL1,#0FFH      ;溢出时,计时单元赋#0FFH(显示速度为 0)
                 MOV   TH1,#0FFH
                 MOV   6CH,#0FFH
                 MOV   6DH,#0FFH
        INTEX11: MOV   68H,TL1        ;将时间计数值存入暂存单元 68H～6BH
                 MOV   69H,TH1
                 MOV   6AH,6CH
                 MOV   6BH,6DH
                 MOV   A,#00H         ;清 A
                 MOV   TL1,A          ;计时单元置 0
                 MOV   TH1,A
                 MOV   6CH,A
                 MOV   6DH,A
                 CLR   00H            ;清溢出标志
                 POP   PSW            ;状态字恢复
                 POP   ACC            ;累加器恢复
                 RETI                 ;中断返回
```

5）计数器中断服务程序

T1 计数单元由外中断进行控制,当计数器溢出时置溢出标志,不溢出时,使计时单元计数,存入存储器。程序略。

6）EEPROM 存取程序

将外部信息写入 AT24C01 存储器,存入从 50H 起的单元中;把外部信息从 AT24C01 存储器中读出,送 CPU 进行处理。程序略。

7）显示子程序

当显示里程时,先要将计数器中的数据进行运算,求出总里程,并送入里程显示缓冲区;当显示速度时,要将轮子的周长和转一圈的时间相除,然后换算成 km/h(千米每小时),存入 70H～73H 单元,进行数据显示。程序略。

◆ 9.4.3 单片机在 1 路电压信号实时测量中的应用

1. 功能描述

目的:实现 1 路电压信号实时测量/显示/报警输出功能。

输入信号电压:0～5V DC。

AD 转换分辨率:8bit。

显示信息:1 位参数字符＋3 位十进制采样值。

控制参数:下限报警值(L)和上限报警值(H)。

基本功能如下:

当采样值大于 H 时,高位报警继电器接通(用 LED 状态灯 D1 亮表示);

当采样值小于 L 时,低位报警继电器接通(用 LED 状态灯 D2 亮表示);

当采样值介于 L 和 H 之间时,无报警,两路报警器功能均被解除(用 D1 和 D2 均熄灭表示)。

参数设置与按键控制功能如下:

0♯:进入或退出参数设置状态键,可先后调出 H 和 L 两个参数当前值;当一轮循环完成后可退出参数设置状态。

1♯:参数设置确认键,可保存当前参数值,并转入等待下一参数确认状态;当两个参数都轮回后可退出参数设置状态。

2♯和 3♯:增、减键,可对当前参数值做加减 10 的计算,并更新显示;若结果值超出 0～255 范围后,可自动循环处理。

要求:只有压下并随后抬起某键时才能认定为按键过程有效(防止连击);只有在参数设置状态下才对 1♯ 至 3♯ 键的动作有响应;在按键未抬起或在参数设置状态未退出期间,不能影响对数据采集和控制的过程。

2. 硬件电路设计

1）动态显示器

六联共阴极数码管,段码通过锁存器 74LS245 驱动后接于 P0 口,位码则由反相器 74LS04 驱动后接于 P10～P15 口,电路图如图 9.7 所示。

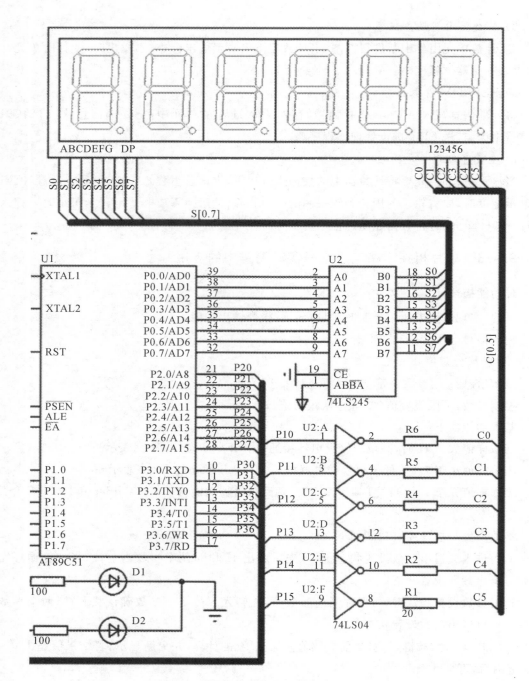

图 9.7　动态显示器电路

2）A/D 转换器

采用逐次比较方式的芯片 ADC0809，其并行数据输出端直接连接于 P2 口，四个控制端 CLOCK、START、EOC 和 OE 分别接于 P3.2～P3.5，电路图如图 9.8 所示。

3）串口键盘

四只按键通过串行输入、并行输出移位寄存器 74LS164 与单片机对接，电路图如图 9.9 所示。

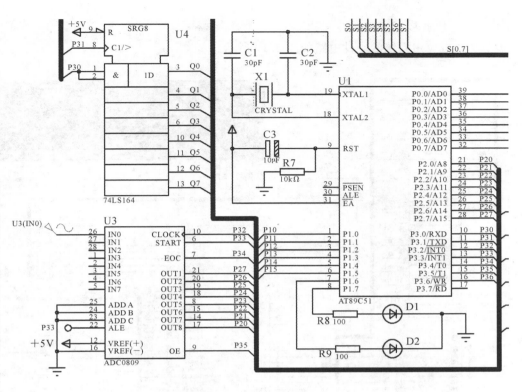

图 9.8　A/D 转换电路

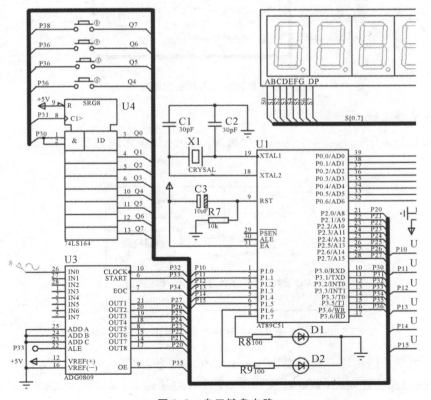

图 9.9　串口键盘电路

4）工作硬件电路

整个单片机应用系统的硬件电路如图 9.10 所示。

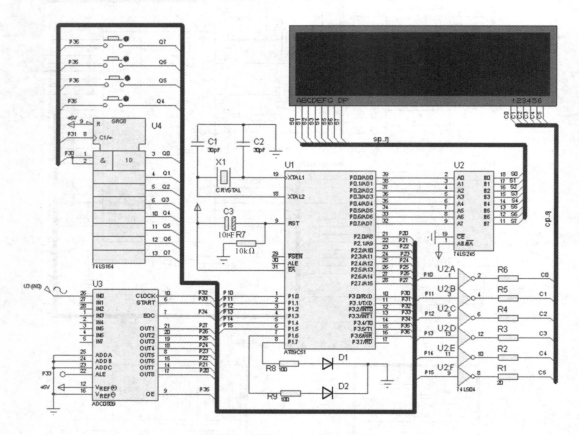

图 9.10　单片机应用系统完整电路

3. 软件系统设计

软件系统是采用一个或多个功能模块构成的程序,模块之间相互依赖,其关系如图 9.11 所示。

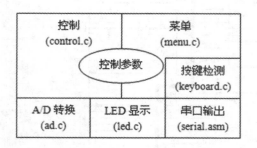

图 9.11　程序模块关系图

程序的主要功能模块有控制模块(control.c)、菜单模块(menu.c)等。

其中,控制模块建立在 A/D 转换和 LED 显示的基础上;菜单模块建立在按键检测和 LED 显示的基础上;而按键检测又建立在串口输出的基础上。

控制模块和菜单模块能同时运行,这里的同时是指在用户进行菜单操作的时候,程序还能实时采集数据并进行控制。

整个项目由 7 个程序文件组成:6 个 C 语言文件、1 个汇编语言文件。程序文件如图9.12所示。

图 9.12　系统程序文件

1) 控制和菜单模块的"同时"运行

代码如下:

```
//main.c
void ad_init();
void control_thread();
void menu_thread();
void main() {
  ad_init();
  while (1) {
    menu_thread();
    control_thread();
  }
}
```

在主函数中,始终循环交替调用 menu_thread()和 control_thread(),它们分别对应着菜单的线程函数和控制模块的线程函数。

只有在 menu_thread()被调用时,菜单里的参数项才会在显示器上刷新,用户通过键盘对菜单的操作才能够得到程序的响应和处理。只有在 control_thread()被调用时,才会进行A/D采样并刷新显示器上的内容,控制报警器的动作。要想使两个模块看起来是同时执行的,就要求 menu_thread()和 control_thread()各自执行的时间较短。

如果 menu_thread()执行时间过长,那么这期间程序不会进行采样,报警器状态也就不会随之变化。同理,如果 control_thread()执行时间过长,在函数返回前,用户按压键盘的操作不会得到程序响应。

函数 void control_thread()的调用过程如下:

```c
void control_thread() {
//第1步:A/D转换
unsigned char value=ad();
//第2步:根据采样值控制 LED 灯
if (value > param_value[1]) {
    P16=1;
    P17=0;
} else if (value < =param_value[1] && value > =param_value[0]) {
    P16=0;
    P17=0;
} else {
    P16=0;
    P17=1;
}
    //第3步:如果菜单是关闭的,显示采集到的数值
    if (menu_status==1) {
        print(' ',value);
    }
}
```

每一次 control_thread() 被调用都会依次执行 A/D 转换采样、根据采样值控制 LED 灯以及显示采样值这三步操作,执行时间都不会很长。所以用户按压键盘、修改参数的操作会及时地得到程序的响应。但是,从用户打开菜单到修改若干参数,再到最后关闭菜单的过程一定会持续较长的时间,如果 menu_thread()函数设计成要等到菜单关闭才返回,那么采样和控制的过程一定会受到严重的干扰。

2) 菜单线程的短时运行

线程代码在 menu.c 中实现,下面列出代码的主要框架:

```c
void menu_thread(void) {
  ...
  char key=get_key();
  if (menu_status==MENU_OFF) {            //当前菜单为关闭状态时
    if (key==0) {                         //若按键 0 已被按下
      menu_status=MENU_ON;               //置当前菜单为打开状态
      ...
    } else {                             //如果当前菜单为打开状态,则进行以下操作:
    if (key==0) {
        //若按键 0 按下,则不保存键值,仅切换到下一个参数
        if (++_menu_idx==MENU_NUM) {     //判断是否所有参数都循环到了
```

```
            menu_status=MENU_OFF;            //若已循环完成,设置菜单关闭状态
        }
    } else if (key==1) {
      //若按键 1 按下,则保存键值,并切换到下一个参数
      ...
    } else if (key==2) {
      ...
    } else if (key==3) {
      ...
    }
    if (menu_status==MENU_ON) {            //菜单状态为开时,显示参数值
    print(_menu_name[_menu_idx],_menu_value[_menu_idx]);
    }
}
```

如前面所分析,menu_thead()不能设计为用户关闭菜单后才返回。在本书给出的实现方案中,菜单模块通过两个非常重要的变量来记录菜单的状态,menu_status 表示菜单的开/关状态,_menu_idx 表示当前打开的是第 1 或者第 2 个菜单项。每次执行 menu_thead()时,首先通过调用 unsigned char get_key()得到当前被按压过的键值,并记录在变量 key 中。然后用两层嵌套的 if…else…语句,处理在"menu_status==MENU_ON"(即菜单为打开状态)和"menu_status==MENU_OFF"(即菜单为关闭状态)这两种状态下按压 0♯ 至 3♯ 这4 个按键所应该执行的不同操作。例如,在 menu_status==MENU_OFF 时,如果按压 0♯键则切换到下一个参数,即++menu_idx。在函数的最后,会根据菜单的状态,将当前打开的菜单项显示在显示器上。因此,不论菜单是何种状态,也无论是否有键被按下,menu_thread()函数都会在很短的时间里完成操作并返回。

3)按键检测的短时运行

由按键检测电路可知,要检测第 1 个按键是否被按下,需要通过 74164 将低电平送到Q7 端,同时将高电平送到 Q6、Q5 和 Q4 端,然后检测 P3.6 是否为低电平。如果是,表示第1 个按键被按下,否则表示没有键被按下。这部分功能在 keyboard.c 的 char _check_key(unsigned char key_idx)中实现,代码如下。

```
char _check_key(unsigned char _key_idx) {      //检查按键状态
  serial(~(0x01< _key_idx));                    //将待查按键键码转换成扫描码后输出
  if (_p36==0) {                                //根据 P36状态决定返回值
      return KEY_DOWN;
    } else {
    return KEY_UP;
    }
  }
```

这个函数是 unsigned char get_key()的重要组成部分。在本例中,在调用 get_key()时,若得到返回值 0~3,则说该值所对应的按键被用户按下后又抬起,即完成了一次完整的触键操作。如果返回-1,说明没有检测到哪一个键被按下过。此外,如果用户一直压下某个键不松开,在此期间调用函数,也会返回-1。Unsigned char get_key()函数的实现依赖于两

个重要的全局变量：_key_status 和_key_idx。

```
char get_key(void) {
char result=-1;
if (_key_status==CHECK_KEY_DOWN) {
  if (_check_key(_key_idx)==KEY_DOWN) {
    _key_status=CHECK_KEY_UP;
  } else {
    if (++_key_idx==4) {
      _key_idx=0;
    }
  }
} else if (_key_status==CHECK_KEY_UP) {
  if (_check_key(_key_idx)==KEY_UP) {
      result=_key_idx;
      _key_status=CHECK_KEY_DOWN;
      if (++_key_idx==4) {
        _key_idx=0;
      }
    }
  }
  return result;
}
```

4. 仿真开发过程

（1）main.c 文件。

```
void ad_init();
void control_thread();
void menu_thread();
void main() {
  ad_init();
  while (1) {
    menu_thread();
    control_thread();
  }
}
```

（2）control.c 文件。

```
#include < reg51.h>
sbit P16=P1^6;
sbit P17=P1^7;
unsigned char ad();
void print(char name,unsigned int value);
extern unsigned char param_value[2];
```

```
extern char menu_status;
void control_thread() {
//第 1 步:A/D转换
unsigned char value=ad();
//第 2 步:根据采样值控制 LED 灯
if (value > param_value[1]) {
    P16=1;P17=0;
} else if (value < =param_value[1] &&
value> =param_value[0]) {
    P16=0;P17=0;
} else {     P16=0;P17=1;
}
//第 3 步:如果菜单是关闭的,显示采集到的数值
if (menu_status==1) {
    print(' ',value);
  }
}
```

（3）menu.c 文件。

```
#define MENU_ON          0
#define MENU_OFF         1
#define MENU_NUM     2
#define MENU_MAX         999
#define MENU_MIN         0
unsigned char param_value[]={100,150};
unsigned char menu_status=MENU_OFF;
char _menu_name[]={'L','H'};          //参数名的符号
unsigned char _menu_value[]={0,0};  //供显示用的参数数组
unsigned char _menu_idx=0;           //参数序号
char get_key();
void print(char name,unsigned int value);
void menu_thread(void) {
char i=0;
char key=get_key();
if (menu_status==MENU_OFF) {
    //当前菜单为关闭状态时
    if (key= = 0) {                   //若按键 0已被按下
        menu_status= MENU_ON;         //置当前菜单为打开状态
        _menu_idx= 0;                 //设置参数序号 0
        //将所有参数当前值取出,送入供显示的参数数组中
        for (i=0;i < MENU_NUM;i++) {
            _menu_value[i]=param_value[i];
        }
    }
```

```
    } else {//如果当前菜单为打开状态,则进行以下操作:
        if (key==0) {//若按键 0 按下,则不保存键值,仅切换到下一个参数
if (++_menu_idx==MENU_NUM) {        //判断是否所有参数都循环到了
            menu_status=MENU_OFF;        //若已循环完成,设置菜单关闭状态
            }
        } else if (key==1) {
            //若按键 1 按下,则保存键值,并切换到下一个参数
            param_value[_menu_idx]=_menu_value[_menu_idx];
            if (++_menu_idx==MENU_NUM) {
                menu_status=MENU_OFF;
            }
        } else if (key==2) {
            //若按键 2 按下,则参数值加 10
            _menu_value[_menu_idx]+=10;
            if (_menu_value[_menu_idx] > MENU_MAX) {
                _menu_value[_menu_idx]=MENU_MAX;
            }
        } else if (key==3) {
            //若按键 3 按下,则参数值减 10
            _menu_value[_menu_idx]-=10;
            if (_menu_value[_menu_idx] < MENU_MIN) {
                _menu_value[_menu_idx]=MENU_MIN;
            }
        }
    }
    if (menu_status==MENU_ON) {
        //菜单状态为开时,显示参数值
        print(_menu_name[_menu_idx],_menu_value[_menu_idx]);
    }
}
```

(4) keyboard.c 文件。

```
//keyboard.c
#include < reg51.h>
#define CHECK_KEY_DOWN      0          //处在检测按键压下阶段标志
#define CHECK_KEY_UP        1          //处在检测按键抬起阶段标志
#define KEY_UP              0          //按键抬起标志
#define KEY_DOWN            1          //按键压下标志
sbit _p36=P3^6;
char _key_status=CHECK_KEY_DOWN;       //按键检测状态(初值为检测压下阶段)
char _key_idx=0;                       //按键序号
void serial(char byte);
char _check_key(unsigned char _key_idx) {   //检查按键状态
    serial(~(0x01< _key_idx));          //将待查按键键码转换成扫描码后输出
```

```
        if (_p36==0) {                         //根据 P36 状态决定返回值
            return KEY_DOWN;
        } else {
            return KEY_UP;
        }
    }
    char get_key(void) {
        char result=-1;                        //无键按下时键值为-1
    if (_key_status==CHECK_KEY_DOWN) {          //如果当前处于检查压下阶段,进行以下操作
        if (_check_key(_key_idx)==KEY_DOWN){    //判断当前扫描键的状态,若为压下标志则
            _key_status=CHECK_KEY_UP;           //将检查阶段标志设置为抬起
        } else {                                //否则,将检查阶段标志设置为压下
            if (++_key_idx==4) {                //判断是否 4 个按键已经轮流扫描一遍
                _key_idx=0;                      //是,则将待扫描按键号设为 0
            }
        }
    } else if (_key_status==CHECK_KEY_UP){      //如果当前处于检查抬起阶段,进行以下操作
    if (_check_key(_key_idx)==KEY_UP){          //判断当前扫描键的状态,若为抬起标志则
        result=_key_idx;                        //键值输出
        _key_status=CHECK_KEY_DOWN;             //按键检查阶段标志改为压下
        if (++_key_idx==4) {                    //判断是否 4 个按键已经轮流扫描一遍
            _key_idx=0;                          //是,则将待扫描按键号设为 0
            }
        }
    }
    return result;
    }
```

(5) led. c 文件。

```
#include< reg51.h>
char code map1[]={0x3f,0x06,0x5b,0x4f,0x66,0x6d,0x7d,0x07,0x7f,0x6f};//'0'—'9'
char code map2[]={0x00,0x76,0x38};              //' ','H','L'
unsigned _convert(char c)                       //将待显示字符转换成显示字模
{
    if(c==0) return map2[0];
    else if(c=='H') return map2[1];
    else if(c=='L') return map2[2];
    else if(c> ='0'&&c< ='9') return map1[c-'0'];
    return 0;
}
void delay(){ //软件延时函数
    unsigned int i=0,j=0;
    for(i=0;i< 10;i++)
```

```
        for(j=0;j< 10;j++);
    }
void print(char name,unsigned int value){//数码管显示函数(字符、数值)
char i=5;
    for (i=5;i > 1;i--) {
      buf[i]='0'+value % 10;
      value /=10;
      if (value==0) {
        break;
      }
    }
    i--;
for(;i > =1;i--) {
    buf[i]=' ';
  }
  buf[0]=name;
  for (i=0;i < 6;i++) {
    P1 &=0xC0;
    P0=_convert(buf[i]);
    P1 |=(1 < < i);
    delay();
  }
}
```

（6）ad.c 文件。

```
#include < reg51.h>
sbit P32=P3^2;                      //CLOCK
sbit P33=P3^3;                      //START
sbit P34=P3^4;                      //EOC
sbit P35=P3^5;                      //OE
unsigned char ad() {                //A/D转换函数
    P33=0;
    P33=1;
    P33=0;
    while(! P34);                   //查询法等待转换结束
    P35=1;                          //OE 置位
    return P2;                      //送出转换结果
}
void ad_init() {                    //A/D转换的初始化
    TMOD=0x02;                      //定时器 0 方式 2
    TH0 =0;
    TL0 =0;
    ET0 =1;
    TR0 =1;
```

```
        EA   =1;
    }
    void _ad_clock(void) interrupt 1 {              //中断服务函数
        P32=～P32;                                  //CLOCK
    }
```

（7）serial.asm 文件。

```
    PUBLIC    _SERIAL               ;混合编程文件的标准前缀
    DE    SEGMENT CODE
    RSEG    DE
    _SERIAL:MOV    SCON,#0          ;串口方式 0
           MOV    SBUF,R7          ;输出数据送入缓冲区
           JNB    TI,$             ;等待移位结束
           CLR    TI               ;清理标志位
           RET
           END
```

（8）实际运行效果。

整个应用系统在 Proteus 下仿真，结果如图 9.13 所示。

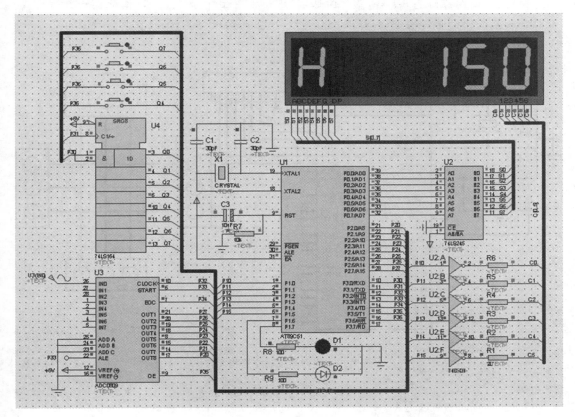

图 9.13　单片机应用系统仿真结果

本章小结

（1）单片机本身无开发能力，必须借助开发工具进行开发。

（2）单片机应用系统的典型组成包括：单片机最小应用系统、前向通道、后向通道、人机交互通道、相互通道等。

（3）单片机应用系统的研制过程包括总体设计、硬件设计、软件设计、仿真调试等几个阶段。研制单片机应用系统的特点是"软硬兼施"，硬件设计和软件设计必须综合考虑，才能组成高性价比的产品。

习题9

1.单片机应用系统的开发过程主要分为哪几个步骤？

2.编写程序，实现如图 9.14 所示定时器控制交通指示灯。

说明：东西向绿灯亮 5 s 后，黄灯闪烁，闪烁 5 次亮红灯，红灯亮后，南北向由红灯变成绿灯，5 s 后南北向黄灯闪烁，闪烁 5 次后亮红灯，东西向绿灯亮，如此往复。

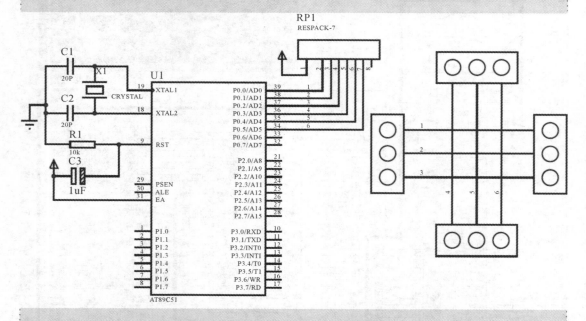

图 9.14　定时器控制交通指示灯

1.MCS-51 单片机的片内都集成了哪些功能部件？各个功能部件的最主要的功能是什么？

2.说明 MCS-51 单片机的引脚 EA 的作用,该引脚接高电平和接低电平时各有何种功能？

3.MCS-51 的时钟振荡周期和机器周期之间有何关系？如果采用 6 MHZ 晶振,1 个机器周期为多久？

4.程序存储器的空间里,有 5 个单元是特殊的,这 5 个单元对应 MCS-51 单片机 5 个中断源的中断入口地址,请写出这些单元的地址以及对应的中断源。

5.内部 RAM 中,位地址为 30H 的位,该位所在字节的字节地址为多少？若 A 中的内容为 63H,那么 P 标志位的值为几？

6.判断以下指令的正误:

(1) MOV 28H,@R2   (2) DEC DPTR

(3) INC DPTR   (4) CLR R0

(5) CPL R5   (6) MOV R0,R1

(7) PUSH DPTR   (8) MOV F0,C

(9) MOV F0,ACC.3   (10) MOVX A,@R1

(11) MOV C,30H   (12) RLC R0

7.MCS-51 共有哪几种寻址方式？各有什么特点？

8.访问 SFR 可使用哪些寻址方式？

9.假定累加器 A 中的内容为 30H,执行指令"1000H:MOVC   A,@A+PC"后,程序存储器哪个单元的内容被送入累加器中？

10.已知程序执行前有 A＝02H,SP＝52H,(51H)＝FFH,(52H)＝FFH。下列程序执行后 A＝? SP＝? (51H)＝? (52H)＝? PC＝?

```
POP      DPH
POP      DPL
MOV      DPTR,#4000H
RL       A
MOV      B,A
MOVC     A,@A+ DPTR
PUSH     A
MOV      A,B
```

```
        INC     A
        MOVC    A,@ A+ DPTR
        PUSH    A
        RET
        ORG     4000H
        DB      10H,80H,30H,50H,30H,50H
```

11. 以下程序段的功能是什么?

```
        PUSH    A
        PUSH    B
        POP     A
        POP     B
```

12. 写出完成如下要求的指令,但是不能改变未涉及位的内容。

(1) 把 ACC.3,ACC.4,ACC.5 和 ACC.6 清 0。

(2) 把累加器 A 的中间 4 位清 0。

(3) 使 ACC.2 和 ACC.3 置 1。

13. 假定 A=83H,(R0)=17H,(17H)=34H,执行以下指令后,A 的内容是多少?

```
        ANL    A,# 17H
        ORL    17H,A
        XRL    A,@ R0
        CPL    A
```

14. 试编写 1 个程序,将内部 RAM 中 45H 单元的高 4 位清 0,低 4 位置 1。

15. 假定 A=83H,(R0)=17H,(17H)=34H,执行以下指令后,A 的内容为多少?

```
        ANL    A,# 17H
        ORL    17H,A
        XRL    A,@ R0
        CPL    A
```

16. 编写程序,将外部 RAM 的 0088H 单元中存放的数 X 传送到外部 RAM 的 1818H 单元的程序。

17. 试编写程序,查找在内部 RAM 的 30H~50H 单元中是否有 0AAH 这一数据。若有,则将 51H 单元置为"01H";若没有,则将 51H 单元置为"00H"。

18. 利用子程序实现 $c=a^2+b^2$。设 a,b,c 分别存于内部 RAM 的 30H,31H,32H 三个单元中。

19. 试编写程序,查找在内部 RAM 的 20H~40H 单元中出现"00H"这一数据的次数。并将查找到的结果存入 41H 单元。

20. 编写程序,将内部 RAM 中两个 4 字节无符号整数相加,和的高字节由 R0 指向。数据采用大端模式存储。

21. 编写程序,将内部 RAM 30H 单元中存放的 BCD 码十进制数拆开并变成相应的 ASCII 码,分别存放到 31H 和 32H 单元中。

22. 编写程序,实现两个 8 位的十六进制无符号数求和的子程序。

23.编写程序,将内部 RAM 起始地址为 60H 的数据串传送到外部 RAM 中起始地址为 1000H 的存储区域,直到发现"＄"字符时停止传送。

24.设变量 x 以补码的形式存放在片内 RAM 的 30H 单元,变量 y 与 x 的关系是:当 x 大于 0 时,y＝x;当 x＝0 时,y＝20H;当 x 小于 0 时,y＝x＋5,编制程序,根据 x 的大小求 y 并送回原单元。

25.片内 RAM 的 21H 单元存放一个十进制数据十位的 ASCII 码,22H 单元存放该数据个位的 ASCII 码。编写程序,将该数据转换成压缩 BCD 码,存放在 20H 单元。

26.编写 10 ms 延时子程序。(假设晶振频率为 12 MHZ)

27.什么是中断源? MCS-51 有哪些中断源? 各有什么特点?

28.MCS-51 单片机响应外部中断的典型时间是多少? 在哪些情况下,CPU 将推迟对外部中断请求的响应?

29.编写外部中断 1 为跳沿触发的中断初始化程序。

30.MCS-51 有哪几种扩展外部中断源的方法?

31.某系统通过外部中断 0 扩展的 3 个外部中断源 1、2、3,当某一中断源变为低电平时,便要求 CPU 进行处理,它们的优先处理次序由高到低依次为 3、2、1,中断处理程序的入口地址分别为 1000H、1100H、1200H。试编写主程序及中断服务程序(转至相应的中断处理程序的入口即可)。

32.如果采用的晶振的频率为 3 MHZ,定时/计数器工作在方式 0、1、2 下,其最大的定时时间各为多少?

33.采用定时/计数器 T0 对外部脉冲进行计数,每计数 100 个脉冲后,T0 转为定时工作方式,定时 1 ms 后,又转为计数方式,如此循环不止。假定 MCS-51 单片机的晶体振荡器的频率为 6 MHZ,请编写程序,要求使用方式 1 实现。

34.编写程序,要求使用 T0,采用方式 2 定时,在 P1.0 输出周期为 400 微秒,占空比为 1∶10 的矩形脉冲。

35.一个定时器的定时时间有限,如何靠两个定时器的串行定时来实现较长时间的定时?

36.定时/计数器测量某正脉冲的宽度,采用何种方式可得到最大量程? 若时钟频率为 6 MHZ,求允许测量的最大脉冲宽度是多少?

37.编写一段程序,功能要求为:当 P1.0 引脚的电平正跳变时,对 P1.1 的输入脉冲进行计数;当 P1.2 引脚的电平负跳变时,停止计数,并将计数值写入 R0、R1(高位存 R1,低位存 R0)。

38.串行口有几种工作方式? 有几种帧格式? 各种工作方式的波特率如何确定?

39.假定串行口发送的字符格式为 1 个起始位、8 个数据位、1 个奇校验位、1 个停止位,请画出传送字符"A"的帧格式。

40.为什么定时/计数器 T1 用作串行口波特率发生器时,常采用方式 2? 若已知时钟频率、通讯波特率,如何计算其初值?

41.若晶体振荡器为 11.0592 MHZ,串行口工作于方式 1,波特率为 4800b/s,写出用 T1 作为波特率发生器的方式控制字和计数初值。

42.使用 8031 的串行口,按工作方式 3 进行串行口数据通信,假定波特率为 1200b/s,第 9 数据位作奇偶校验位,以中断方式传送数据,请编写通信程序。

43.试编写一个程序(例如将 05H 和 06H 拼为 56H),设原始数据放在片外数据区 2001H 单元和 2002H 单元中,按顺序拼装后的单字节数放入 2002H。

44.在 MCS-51 单片机系统中,外接程序存储器和数据存储器共用 16 位地址线和 8 位数据线,为何不发生冲突?

45.11 根地址线可选多少个存储单元? 16KB 存储单元需要多少根地址线?

46.使用 89C51 芯片外扩 1 片 EEPROM2864,2864 兼作程序存储器和数据存储器,且首地址为 8000H,要求:

(1)确定 2864 芯片的末地址;

(2)画出 2864 芯片选端的地址译码电路;

(3)画出该应用系统的硬件连线图。

47.编写程序,采用 8255A 的 C 口按位置位/复位控制字,将 PC7 置 0,PC4 置 1,(已知 8255A 各端口的地址为 7FFCH~7FFFH)。

48.8155H 的端口都有哪些? 哪些引脚决定端口的地址? 引脚 TIMER IN 和 TIMER OUT 的作用是什么?

49.现有一片 8031,扩展了一片 8255A,若把 8255A 的 B 口用作输入,B 口的每一位接一个开关,A 口用作输出,每一位接一个发光二极管,请画出电路原理图,并编写 B 口某一位的开关接高电平时,A 口相应位的二极管被点亮的程序。

50.假设 8155H 的 TIMER IN 的引脚输入的脉冲频率为 1 MHz,请编写出在 8155H 的 TIMER OUT 引脚上输出周期为 10 ms 的方波的程序。

51.LED 的静态显示方式与动态显示方式有何区别? 各有什么优缺点?

52.数据端与 P0 口正序连接。编写程序,分别实现功能:上电后数码管显示"P",按下任何键后,显示从 0 开始每隔 1 秒加 1,加至"F"后,数码管显示"P",进入等待按键状态。

53.为什么要去抖动? 去抖动的方法有哪几种?

附录 B 51 单片机汇编指令集

一、数据传送类指令（7 种助记符）

MOV（move）：对内部数据寄存器 RAM 和特殊功能寄存器 SFR 的数据进行传送；

MOVC（move code）：读取程序存储器数据表格的数据传送；

MOVX（move external RAM）：对外部 RAM 的数据传送；

XCH（exchange）：字节交换；

XCHD（exchange low－order digit）：低半字节交换；

PUSH（push onto stack）：入栈；

POP（pop from stack）：出栈。

二、算术运算类指令（8 种助记符）

ADD（addition）：加法；

ADDC（add with carry）：带进位加法；

SUBB（subtract with borrow）：带借位减法；

DA（decimal adjust）：十进制调整；

INC（increment）：加 1；

DEC（decrement）：减 1；

MUL（multiplication、multiply）：乘法；

DIV（division、divide）：除法。

三、逻辑运算类指令（10 种助记符）

ANL（and logic）：逻辑与；

ORL（or logic）：逻辑或；

XRL（exclusive-or logic）：逻辑异或；

CLR（clear）：清零；

CPL（complement）：取反；

RL（rotate left）：循环左移；

RLC（rotate left through the carry flag）：带进位循环左移；

RR（rotate right）：循环右移；

RRC（rotate right through the carry flag）：带进位循环右移；

SWAP（swap）：低 4 位与高 4 位交换。

四、控制转移类指令（17 种助记符）

ACALL（absolute subroutine call）：子程序绝对调用；

LCALL(long subroutine call):子程序长调用；

RET(return from subroutine):子程序返回；

RETI(return from interruption):中断返回；

SJMP(short jump):短转移；

AJMP(absolute jump):绝对转移；

LJMP(long jump):长转移；

CJNE (compare jump if not equal):比较不相等则转移；

DJNZ (decrement jump if not zero):减 1 后不为 0 则转移；

JZ (jump if zero):结果为 0 则转移；

JNZ (jump if not zero):结果不为 0 则转移；

JC (jump if the carry flag is set):有进位则转移；

JNC (jump if not carry):无进位则转移；

JB (jump if the bit is set):位为 1 则转移；

JNB (jump if the bit is not set):位为 0 则转移；

JBC(jump if the bit is set and clear the bit):位为 1 则转移，并清除该位；

NOP (no operation):空操作。

五、位操作指令(6 种助记符)

MOV(move):位传送；

ANL(and logic):位与；

ORL(or logic):位或；

CPL(complement):位取反；

CLR(clear):位清零；

SETB(set bit):位置 1。

附录C 8种常用伪指令

1. ORG   16位地址；

此指令用在原程序或数据块的开始,指明此语句后面目标程序或数据块存放的起始地址。

2. [标号:] DB 字节数据项表；

将项表中的字节数据存放到从标号开始的连续字节单元中。例如：

```
SEG:DB 88H,100,'7','C'
```

3. [标号:]DW 双字节数据项表；

定义16位地址表,16位地址按低位地址存低位字节,高位地址存高位字节。例如：

```
TAB:DW  1234H,7BH;
```

4. 名字 EQU 表达式或名字＝表达式；

用于给一个表达式赋值或给字符串起名字,之后名字可用作程序地址、数据地址或立即数地址。名字必须是以字母开头的字母数字串。例如：

```
COUNT= 10 或 SPACE  EQU  10H;
```

5. 名字 DATA 直接字节地址；

给8位内部RAM单元起名,名字必须是以字母开头的字母数字串,同一单元可起多个名字。例如：

```
ERROR  DATA  80H
```

6. 名字 XDATA 直接字节地址；

给8位外部RAM起名,名字规定同DATA伪指令。例如：

```
IO_PORT XDATA  0CF04H
```

7. 名字 BIT 位指令；

给一可位寻址的位单元起名,规定同DATA伪指令。例如：

```
SWT  BIT  30H
```

8. [标号:] END；

指出源程序到此结束,汇编对其后的程序语句不予理睬。源程序只在主程序最后使用一个END。

附录D 指令集对照表

助 记 符	说　　明	字　节	周　期	代码(XXH)
1.数据传送指令(30条)				
MOV A,Rn	寄存器送 A	1	1	E8～EF
MOV A,direct	直接字节送 A	2	1	E5
MOV A,@Ri	间接 RAM 送 A	1	1	E6～E7
MOV A,♯data	立即数送 A	2	1	74
MOV Rn,A	A 送寄存器	1	1	F8～FF
MOV Rn,direct	直接数送寄存器	2	2	A8～AF
MOV Rn,♯data	立即数送寄存器	2	1	78～7F
MOV direct,A	A 送直接字节	2	1	F5
MOV direct,Rn	寄存器送直接字节	2	1	88～8F
MOV direct,data	直接字节送直接字节	3	2	85
MOV direct,@Ri	间接 Rn 送直接字节	2	2	86～87
MOV direct,♯data	立即数送直接字节	3	2	75
MOV @Ri,A	A 送间接 Ri	1	2	F6～F7
MOV @Ri,direct	直接字节送间接 Ri	1	1	A6～A7
MOV @Ri,♯data	立即数送间接 Ri	2	2	76～77
MOV DPTR,♯data16	16 位常数送数据指针	3	1	90
MOV C,bit	直接位送进位位	2	1	A2
MOV bit,C	进位位送直接位	2	2	92
MOVC A,@A+DPTR	A+DPTR 在 ROM 中查表并送 A	3	2	93
MOVC A,@A+PC	A+PC 寻址程序存贮字节送 A	1	2	83
MOVX A,@Ri	外部数据送 A(8 位地址):	1	2	E2～E3
MOVX A,@DPTR	外部数据送 A(16 位地址):	1	2	E0
MOVX @Ri,A	A 送外部数据(8 位地址):	1	2	F2～F3
MOVX @DPTR,A?	A 送外部数据(16 位地址):	1	2	F0
PUSH direct	直接字节进栈道,SP 加 1	2	2	C0

续表

助记符	说 明	字 节	周 期	代码(XXH)
POP direct	直接字节出栈,SP 减 1	2	2	D0
XCH A,Rn	寄存器与 A 交换	1	1	C8～CF
XCH A,direct	直接字节与 A 交换	2	1	C5
XCH A,@Ri	间接 Ri 与 A 交换	1	1	C6～C7
XCHD A,@Ri	间接 Ri 与 A 低半字节交换	1	1	D6～D7
2.逻辑运算指令(35 条)				
ANL A,Rn	寄存器与到 A	1	1	58～5F
ANL A,direct	直接字节与到 A	2	1	55
ANL A,@Ri	间接 RAM 与到 A	1	1	56～57
ANL A,♯data	立即数与到 A	2	1	54
ANL direct,A	A 与到直接字节	2	1	52
ANL direct,♯data	立即数与到直接字节	3	2	53
ANL C,bit	直接位与到进位位	2	2	82
ANL C,/bit	直接位的反码与到进位位	2	2	B0
ORL A,Rn	寄存器或到 A	1	1	48～4F
ORL A,direct	直接字节或到 A	2	1	45
ORL A,@Ri	间接 RAM 或到 A	1	1	46～47
ORL A,♯data	立即数或到 A	2	1	44
ORL direct,A	A 或到直接字节	2	1	42
ORL direct,♯data	立即数或到直接字节	3	2	43
ORL C,bit	直接位或到进位位	2	2	72
ORL C,/bit	直接位的反码或到进位位	2	2	A0
XRL A,Rn	寄存器异或到 A	1	1	68～6F
XRL A,direct	直接字节异或到 A	2	1	65
XRL A,@Ri	间接 RAM 异或到 A	1	1	66～67
XRL A,♯data	立即数异或到 A	2	1	64
XRL direct,A	A 异或到直接字节	2	1	62
XRL direct,♯data	立即数异或到直接字节	3	2	63
SETB C	进位位置 1	1	1	D3
SETB bit	直接位置 1	2	1	D2
CLR A	A 清 0	1	1	E4
CLR C	进位位清 0	1	1	C3
CLR bit	直接位清 0	2	1	C2

续表

助 记 符	说　　明	字　　节	周　　期	代码(XXH)
CPL A	A 求反码	1	1	F4
CPL C	进位位取反?	1	1	B3
CPL bit	直接位取反	2	1	B2
RL A	A 循环左移一位?	1	1	23
RLC A	A 带进位左移一位	1	1	33
RR A	A 右移一位	1	1	03
RRC A	A 带进位右移一位	1	1	13
SWAP A	A 半字节交换	1	1	C4
3.算术运算指令(24 条)				
ADD A,Rn	寄存器加到 A?	1	1	28~2F
ADD A,direct	直接字节加到 A	2	1	25
ADD A,@Ri	间接 RAM 加到 A	1	1	26~27
ADD A,#data	立即数加到 A	2	1	24
ADDC A,Rn	寄存器带进位加到 A	1	1	38~3F
ADDC A,direct	直接字节带进位加到 A	2	1	35
ADDC A,@Ri	间接 RAM 带进位加到 A	1	1	36~37
ADDC A,#data	立即数带进位加到 A	2	1	34
SUBB A,Rn	从 A 中减去寄存器和进位	1	1	98~9F
SUBB A,direct	从 A 中减去直接字节和进位	2	1	95
SUBB A,@Ri?	从 A 中减去间接 RAM 和进位	1	1	96~97
SUBB A,#data	从 A 中减去立即数和进位	2	1	94
INC A	A 加 1	1	1	04
INC Rn	寄存器加 1	1	1	08~0F
INC direct	直接字节加 1	2	1	05
INC @Ri	间接 RAM 加 1	1	1	06~07
INC DPTR	数据指针加 1	1	2	A3
DEC A	A 减 1	1	1	14
DEC Rn	寄存器减 1	1	1	18~1F
DEC direct	直接字节减 1	2	1	15
DEC @Ri	间接 RAM 减 1	1	1	16~17
MUL AB	A 乘 B	1	4	A4
DIV AB	A 被 B 除	1	4	84
DA A	A 十进制调整	1	1	D4

助 记 符	说 明	字 节	周 期	代码(XXH)
4.转移指令(22 条)				
AJMP addr 11	绝对转移	2	2	*1
LJMP addr 16	长转移	3	2	02
SJMP rel	短转移	2	2	80
JMP @A+DPTR	相对于 DPTR 间接转移	1	2	73
JZ rel	若 A＝0 则转移	2	2	60
JNZ rel	若 A≠0 则转移	2	2	70
JC rel	若 C＝1 则转移	2	2	40
JNC rel	若 C≠1 则转移	2	2	50
JB bit,rel	若直接位＝1 则转移	3	2	20
JNB bit,rel	若直接位＝0 则转移	3	2	30
JBC bit,rel	若直接位＝1 则转移且清除	3	2	10
CJNE A,direct,rel	直接数与 A 比较,不等转移	3	2	B5
CJNE A,♯data,rel	立即数与 A 比较,不等转移	3	2	B4
CJNE @Ri,♯data,rel	立即数与间址数比较,不等转移	3	2	B6～B7
CJNE Rn,♯data,rel	立即数与寄存器比较不等转移	3	2	B8～BF
DJNZ Rn,rel?	寄存器减 1 不为 0 转移	2	2	D8～DF
DJNZ direct,rel	直接字节减 1 不为 0 转移	3	2	D5
ACALL addr 11	绝对子程序调用	2	2	*1
LCALL addr 16	子程序调用	3	2	12
RET	子程序调用返回	1	2	22
RETI	中断程序调用返回	1	2	32
NOP	空操作	1	1	00

参考文献

[1] 张毅刚,彭喜元.单片机原理及接口技术[M].北京:人民邮电出版社,2008.

[2] 李全利.单片机原理及接口技术[M].2版.北京:高等教育出版社,2010.

[3] 谢维成,杨加国.单片机原理与应用及C51程序设计[M].2版.北京:清华大学出版社,2009.

[4] 张齐,朱宁西.单片机应用系统设计技术——基于51的proteus仿真[M].2版.北京:电子工业出版社,2009.

[5] 王静霞.单片机应用技术(C语言版)[M].北京:电子工业出版社,2009.

[6] 刘剑,刘奇穗.51单片机开发与应用基础教程(C语言版)[M].北京:中国电力出版社,2012.

[7] 江力.单片机原理与应用技术[M].北京:清华大学出版社,2006.

[8] 严天峰.单片机应用系统设计与仿真调试[M].北京:北京航空航天大学出版社,2005.

[9] 闫玉德,俞虹.MCS-51单片机原理与应用(C语言版)[M].北京:机械工业出版社,2003.

[10] 张志良.单片机原理与控制技术[M].2版.北京:机械工业出版社,2011.

[11] 吴飞青,丁晓,李林功,等.单片机原理与应用实践指导[M].北京:机械工业出版社,2009.

[12] 江世明.基于Proteus的单片机应用技术[M].北京:电子工业社,2009.

[13] 霍孟友.单片机原理与应用[M].北京:机械工业出版社,2007.

[14] 李刚民,曹巧媛,曹琳琳,等.单片机原理及实用技术[M].北京:高等教育出版

社,2008.

    [15]   林毓梁.单片机原理及应用[M].北京:机械工业出版社,2009.

    [16]   郭继展,郭勇,苏辉.新编 C 语言程序设计[M].北京:机械工业出版社,2007.

    [17]   潘永雄.STM8S 系列单片机原理与应用[M].西安:西安电子科技大学出版社,2011.